柏社村航拍照片

柏社村村貌

李岳岩 摄

柏社村村貌

李岳岩 摄

地坑窑地面景观

李岳岩 摄

地坑窑近景

齐尧 摄

地坑窑近景

齐尧 摄

地坑窑内院

李岳岩 摄

柏社村地上建筑

齐尧　李岳岩 摄

柏社村地上建筑

李岳岩 摄

地坑窑入口

李岳岩 摄

地坑窑入口

李岳岩 摄

地坑窑拦马墙及细部

齐尧　李岳岩 摄

地坑窑室内（起居、卧室）

李岳岩 摄

地坑窑室内（卧室、厨房、通道）

李岳岩 摄

破败废弃的地坑窑

李岳岩 摄

建设中的新地坑窑

李岳岩 摄

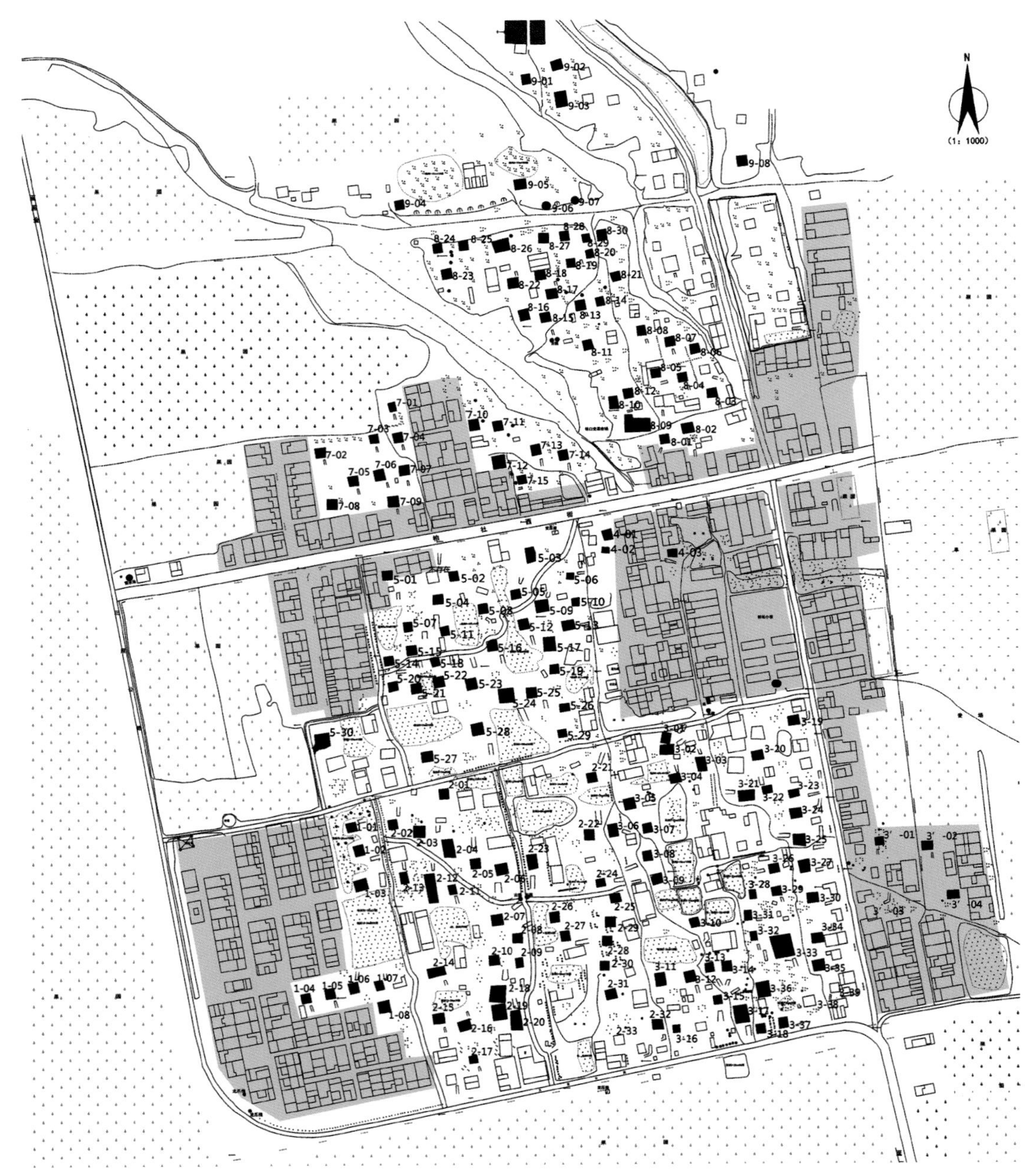

柏社村地面新建建筑布局图

本书基于国家重点研发计划（所属专项：绿色建筑及建筑工业化）：
基于多元文化的西部地域绿色建筑模式与技术体系——西北荒漠区绿色建筑模式与技术体系（项目编号：2017YFC0702403）支持

陕西三原县柏社村地坑窑居

李岳岩　陈　静　著

中国建筑工业出版社

图书在版编目（CIP）数据

陕西三原县柏社村地坑窑居 / 李岳岩，陈静著．—北京：中国建筑工业出版社，2020.8

ISBN 978-7-112-25260-2

Ⅰ．①陕…　Ⅱ．①李…　②陈…　Ⅲ．①窑洞—民居—研究—三原县　Ⅳ．①TU241.5

中国版本图书馆 CIP 数据核字（2020）第 111304 号

责任编辑：李　东　陈夕涛　徐昌强
责任校对：姜小莲

陕西三原县柏社村地坑窑居
李岳岩　陈静　著
*
中国建筑工业出版社出版、发行（北京海淀三里河路 9 号）
各地新华书店、建筑书店经销
逸品书装设计制版
北京中科印刷有限公司印刷
*
开本：787 毫米 ×1092 毫米　1/16　印张：15½　插页：8　字数：277 千字
2020 年 12 月第一版　2020 年 12 月第一次印刷
定价：**78.00** 元
ISBN 978-7-112-25260-2
（36046）

本书撰写人员名单

序：李岳岩

第一章　黄土高原独特的地坑窑居：

李岳岩　徐子淇　李　强　吴　瑞

第二章　陕西三原县柏社村地坑窑居测绘：

陈　静　李岳岩　梁　斌　吴　瑞　徐子淇　恽彬蔚

第三章　柏社村地坑窑居空间分析：

陈　静　徐子淇　李　强　吴　瑞

第四章　地坑窑居的保护、更新与改造：

李岳岩　梁　斌　李　强　吴　瑞　樊先琪

齐　尧　徐子淇

第五章　结语：

李岳岩

参加地坑窑居调研测绘的人员：

指导教师：李岳岩　陈　静　梁　斌

测绘学生：陈以健　樊先祺　郝　姗　李　川　李　强　梁仕秋

刘觐魁　卢　凯　齐　尧　吴　瑞　徐子淇　恽彬蔚

杨　眉　张　冲　甄泽华

校审：祁嘉华

序

下沉式地坑窑居作为生土建筑传统民居的典型代表，不仅体现了地域特色，而且蕴含着丰富而朴素的可持续发展思想，是人与大自然和谐共生的典范。其原生的形态特征与建造方式与今天的绿色建筑理念不谋而合。地坑窑居这种自组织营建的生土建筑形式具有冬暖夏凉、结构合理、经济环保等诸多优点，尤其是工匠们的智慧与长期累积的营建经验造就了黄土高原的平原地区独特的居住策略。

改革开放以来，随着农村生活水平的不断提高，地坑窑居被视为贫穷落后的象征，并暴露出通风采光不良、室内潮湿怕水、出入不便利等缺陷，这种传统建筑形式逐渐被放弃。原先在河南、山西、陕西、甘肃等地普遍存在的地坑窑居村落，现已寥寥无几。目前，三原县柏社村内仍保留着大量的地坑窑居，共有166座，保存完好的有88座，其中仍有人居住的有26座。其村落格局、历史建筑、人文风貌等都保存较完好，具有研究的典型性，三原县柏社村已成了为数不多的地坑窑居村落的代表。研究柏社村的地坑窑居，不仅是对传统窑洞民居的空间研究，从中也可得到民间智慧与营造经验，并让存在了数千年的建筑形式得到延续。

2014年柏社村被列为历史文化名村，大量学者对其进行了多方面的研究，包括保护规划及更新改造方式等。本书在对柏社村系统调研测绘的基础上，详细分析了地坑窑居的空间特点、居住环境特征、文化特色，结合现代技术手段及地坑窑居的现况和问题，提出改造与更新的策略和方法，并将近年来针对柏社村地坑窑居保护改造及更新的诸多思路呈现给读者，旨在更好地保存与延续地坑窑居这一极具地域特色的传统民居形式，以此对中国传统文化的保护及绿色建筑思想的发展起到积极的作用。

目录

1 黄土高原独特的地坑窑居

1.1 黄土高原窑洞民居简介

1.1.1 窑洞民居与黄土高原的关系

黄土高原（Loess Plateau）位于中国中部偏北部，为中国四大高原之一，是中华民族古代文明的发祥地之一，也是地球上分布最集中且面积最大的黄土区，总面积 64 万平方千米，横跨中国青、甘、宁、内蒙古、陕、晋、豫 7 省（自治区）大部或一部，主要由山西高原、陕甘晋高原、陇中高原和河套平原组成。

黄土高原的地貌主要分为黄土塬、黄土梁、黄土峁三种类型，且土壤构造质地均匀密实，抗压及抗剪强度较高，垂直稳定性强，具有优秀的建造潜力，地下水位较低，十分适合窑洞的挖掘与建造。

地坑窑聚落主要集中在北纬 35° 附近的黄土塬地区，往北为沟壑纵横地势起伏的黄土梁峁地区，往南为植被遍布的山地地区。黄土塬地区地势较为平坦，海拔高且昼夜温差大，为地坑窑这种建筑形式的大范围应用打下了基础。

1.1.2 窑洞的种类

黄土高原从地貌上可分为三类：黄土塬、黄土梁、黄土峁。黄土塬指平坦宽广的黄土平台，黄土梁指两道深沟间狭长的黄土平原，黄土峁指凹凸不平的黄土丘陵地区。现实中由于河流、风力、重力的侵蚀，往往三种地貌并存，这种地貌复杂性决定了窑洞形态的多样性。因此，窑洞从建筑形式上也可分为三种：靠崖式窑洞（靠崖窑）、下沉式窑洞（地坑窑）、独立式窑洞（箍窑）（图 1.1）。

靠崖式窑洞又称靠山窑、崖窑，主要出现在沟壑、山坡及土地边缘地区，通常背山面水，沿等高线呈曲线形层层退台布置。窑洞聚落往往沿着黄土高原地区

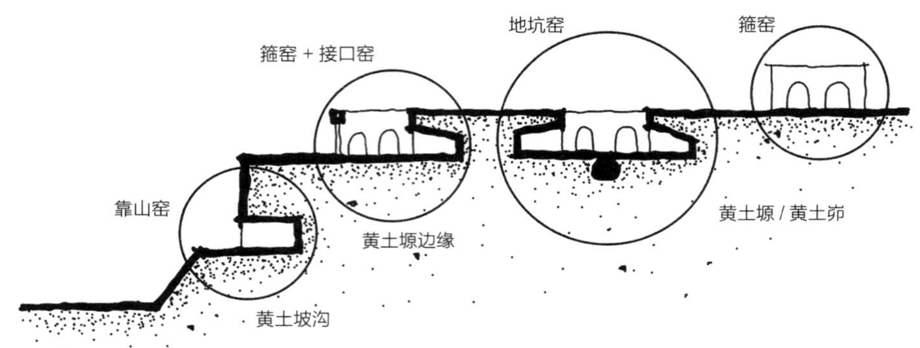

图 1.1　黄土地貌与窑洞关系图

图片来源：吴瑞 绘

开阔的河沟地开挖建造，在沟崖两侧沿水平方向在黄土壁上挖出靠崖式窑洞。

下沉式窑洞又称为地坑窑、地坑院，主要分布在河川平原地区，由于地势平坦，黄土梁峁较少，没有垂直边崖可以利用，窑洞聚落逐步向塬上平台扩张，人们便向下挖掘出地下方院，再向四壁挖掘洞穴，从而形成下沉式窑洞。地坑窑聚落往往呈棋盘式布局。

独立式窑洞又称为箍窑，主要分布在黄土高原土质疏松、土质破损、采石便捷的地区，是以土、石、木等天然材料建造而成的覆土式建筑，不必依靠山崖即可独立存在，布局灵活自由（图 1.2）。

图 1.2　窑洞的种类

图片来源：徐子琪 绘

1.1.3 窑洞的分布

窑洞是在黄土高原建造的住宅，主要分布在黄河中游一带。东起太行山，西至乌鞘岭，自秦岭以北直抵古长城。[①] 该区域内的黄土地质情况最为典型，海拔

① 侯继尧，周培南，等 . 窑洞民居 [M]. 中国建筑工业出版社，2018：4.

在1000米以上，面积达64万平方千米。[①] 黄土层发育成熟，土质均匀密实，垂直结构良好，覆盖范围广，地质、地貌、气候等因素均适合窑洞的建设。我国窑洞民居则主要分布在甘肃、陕西、山西、河南等省，按窑洞所处的地理位置将我国窑洞划分为陇东窑洞区、陕西窑洞区、晋中南窑洞区、豫西窑洞区、河北窑洞区、宁夏窑洞区六大窑洞区。其中，靠崖式窑洞最为广泛，在六个区域内均有分布；下沉式窑洞主要分布在渭北窑洞区、晋南窑洞区、豫西窑洞区、陇东窑洞区；独立式窑洞则相对较少，主要分布在陕北窑洞区、晋中窑洞区、宁夏窑洞区。

1.2 地坑窑居的分布

下沉式窑洞主要分布在关中和渭北（永寿、淳化、乾县）、晋南（运城地区的平陆、芮城）、豫西（三门峡、巩义、洛阳的邙山）、陇东（庆阳中南部董志塬、早胜塬）。

渭北，是我国黄土高原的主要组成部分。由于大部分黄土覆盖层较厚（50～150米），黄土地层构造质地均匀，抗压与抗剪强度较高，且该区域降雨量较少，为开挖地坑窑居创造了较好的自然地理环境基础。

晋南，其黄土层具有易于开挖的特性，在山西与陕西交界处的黄土为再生土，部分黄土层厚度可达40米，较为坚固，开挖窑洞后土层的稳定性较好。

豫西，窑洞主要分布在三门峡市与洛阳市附近。这里位于黄土高原和豫东平原相接的界面上，而洛阳附近黄土覆盖层较厚，土质密实，物理性能良好。在黄土层中距地面3～5米处遍布厚30厘米的钙质核层（俗称“料礓石”），这种土层力学性能好，能承受较大的压力，有天然混凝土之称，在该层下部挖掘黄土窑洞，土拱稳定性好，其耐久性、坚固性极高。[②]

陇东，地起黄河中游，是西北黄土高原丘陵沟壑区的一个重要组成部分，有保存比较完整的董志、早胜等较大的黄土塬，塬边平缓宛如平川。

1.3 地坑窑居的形成

窑洞属于中国居住文化四大类型之一的地穴式建筑，是黄土高原历史文化的

① 侯继尧，周培南等著.《窑洞民居》[M].书中为63万平方千米，如今最新数据为64万平方千米。

② 侯继尧，周培南，等.窑洞民居[M].中国建筑工业出版社，2018：4.

重要载体，承载着浓郁的乡土文化、丰富的生活哲理和人居文化思想。[①] 窑洞是中国西北黄土高原上的典型传统民居，它是历代劳动人民经过长期的生活实践，认识、利用、改造黄土的结果。这与黄河中上游黄土高原的地质、地貌、气候等条件相适应。窑洞民居均顺应地形地势而造，由于黄土地区地形复杂，窑洞通常沿崖坡沟边呈带状分布，以求避风向阳、取水方便。由于黄土高原地区独特的自然环境和地理条件，直至今天，仍有大量的人继续居住在窑洞这种建筑形式中，证实了“适应自然、顺应自然的绿色建筑才具有强大的生命力”之说。

下沉式窑洞实际上由地下穴居演变而来，也称地坑窑。在黄土高原的干旱地带，没有山坡、沟壑可利用的条件下，农民巧妙地利用黄土直立边坡的稳定性，就地下挖一个方形地坑，形成四壁闭合的地下四合院（俗称天井院、地坑院），然后再向四壁水平方向挖窑洞（图 1.3）。建筑闭合环绕天井的模式，可以很好地阻挡室外污染。建筑院落开敞，利于光线进入。庭院中央的集水井可收集、储存水资源。窑上厚实的黄土使室内冬暖夏凉，形成良好的微气候环境。

地坑窑居庭院尺寸一般有 9m × 9m 和 9m × 6m 两种。地坑窑需建在地下水位较深的地方，并做好顶部防水。村民确定窑洞庭院尺寸后，一般先从庭院的一个直角开始挖。先挖出下沉窑洞的一半，一半的窑院和两三口窑洞，先行入住，接着再进行剩余窑洞的开挖和入住。由于当时交通运输不方便，村民将挖出的黄土覆在窑洞的顶上，碾平压光，形成一个略高于四周的缓坡，利于窑顶排水。

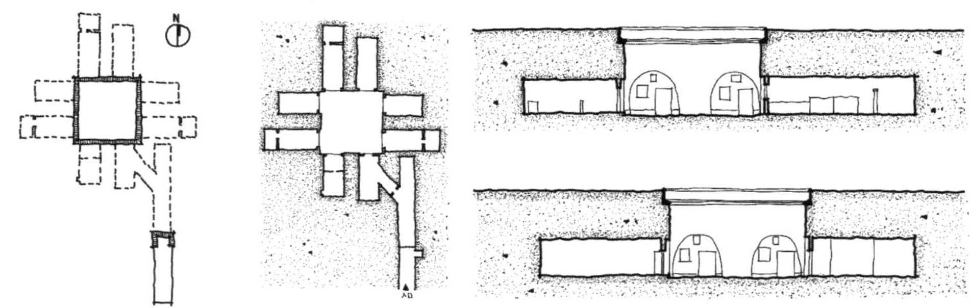

图 1.3　柏社村 8-14 号地坑窑

图片来源：吴瑞 绘

1.3.1 历史沿革

窑洞民居历史悠久，它起源于古猿人脱离巢居而“仿兽穴居”时期，历经了

① 王文权，王会青 . 高原民居：陕北窑洞文化考察 [M]. 西安：陕西师范大学出版社 . 2016：3.

上百万年。考察古人猿从居住天然岩洞到人工凿穴的历史，可以追溯到百万年前的陕西蓝田猿人和六千年的西安半坡村半穴居时代。[①] 现在这里已没有新石器时代的茂密森林与丰美草原，但保留下了历经千年成熟至今的“穴居”建筑和传承穴居传统的朴素居民。

在黄土高原地区很少有天然洞穴，为了躲避野兽和恶劣天气，我们的祖先制造了石制工具，沿水平或垂直方向挖掘土穴用于居住。西安仰韶文化的半坡遗址就有竖穴形式的建筑存在，这是一种半地下的穴居，平面呈方形或圆形，中心设置灶坑，顶部由木椽和草泥构成，是下沉式窑洞的雏形（图 1.4）。

图 1.4 半坡 F73 复原图

图片来源：吴瑞 改绘自《仰韶文化居住建筑发展问题的探讨》

《周易·系辞下》中便有“上古穴居而野处”的记载。对窑洞民居形式的明确记载始于秦汉。《十六国春秋别传·前秦录》中记载：“张宗和，中山人也。永嘉之乱隐于泰山，依高山幽谷，凿地为窑，弟子亦窑居。”而对地坑院民居最早最详细的记载资料，当属南宋绍兴九年（1139 年）朝廷秘书少监郑刚中写的《西征道里记》一书，该书记述了他去河南、陕西一带安抚时路上的所见所闻。关于当时河南西部一带的窑洞情况，书中这样记载：“自荥阳以西，皆土山，人多穴居。”并表述了当时挖窑洞的方法：“初若掘井，深三丈，即旁穿之。”又说，在窑洞中“系牛马，置碾磨，积粟凿井，无不可者”。“初若掘井”就是开始时像挖井一样挖出院心，“深三丈”（10 米）只是个大概数字，和地坑院的 7 米深，较为接

① 侯继尧，周培南，等 . 窑洞民居 [M]. 中国建筑工业出版社，2018：4.

近。“即旁穿之”，就是从旁边向院内挖的甬道（门洞）。这些简洁的文字勾勒出当时地坑院的形状和施工过程，与现在我们所看到的地坑院形状别无二致。

作为一种古老而神奇的民居式样，地坑院民居蕴藏着丰富的文化、历史和科学，是历代劳动人民智慧传承发展的结晶。这种居住模式随着文明和社会发展，始终适应着当地民众居住生活的要求，一直沿用至今。① 这种居住模式，从出现、成熟、衰退到更新的过程，至少历经了几千年。

1.3.2 物质因素

窑洞是中国西北黄土高原上的典型传统民居，它是历代劳动人民经过长期的生活实践，认识、利用、改造黄土的结果。地坑窑居的形成主要受到以下五个物质因素的影响。

1. 因地适宜

在黄土塬地区，森林资源与石材较少，建造地上房屋材料有限，成本较高，且交通不便导致外出取材困难。而我国黄土高原大多数黄土层土质紧密、颗粒均匀、垂直结构良好、整体性较强，再加之寒冷干燥的天气，为挖掘窑洞创造了得天独厚的自然地理条件。因此，黄土成为人们易于掌控的建材。

因黄土塬地区地势平坦，沟壑较少，人们利用黄土易控、垂直稳定、易于挖掘的特征向下挖掘，形成地下合院，以供居住生活。

2. 生产方式

古时的生产方式主要以农耕生活为主，土地是人们赖以生存的物质基础，因此土壤对于居民而言具有极高的亲切感。生活在黄土塬地区的人们，在掌握了黄土的特性后，基于对土地的信任与亲近感，将其建造为全家的遮蔽和生活场所。

与此同时，战国时期出现了铁农具，生产力有了较大的发展，建筑技术也因此有了很大的进步，陵墓墓室已由半圆形筒拱结构发展为砖穹隆顶。拱券砌筑技术不断改进，为窑洞的发展奠定了基础。到了魏晋南北朝时期，石工技术达到了很高的水平，当时凿窑造石窟寺之风遍及各地。石拱技术也开始用于地下窟室和洞穴及窑洞民居的建造上。②

3. 冬暖夏凉

黄土高原地区一年四季温差较大，冬季室外温度较低，窑洞拱顶上厚实的黄

① 王徽，等 . 窑洞地坑院营造技艺 [M]. 合肥：安徽科学技术出版社，2013：6.

② 侯继尧，周培南，等 . 窑洞民居 [M]. 中国建筑工业出版社，2018：4.

土是天然有效的保温层，窑洞室内较为温暖。而夏季室外温度较高，黄土覆盖层则为生态隔热层，使得窑洞室内较为凉爽。再加之庭院空间的调节，地坑窑形成良好的微气候环境，十分宜居。

4. 防尘防沙

由于黄土高原春季、冬季风沙较大，相较于地面上的房屋，地坑窑居的地下建筑闭合环绕天井的模式，可以更好地阻挡室外污染，保证人们的正常起居。

5. 适宜起居

黄土高原地区气候干旱，地下水位较低，这也为地坑窑这种下沉式院落的形成提供了一定的条件，庭院中央的集水井可收集、储存水资源。此外，建筑院落开敞，利于光线进入的同时也方便居民日常活动。同时，由于主要活动空间隐于地下，还具有隔声效果。可见，地坑窑居具有防尘隔声、方便起居的优点，这使得其成为黄土高原地区人民长期选择的民居形式。

1.3.3 人文因素

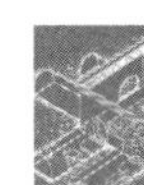

除了地理条件适宜，建筑形式具有冬暖夏凉、防尘防噪优点等因素以外，地坑窑居的形成也受到人文因素的影响。

1. 传统观念

在历史发展的长河中，窑洞这种独特的居住方式，伴随着人类文明和社会发展，适应人类居住生活要求，一直沿用至今。黄土高原地区的人们对于黄土地有着浓厚的归属感，劳动人民们靠着这片黄土地自己动手丰衣足食。地坑窑居这种建筑形式顺应劳动人民朴实的生活方式而诞生，是中华民族传统的居住生活方式之一，蕴藏着历代劳动人民智慧的结晶，值得后人传承和学习。

2. 经济性

地坑窑这种建筑形式，建筑材料不需进口和加工，靠挖掘黄土就能形成住所，经济性高。在经济条件较差的情况下，这种建筑形式可以极大地节约建造成本，且十分宜居，经济因素是人们选择地坑窑居的主要原因。

3. 技艺简单

地坑窑居建造简便，不需要复杂的建造技术和先进的生产工具，靠着亲朋好友的帮助及简便的建造工具就可完成。这种建造方式满足聚落村民自给自足的生活模式，符合劳动人民踏实质朴的天性。

4. 隐蔽性

在黄土高原地区，历史上战乱频发，而地坑窑居具有利于防御，有“进村不见房，闻声不见人”的特点。地坑窑隐于地下且四壁陡峭，只有一个相对隐蔽的出入口，人躲藏于其中，不易被发觉，便于躲避祸乱，同时可执行各种活动以抵御外敌。

1.4 地坑窑居的基本特征

1.4.1 空间形态

地坑窑院通常为方形竖井形式，沿四壁每面开 2 ～ 3 个洞口。在竖井院子的一侧取一洞口作为入口窑，通过一条坡道通向地面，在入户拐弯处设置土地神神龛。主要生活用房布置在庭院的北侧，面朝南，辅助用房设在庭院的南侧。厕所窑在离主窑最远的方位，即西南方，厨窑一般临近入口设置。此外，根据生活情况不同，还设有牲口窑、柴火窑、杂物窑等。院落内挖设取水井和渗水井，用于日常用水和加快排除雨水。院落中央植果树，寓意多子多福（图 1.5）。

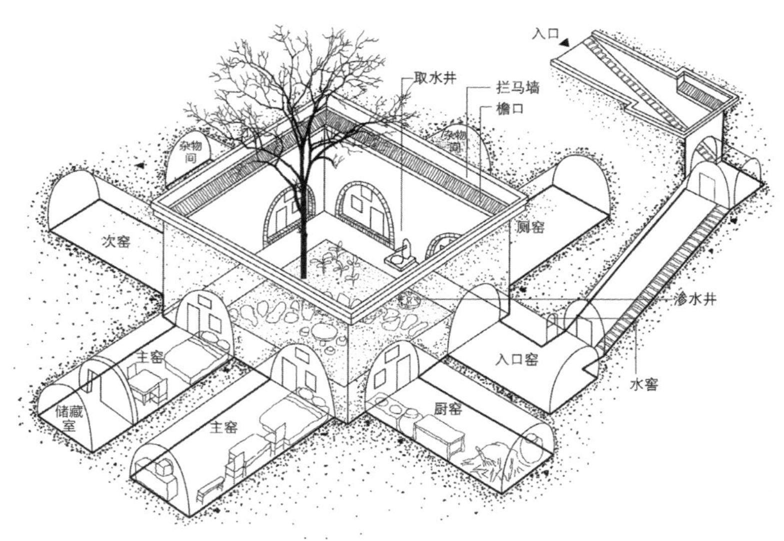

图 1.5　典型地坑窑空间形态示意图

图片来源：徐子琪　吴瑞 绘

各地区因土质条件的不同，窑洞尺寸有所不同。窑洞宽度一般为 3 米左右，深度一般为 6 ～ 12 米，高度为 3 ～ 4 米，覆土厚度约 3 米。

地坑窑建筑立面分为女儿墙、滴雨檐、窑脸和勒脚。女儿墙在地平面上庭院四周围一圈，建设年代久远的地坑窑一般没有女儿墙，向上堆起一个小土堆起提示作用，新修的窑洞会用砖砌筑女儿墙。滴雨檐位于女儿墙下方，庭院壁面顶部，一般采用青砖青瓦砌筑，主要作用是防止雨水浸泡崖面而使崖面遭到破坏。窑脸是窑洞的门面，包括拱、门与窗，窑脸的形式为一个门加两个窗户，其中一个窗户在门的一侧，另一个为门上高窗。勒脚大多由灰砖砌筑而成，防止雨水对墙面浸泡，保护窑腿。

1.4.2 空间功能

地坑窑居作为一种居住建筑，其主要功能空间可分为主窑、客窑、厨窑、牲口窑、厕所、入口窑等。根据主窑的位置可分为东震宅、西兑宅、南离宅和北坎宅四个类型。单窑可分为单一功能空间和复合功能空间两类，在窑内靠近门窗的区域往往设置火炕以方便起居活动，而靠近窑底处由于光线昏暗通风不畅往往作为储物空间。地坑窑居的空间布局不只顺应自然环境而成，还深受传统建筑文化的影响，是我国传统建筑文化和人民集群智慧的体现。例如在设置主窑位置时，需考虑阴阳八卦理论；设置出入口时，往往体现出相互守望、彼此谦让的乡约民俗。

1.4.3 建造方式

地坑窑院的建造技术并不复杂，只需在黄土上进行挖掘，屋主叫上亲朋好友一道，花费经年时间挖造而成。在挖掘前，首先要根据地形地势选择合适地块，然后完成定向放线过程，其后便可进行天井院的挖掘，通常院落深度为6～7米；院落初具雏形后，由两方分别从院内和地上同时向对向进行入口窑洞和入口甬道的挖掘，并挖好渗水井和取水井，方便之后挖掘工作进行时的取用水；接下来进行四壁窑洞的挖掘，“挖窑洞的顺序一般为：先挖上主窑、下主窑；再依次挖左边上窑、右边上窑、上角窑、下角窑、牲口窑、厕所窑等。”[①] 窑洞挖掘挖成后，就是通气口的挖掘和窑洞内壁的修整，此时的窑洞已基本成型，可以居住；在窑顶及入口甬道边沿修建雨水檐口和拦马墙，加固窑顶并修建排水坡；接着，安装门窗，用麦秸泥或白灰粉刷墙面，进行立面的修整；最后，铺设院内的环形通道，进行装饰绿化，地坑窑的建造过程就基本完成了（图 1.6）。

1.4.4 地坑窑全寿命周期

建筑全寿命周期是指从材料与构件生产（含原材料的开采）、规划与设计、

① 王徽，等 . 窑洞地坑院营造技艺 [M]. 合肥：安徽科学技术出版社，2013：57.

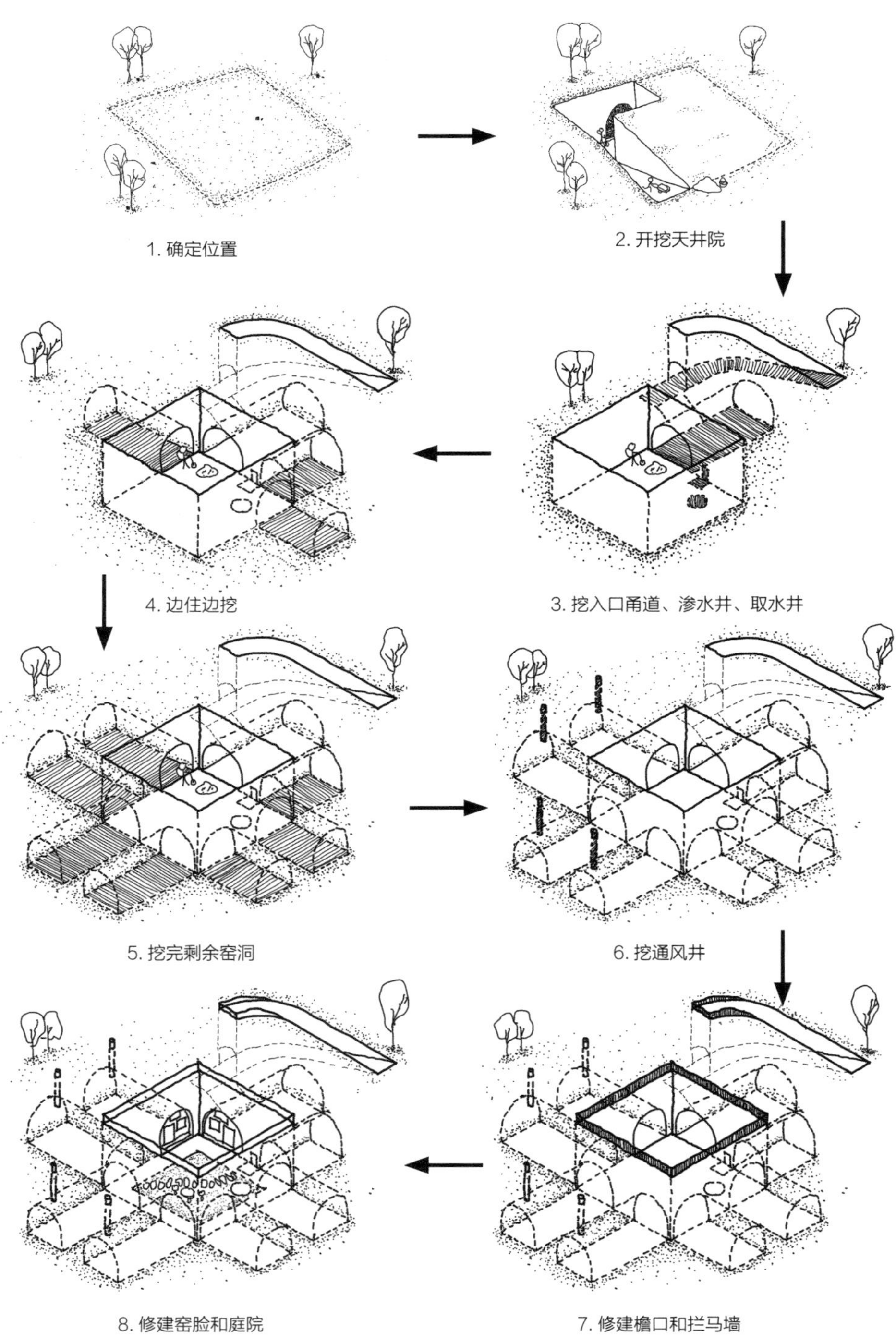

图 1.6　地坑窑建造过程

图片来源：徐子琪　吴瑞 绘

建造与运输、运行与维护直到拆除与处理（废弃、再循环和再利用等）的全循环过程。全生命周期低碳建筑就是在以上建筑的每一环节中都有低碳的理念。地坑窑从选址，到挖建窑洞，从居住、饲养牲口再到人去窑空，开始废弃直到坍塌，最终又回归自然，在整个建筑全寿命周期中都是低碳排、低能耗，并且可以再循环利用，是典型的绿色建筑之一（图 1.7）。

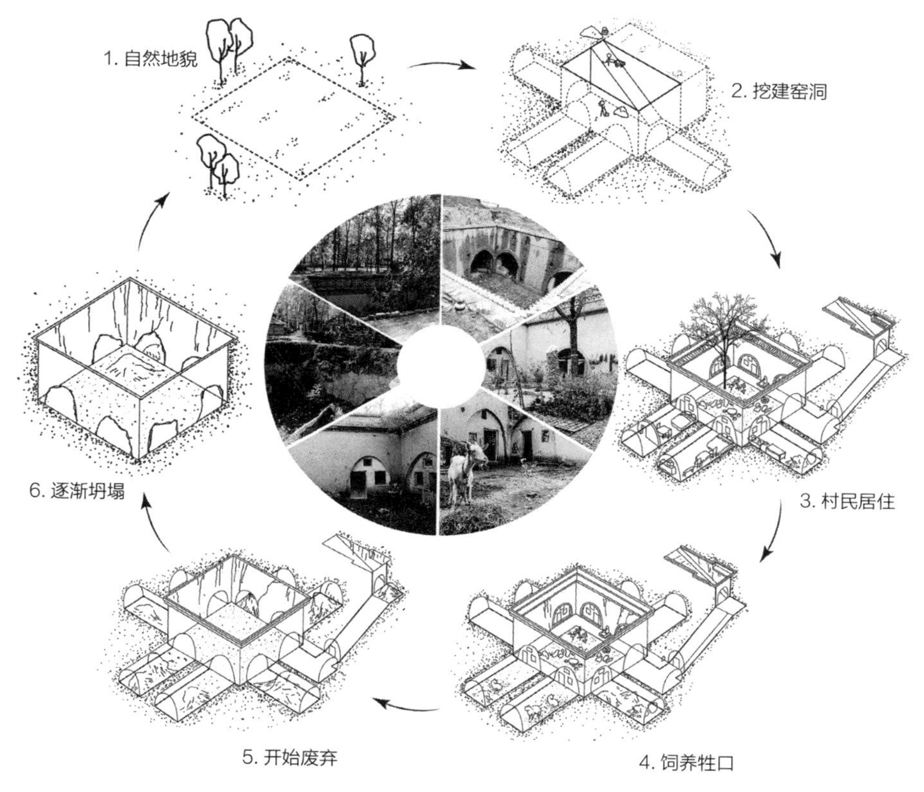

图 1.7　地坑窑全寿命周期示意图

图片来源：吴瑞 绘 / 摄

1.5 陕西省及周边地坑窑居代表性村落

我国地坑窑居作为黄土高原地区的典型建筑，在河南三门峡陕县、山西运城、甘肃垅东的庆阳及陕西关中地区均有分布。其中河南三门峡境内保存得较好，特别是在陕县东凡塬、张村塬、张汴塬这三个高台平原地带，许多村民仍居住在地坑院里，至今仍有 100 多个地下村落、近万座天井院。现存还住人的院子已有二百余年的历史，已住过六代人以上。典型的地坑窑居代表性村落有陕西咸阳市三原县柏社村、淳化县梁家庄村、永寿县等驾坡村、河南陕县庙上村、北营村、曲村等。

1. 三原县柏社村

三原县柏社村位于陕西关中渭北黄土台塬地区，距今已有1600多年历史（图1.8）。村落内历史文化积淀丰厚，有寺庙、戏楼、涝池和碑文等物质文化资源，保留社火、刺绣、剪纸、纸扎等多种非物质文化资源，村落风貌鲜明。柏社村内地坑窑院具有一定规模，分布集中，共拥有地坑窑院166座，其中保存完好的有88座，仍住人的有26座。由于柏社村的聚落格局、历史建筑、人文风貌等都保存较为完好，广受学者关注。

图1.8　三原县柏社村

图片来源：李强 摄

2. 永寿县等驾坡村

永寿县等驾坡村位于咸阳市，村民现有1000余户，保存有地坑窑院近500座，有些已有上百年历史。如今该地已建立占地2万余亩的窑洞生态度假庄园。活用历史文化，以黄土高原沟壑地貌为背景，对保留完好的地坑窑居进行更新，转型为生态度假酒店（图1.9）。

图 1.9 永寿县等驾坡村

图片来源：Google Earth Pro2018

http：//n.sinaimg.cn/sinacn11/275/w640h435/20180816/b2c2-hhvciiv6957329.jpg

http：//img4.imgtn.bdimg.com/it/u=3699442706，2225337264&fm=26&gp=0.jpg

3. 陕县庙上村

这是位于河南西部的陕县庙上村，村民们居住在地坑四合院里，繁衍生息，享受着平静的“地下生活”。在住房和城乡建设部首批公示的“中国传统村落”名录中，位于陕县西张村镇的庙上村榜上有名，也是河南省 16 处入围村落之一。

这些建筑多建于清末、民国初年，有 100 多年的历史。现存的 73 座中，53 座保存完好，20 座经过整修，面貌焕然一新（图 1.10）。

图 1.10　陕县庙上村

图片来源：Google Earth Pro2018

http：//s1.sinaimg.cn/large/001Wo7ohzy7iHQNYG6692

http：//img.qqzhi.com/upload/img_4_1332974056D1837951626_27.jpg

4. 陕县北营村

陕县北营村现存 81 座地坑院，目前仍有 128 户村民住在地坑院内。北营作为文化旅游区的核心景区，规划面积 1.2 平方千米，总投资 3 亿元，分为核心游览区、生态休闲区、乡村体验区（图 1.11）。

图 1.11　陕县北营村

图片来源：Google Earth Pro2018
http：//img4.imgtn.bdimg.com/it/u=472342534，1869330888&fm=26&gp=0.jpg
http：//img.saihuitong.com/3459/richtext/131029/1639b0618a0.jpg

5. 陕县曲村

曲村拥有地坑院 115 座，具有整修价值的地坑院 103 座。近年来，随着陕县开发地坑院文化旅游的推进，曲村借助危房改造和土地整理的契机，已陆续对 80 余座地坑院进行了修复性建设。其村落特色吸引了大批电视节目来此制作取景，包括 2014 年真人秀节目《茶道真兄弟》的录制，2015 年东方卫视元宵节特别节目《绝对中国》剧组到陕县曲村地坑院进行陕县民俗文化的拍摄（图 1.12）。

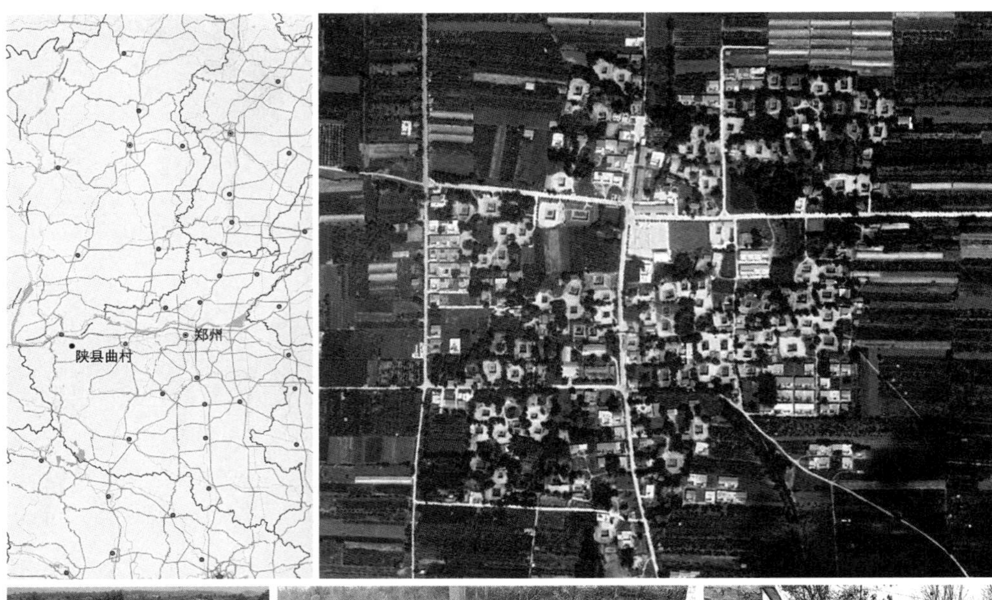

图 1.12　陕县曲村

图片来源：Google Earth Pro2018

http：//www.nxnews.net/wh/tptt_14465/201608/W020160812302442971706.jpg

http：//ts.51ui.cn/pc/c85b588314804796ba2a67d25cd7fff0.jpg

http：//ts.51ui.cn/pc/3072e4df9472444ea808734ce2bc83f3.jpg

6. 淳化县梁家庄村

梁家庄村位于渭北黄土高原淳化县，因当地黄土层密实均匀、气候干旱，地坑窑居成为主要的建筑形式。淳化县拥有多个地坑窑居村落，其中梁家庄村拥有173个下沉式窑院，规模较大，占总体住宅的62.8%，[①] 它们类型丰富，与自然环境结合巧妙，且充分体现了陕北民间艺术及风土人情，是渭北地区的地坑窑居代表性村落（图 1.13）。

① 侯继尧，周培南，等 . 窑洞民居 [M]. 北京：中国建筑工业出版社，2018：4.

图 1.13　淳化县梁家村

图片来源：Google Earth Pro2018

2 陕西三原县柏社村地坑窑居测绘

2.1 柏社村地坑窑居的现状概述

2.1.1 柏社村基本介绍

1. 地理区位

柏社村位于陕西关中北部黄土台塬区、三原县境内北端，隶属于三原县新兴镇，与耀州区接壤，如图 2.1 所示。村落地理位置特殊，位于关中地区交通网络的重要位置，是关中通往陕北、甘肃和宁夏的重要通道，南距西安、北距铜川、东距阎良、西距咸阳等省内的大中型城市均约 30 公里，距三原县城 25 公里。

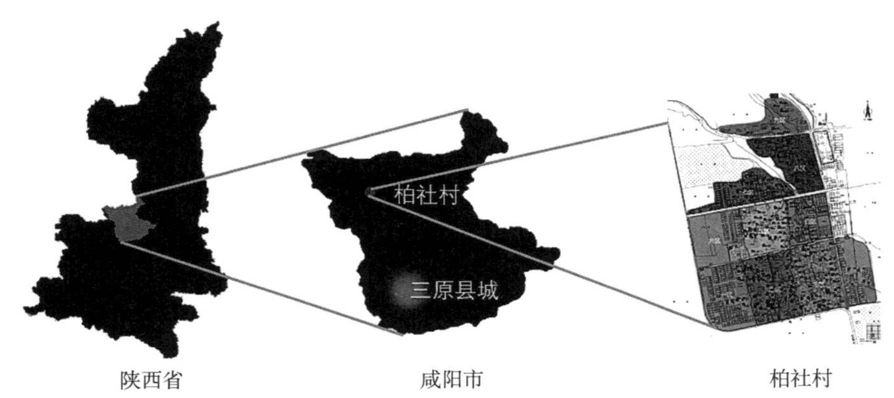

图 2.1　柏社村区位分析

图片来源：李强 绘

2. 自然环境

三原县地貌地势是西北高东南低，境内有孟侯原、中有丰原、东有白鹿原，南北以北部原坡为界：西部有北南向清峪河东西相隔，自然分割成三个差异明显的地貌，即南部平原、北部台原和西北山原[①]。柏社村因其曾广植柏树而得名“柏社”，但由于历史上战争对村落的破坏，大量柏树被摧毁，现如今村落周边为典型的田园自然景色，果树、楸林繁茂，具有鲜明的村落风貌。

3. 人文风貌

千余年的历史变迁为柏社村留下了独特的印记，村落内保留了大量传统建筑，如今呈现出地坑窑民居和地上砖房共存的建筑风貌。此外，村内还保留有古城遗址、寺庙、戏楼、涝池、碑文和古树等物质文化遗产。其中古城遗址可追溯到晋代，记录了柏社村在历史演进中不断变迁的过程。在非物质层面上，当地文化资源主要包括社火、唢呐、剪纸、面花、纸扎、手工刺绣等当地特色民俗文化[②]。总体来说，村落历史文化积淀丰厚，且人文风貌保存较为完好。

4. 历史因素

柏社村距今已有1600多年的历史，村落历史文化积淀丰厚，留有大量不同历史时期的建筑遗迹。村落起源于晋代，百姓为躲避战争来到了沟壑纵横、林木茂密的渭北原区。晋代村民住在“老堡子沟”，南北朝时期，北魏在此建立城堡，建筑至今仍存于村落东北。宋代时柏社成为商贸集镇，明代时期村落建立北堡，成为盛极一时的商贸集散地，如图2.2所示。柏社村各时期演变情况如图2.2、表2.1所示。

2.1.2 柏社村地坑窑居的形成原因

1. 自然原因

“窑洞作为古代建筑的瑰宝，是中国黄土高原独特的产物。”[③] 柏社村地处黄土台塬区，海拔700～900米，黄土资源丰富，相比于陕北榆林黄土颗粒更加细密，很适合建造下沉式窑洞。柏社村植被茂密，地坑窑居对环境破坏少。柏社村处于西北内陆区，降水稀少，下挖的庭院起到很好的集水作用。柏社村地坑窑是

① 三原县地方志编撰委员会．三原县志 [M]. 西安：陕西人民出版社．2000：54-55.

② 张睿婕，周庆华．黄土地下的聚落——陕西省柏社地坑窑院聚落调查报告 [J]. 小城镇建设 2014(10)：96-103.

③ Xuanchen Chen. A Brief Analysis on the Redesign of Traditional Cave Dwellings[A]. 同济大学、南洋理工大学 .Proceedings of the 2018 2nd International Workshop on Renewable Energy and Development(IWRED 2018)[C]. 同济大学、南洋理工大学：香港环球科研协会，2018：5.

图 2.2 柏社村不同年代历史遗址分布

图片来源：地坑窑 Studio 小组根据王军《西北民居》改绘

柏社村窑院各年代情况 **表 2.1**

年代	柏社村情况
晋代（265-420 年）	战乱频仍，百姓为躲避战乱来到此地。“老堡子沟”是柏社村的前身
前秦（350-394 年）	迁移至“胡同古道”
南北朝（420-589 年）	北魏时期在三原县建忠郡，并修筑古城堡以利于自卫
隋代（581-619 年）	在古堡西南 800 米处兴建南堡西城
唐代（618-907 年）	经济发展，社会安定，兴建南堡东城。唐代佛学兴盛，于是建立“寿峰寺”，于 20 世纪 50 年代初期被拆毁
宋代（960-1279 年）	据南北方县城均 50 里路程，乡民外出购物十分不便，在宋代时担任原区商贸集镇的作用

续表

年代	柏社村情况
明代（1368-1644 年）	在寿峰寺西侧建立柏社北堡，成为原区名副其实的商贸区
民国（1912-1949 年）	于城堡以外的地方建立了大规模的房舍
中华人民共和国成立后（1949-1978 年）	当地挖建了大量的地坑窑居
中华人民共和国成立后（1978-2019 年）	留有当年的商业街一条，名为柏社西街，居民街三条，明清古建民宅四院，以及百余座地面住宅建筑

资料来源：李强根据三原县志资料整理

"高效节能的土地节约和居住环境的低碳艺术"。[①]

约前 7000—前 5000 年，在三原县北部的高原台地，有厚实的黄土和流经的河流，提供了远古人类聚居繁衍的两个重要生存条件——房屋与食物。在新石器时代，"县境北部塬区有先民从事畜牧、渔猎、农耕活动"，从此，"大型原始部落在此出现，原始农业开始有了一定发展"。（摘自《三原县志》）而柏社村就位于三原县北部的黄土高原上，属渭北黄土塬沟壑区。现在这里已没有新石器时代的茂密森林与丰美草原，自然地理的变迁带走的只是农垦文明的生产工具，留下的是历经千年成熟至今的"穴居"建筑和朴素坚韧的"穴居"居民。

黄土地上的远古先民选择的最早的穴居方式是入地较深的袋穴与坑式穴居（图 2.3）。在肥沃的黄土地上耕种，人们从原始的游牧向更为先进文明的农业发展，生产方式的改变，迫使人们改变生产工具。而易于挖凿的黄土就成为最合适的建造房屋的对象，远古人类在黄土地上挖凿一个上小下大的洞作为冬天防寒的房屋。这就是袋穴，最原始的窑洞形式。《礼记·礼运》说："昔者先王未有宫室，冬则居营窟，夏则居木橧巢。"由此可见，当时的穴居已经蕴含了远古人类的智慧。[②]

① Yuan Li ～（1，2，a），Wenchao Wu ～（2，b）1 School of Architecture，Xi'an University of Architecture & Technology，Xi'an 710055，China 2 The Department of Architectural and Environmental Art Design，Xi'an Academy of Fine Arts，Xi'an 710065，China. Energy-efficient Land-saving and Low-carbon Art of Dwelling Environment-Research from the Underneath Type Earth Cave Dwelling in Bai She Village，San Yuan County of Shaanxi Province[A]. 国际工程技术协会 .Green Building Technologies and Materials[C]. 国际工程技术协会：国际工程技术协会，2011：10.

② 张睿婕，周庆华 . 黄土地下的聚落——陕西省柏社地坑窑院聚落调查报告 [J]. 小城镇建设 2014（10）：96-103.

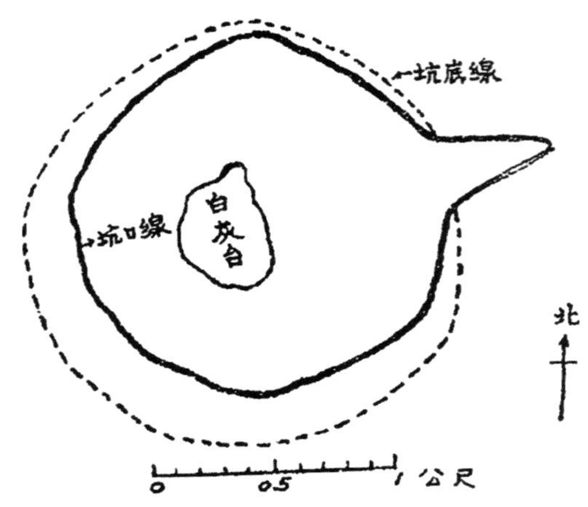

图 2.3　河南洛阳市涧西新石器时代的袋穴平面图

图片来源：作者改绘自刘敦桢《中国住宅概说》[M]. 天津：百花文艺出版社，2003.

而随着自然条件、地理形态的不断演变，人们生产工具的逐步锋利，简单粗犷的袋穴已不能满足人们的生产生活。从西亚内陆被大风带来的干燥的沙尘，不仅形成黄土高原，还带走了湿润的空气。这样经历了四千年左右，形成了我们今天所看到的干燥少雨、细腻坚韧的黄土高原。自然环境的不断改变促使人类文明更加快速的发展，生产工具不断改善，使之适应加速恶劣的生存条件。随着文明的进步，人类开始了定居生活。定居最重要条件就是坚固的房屋，聪明的人类在最初的袋穴中发展出了窑洞。"古代穴居最早出现的是竖穴形式，但因不易防雨，所以后来发展的都是横穴，即窑洞。"① 三原县位于黄土高原比较干旱的地区，位于渭河冲积平原边缘，没有沟壑，人们没有浅山沟可以利用挖掘横穴的条件，所以人们利用坚固稳定的黄土直立边坡创造出另一种窑洞形式——地坑窑。

2. 社会原因

《诗经》有"猃狁匪茹，整居焦获"之句，约公元前 800 年前后，三原县是焦获的组成部分，为猃狁族定居之地。三原之名，始于前秦，直至今日。历史上三原县以生产优质小麦著称。清·贺瑞麟《三原新县志》即有"雁坡、丰原小麦，称之独重，盖其土性然也"的记述。三原县也是"丝绸之路"东端的重要城镇，清·张象魏《三原县志》中写道"昏晓贸易，市况颇盛"。

在这样的历史发展进程中，各种古代聚落形成了原始的焦获，而不断发展的农业经济，使原始氏族聚落慢慢壮大，逐步向封建文明进步，形成现在的三原

① 孙大章 . 中国民居研究 [M]. 北京：中国建筑工业出版社，2006.

县。生产关系的不断进步，形成了更大规模的聚落空间——村落，村落中的建筑也随着财富的积累，更加完善，符合黄土高原农垦文明的需要，形成独树一帜的建筑形态。而柏社村是关中通往陕北、甘、宁的重要通道，是三原县北部的门户，自古是兵家必争之地，下挖窑洞有利于躲避战争，还可以形成天然堡垒，利于抗击敌人。

3. 经济原因

数千年来，在贫乏的物质资源条件下，黄土台塬地区的人民“积极探索对地方自然资源最有效的利用途径，摸索出了用最经济的办法获取最丰富居住空间的营造方式”。[①] 村落建设之初，先人并没有大型交通运输及建设工具，建筑材料也很有限，这种仅靠劳动力就可修建的舒适窑居成为他们的首选。这种居住形式因地制宜，与自然环境相结合，节约材料，节省劳动力，且房屋舒适度高。

2.1.3 柏社村村落的空间格局

1. 类棋盘式的路网结构

三原县柏社村村落的路网结构呈现出类棋盘式的格局。道路纵横，垂直轴线整体由北偏西 15°，共有三级交通系统路网。第一级为绕村而过的县级三照公路，三照公路是连接柏社村与周边其他村镇的重要交通路径，是柏社村通往龙王村的必经之路。此公路呈“L”形，位于村落西南角，环抱整个柏社村。第二级道路为村内主要交通干道，共两条。东西主干道为柏社西街，西部端头与县级三照公路交汇。柏社西街是柏社村唯一的商业街，是村民的集市中心。另一条为贯穿南北的主干道，是连接村内和村外的主要道路。两条村内主要交通干道在村落中的东北部形成交叉十字。第三级为村内土路，村内土路分为主要步行土路和次要步行土路。主要步行土路连接省级公路和村内主要交通干道，一般为东西走向或者南北走向，较为笔直。次要步行土路为村内邻里之间的小路，以可达性和便捷性为主，较为曲折，基本是由于人们长期行走而形成的道路。

柏社村三个级别的道路叠加在一起，将柏社村划分为类似棋盘式的格局，而村落空间也被这些道路划分为不同的居住区块或林地。

2. 北疏南密的窑洞分布

三原县柏社村被路网分为类棋盘式的格局，主要分为两块：北区和南区。北区地势较为陡峭，南区地势较为平缓。因此，北区窑洞分布较少，靠崖窑和地坑

① 王军 . 西北民居 [M]. 北京：中国建筑工业出版社，2009：10.

窑并存，且因地势不平，地坑窑的分布较为松散。南区由于地块面积大，地势较为平缓，为地坑窑的挖掘提供了良好的土壤基础，因此聚集了大量的地坑窑居，地坑窑的分布较为密集。

3. 集中建设的地面房屋

柏社村的主要交通干线为绕村而过的县级公路，以及较宽的两条通村公路（两条路在村子东部形成十字交叉）。两条相交的通村公路为柏社村内交通的核心并与县级公路直接相连，县级公路为柏社村与其他区域重要的交通线路。

村内的空间则被若干条村上的小路划分为具体的居住区块，这些村上的道路与原有的窑院布局结合得十分紧密，基本是由于人的长期行走而形成的自然道路（图 2.4）。

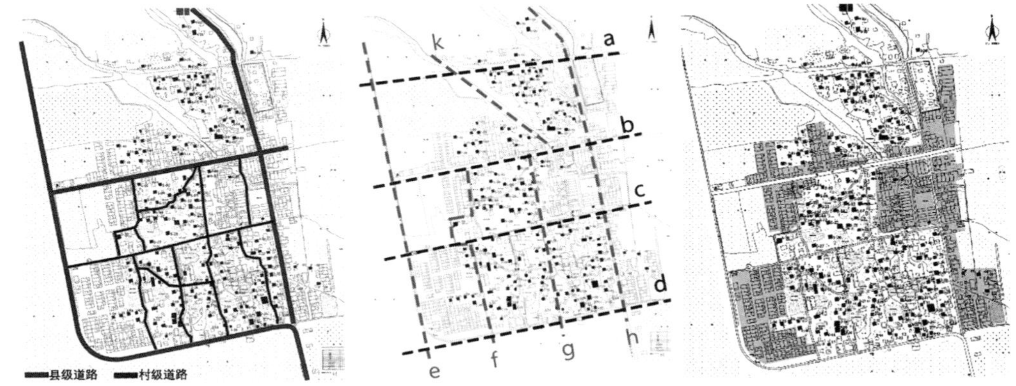

图 2.4　柏社村道路、区块路网编号图、地面建筑分布图

图片来源：地坑窑 Studio 小组 绘

从目前的村落空间格局来看，柏社村地坑窑院的分布呈现以下的特点：第一是呈现聚落式的集中，具体体现就是地坑窑院的向心集中；第二是沿道路附近布置，在村中的不同时期的道路周边都可以发现集中布置的窑院；第三是在地势较平坦的区域布置。

新的地面建筑的布置大致沿着原有窑院村落的四周展开，布局上紧邻道路，特别是新修建的县级公路与通村公路，以获得更为便利的交通条件。

4. 柏社村空间格局变迁

从 2013 年、2015 年、2016 年以及 2018 年柏社村的卫星图中可以发现，这几年间柏社村的空间格局演变较为缓慢，几乎没有太大的变动，依旧保持着原有的样貌。县级道路沿街分布着地面建筑，村中深处遍布着地坑窑院，村北分布有部分靠山窑（图 2.5）。

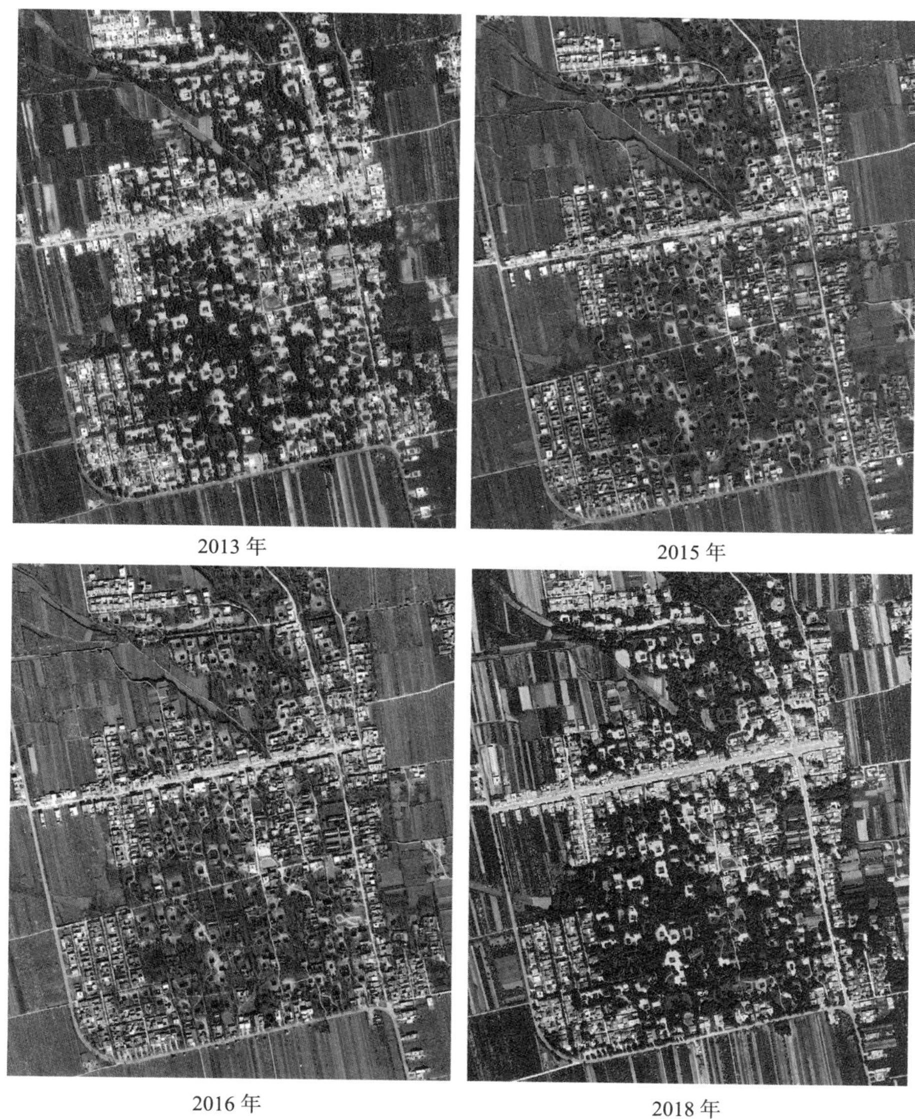

图 2.5 柏社村空间格局变迁

图片来源：Google Earth Pro 2018

2.2 地坑窑居的分区及编号

基于以上分析，根据路网和居住关系，将柏社村分成九个区（图 2.6）。首先根据横跨村落中心的主要街道将柏社村分为南北两区。南区地势较为平坦，窑洞类型几乎全部为地坑窑。西部多为新建建筑和种植区域，中部为地坑窑主要聚集

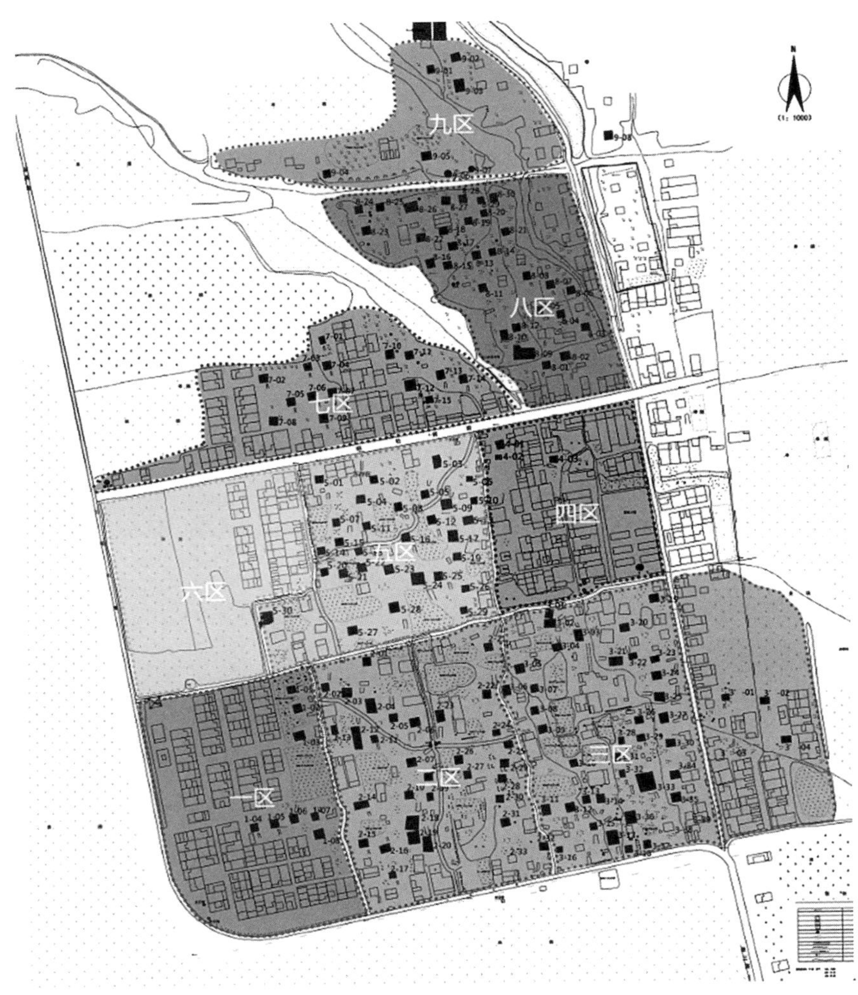

图 2.6 柏社村地坑窑分区图

图片来源：李强 绘

区域，东部沿着南北向主街分布着许多新建建筑，属于地坑窑和地上建筑并存的地块。按照南区的次级交通路网和地坑窑分布情况，将其划分为面积大致相同的六块方形区域，其中五区是主要的更新改造区域，窑洞的保存情况最为完好。北区地势起伏较大，由数个沟壑贯穿，其中分布的窑洞有地坑窑、靠崖窑，也有两者的结合体。根据主要沟壑和一条东西向的道路将北区分为三个不规则的区域。在对柏社村进行分区的基础上，对柏社村现有地坑窑进行编号（图 2.7）。

2.3 柏社村地坑窑的质量分级

为了对柏社村地坑窑的保存完好度及综合价值有一个更加客观、全面的认识并确定村内有再利用价值的地坑窑，本研究在对柏社村地坑窑居调研的基础上进行了建筑的质量等级评估。评估标准以《中国历史文化名镇（村）评价指标体系》为依据，同时在此基础上结合柏社村地坑窑居实际情况，增加了建筑功能使用状况及立面相关方面的评价内容，见表 2.2。

窑洞综合价值评价权重表 表 2.2

评价指标			权重得分
历史价值评估	建造年代		15
	建筑重要程度		15
建筑实用评估	建筑完整性：完 / 损 / 塌		15/10/0
	生活给水方式		10
	厨房状况		5
建筑质量评估	入口	有无檐口	5
		是否方便下去	5
	檐口	完 / 残 / 无	10/5/0
	窑脸	砖 / 土 / 塌	10/5/0
	居住环境	优 / 良 / 差	10/5/0
总计	—	—	100

资料来源：李强绘制

依据以上评分标准及相关评价标准体系，本研究将柏社村既存地坑窑确定为 3 个质量等级：A 级，80 ～ 100 分（包含 80 分）；B 级，50 ～ 80 分（包含 50 分、不包含 80 分）；C 级，50 分以下（不包含 50 分）。

以下是对这三种地坑窑特点的描述：

A 级：保存完好，有明显的传统下沉式地坑窑特征，窑脸完整，建筑入口打理较好，有人居住，使用的窑室较多，部分地坑窑已进行了改造。由于平时居住者的打理，该类窑院大多保存完好，结构安全，但在采光、通风、生活用水和排水等基本生活条件方面还存在一定问题。而其中转变为农家乐、展览馆等公共建筑的窑院基本上都经过了一定的改造，在防潮、通风、采光、美观方面都有很大的改善，地坑窑居特征完整，可作为后来地坑窑修缮改造的范例及向外来游客展示的名片。

B 级：地坑窑有些许损坏，基本无人居住，但建筑保存较为完整。该类窑洞虽然保存较完好，但因社会发展及建筑自身存在的采光通风等种种原因，大多已无人居住，长时间无人打理，长此下去窑院会逐渐坍塌废弃，因而对该类地坑窑的保护性改造迫在眉睫。

C 级：无人居住，窑院破坏情况较为严重，大多已无明显的地坑窑建筑特征，全部无人居住。该类窑院废弃已久，长时间无人打理并且常年受雨水的侵蚀，大多数已经破坏甚至坍塌，杂草丛生、荒芜衰败。

经上述质量等级评估，截止到 2018 年 12 月，柏社村地坑窑院 A 级共 34 院（其中，保存完好、有人居住的地坑窑共计 34 院；改造为农家乐、展览馆等的地坑窑 8 院），B 级共 54 院，C 级共 78 院，总计 166 院。柏社村现存地坑窑的三种质量分级状况与分布如表 2.3、图 2.7 所示。

各等级地坑窑院统计 **表 2.3**

窑院等级	分数区间	窑院数量	代表窑院	典型窑院照片
A 级	80 ～ 100 分	34	5-28 7-12	
B 级	50 ～ 80 分	54	5-18	
C 级	0 ～ 50 分	78	5-17	

资料来源：李强绘制

总体而言，柏社村中的地坑窑大多已无人居住，只有少部分会有人居住或被改造置换为其他功能。鉴于此现状，对于 A 级和 B 级的窑洞，可以认为具有再利用价值，应及时对其进行保护性改造，避免其逐渐演变为 C 级而造成不可逆

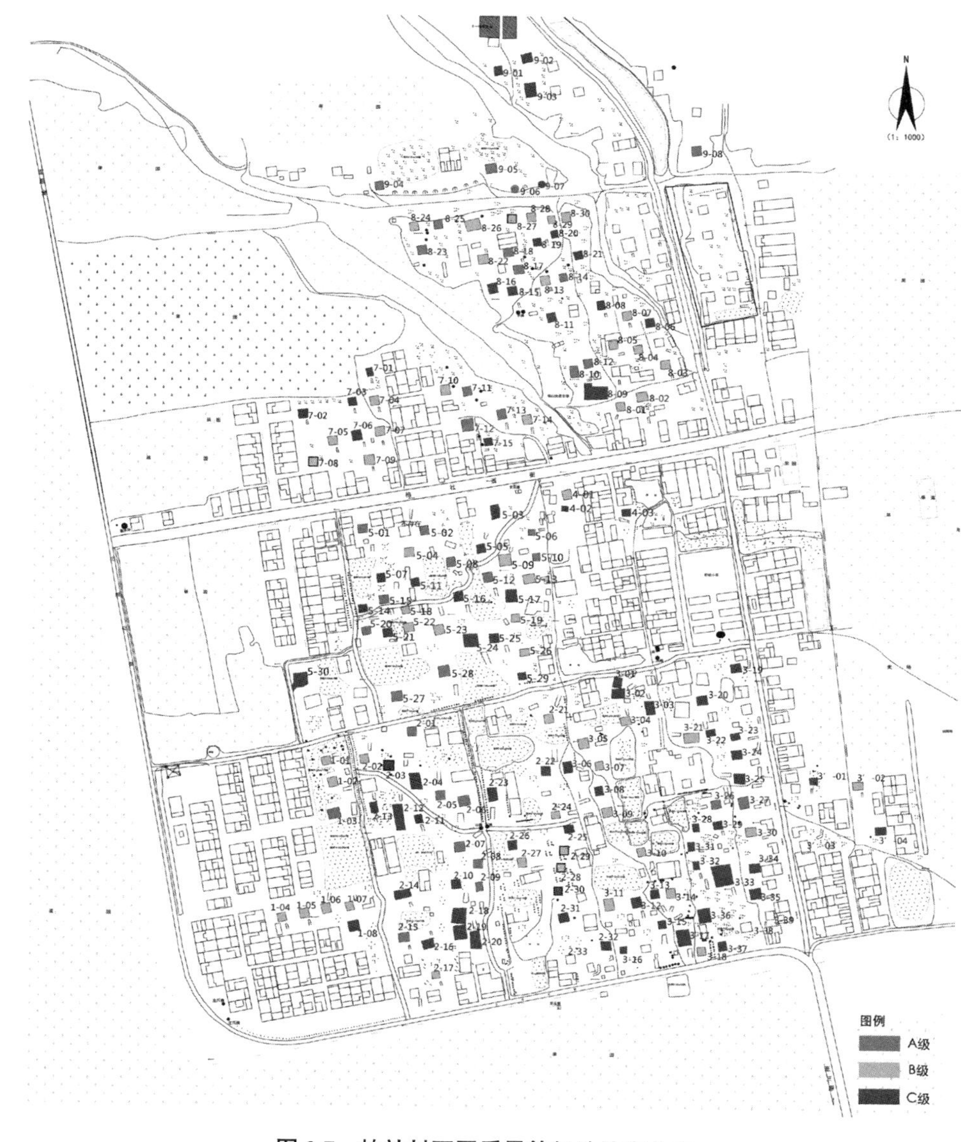

图 2.7　柏社村不同质量等级地坑窑分布

图片来源：地坑窑 studio 小组 绘

转的损失。

地坑院大多分布于柏社村的南部，保存状况较好，村落北部地坑窑居分布较少。此外，在村落的北边，一些地区的地貌有较多的沟壑，所以还有一些靠崖窑。

此外，柏社村地坑窑居建设年代也有一定的差别，经走访调研，柏社村 166 口地坑窑存在时间段有 4 种，分别是 0 ～ 30 年、30 ～ 60 年、60 ～ 90 年、90 年以上。经调研数据的整理得到全村地坑院存在时间的年代统计表 2.4。

柏社村窑院年代统计表 表 2.4

建造年代	存在时间	窑院数量（院）	所占比（%）
1990 至今	0～30 年	36	21.7
1960—1990	30～60 年	95	57.2
1930—1960	60～90 年	29	17.5
1930 年前	90 年以上	6	3.6
—	—	共 166	共 100.0

资料来源：李强根据调研资料绘制

2.4 柏社村地坑窑居测绘资料整理

如前文所述，本次研究对全村窑院进行了分区及编号梳理，同时对有测绘条件的窑洞进行了测绘。本节将柏社村全村地坑窑进行分区梳理和呈现。

2.4.1 柏社村地坑窑一区

柏社村地坑窑一区区位、周边道路、窑洞数量和质量及具体情况见表 2.5。

地坑窑一区具体情况表 表 2.5

区位			
周边道路	临近三照公路，交通较为便利		
窑洞数量	8 个		
窑洞质量	A 级 1 个	B 级 2 个	C 级 5 个
	整体质量一般		
具体情况	有个别窑洞保存得较为完好，对其进行了测绘和分析；少数窑洞已经破败，但仍在使用中（不住人，养牲畜）；大多窑洞已经破败，无法使用，只剩断壁残垣		

1. 详细测绘窑洞

1-03 号窑洞详细测绘情况如下（表 2.6、图 2.8～图 2.10）:

1-03 号窑洞具体情况表 **表 2.6**

	评分	等级	建筑面积	人口数	房间数	建造年代	通气孔数
1-03	90	A	246m^2	3	6	1940	2
	洗浴构造及设施		主要使用地面卫生间				
	厨房状况		土灶，通风良好				
	生活给水方式		地面上打自来水				
	卫生间给排水		停止使用				
	供暖燃料方式		土炕烧秸秆，保温靠墙体自身				
窑院为同家祖宅，现仍居住其中。男主人是木匠瓦匠，目前做棺材生意，院内树木用作木材。祖上是农民，儿子们在窑院附近建了地上房屋。居住舒适，没有搬迁意向							

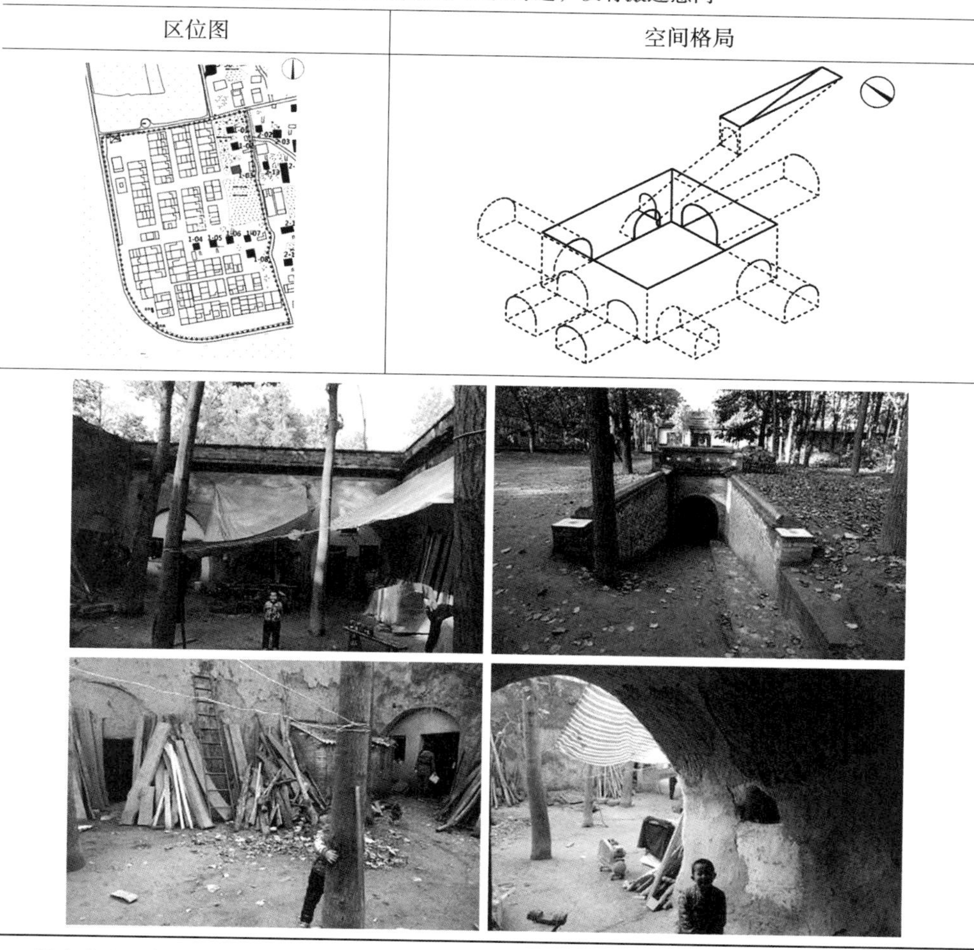

图表来源：恽彬蔚 绘 / 摄

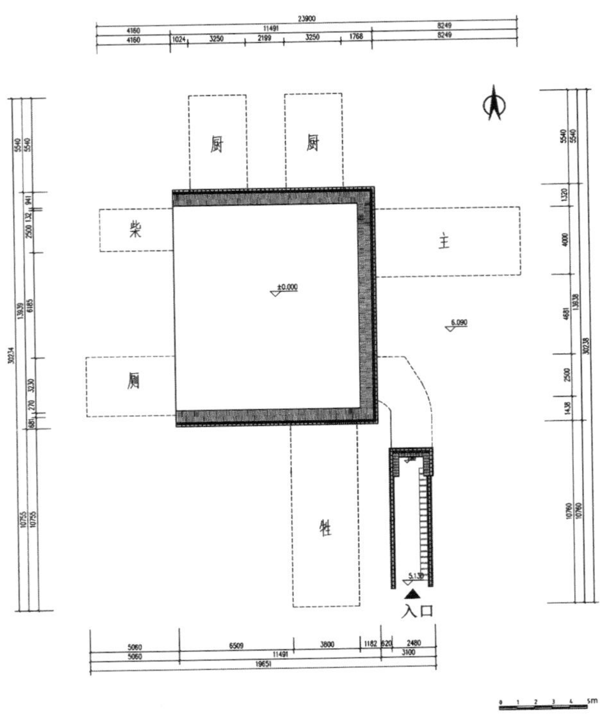

图 2.8　窑洞总平面图

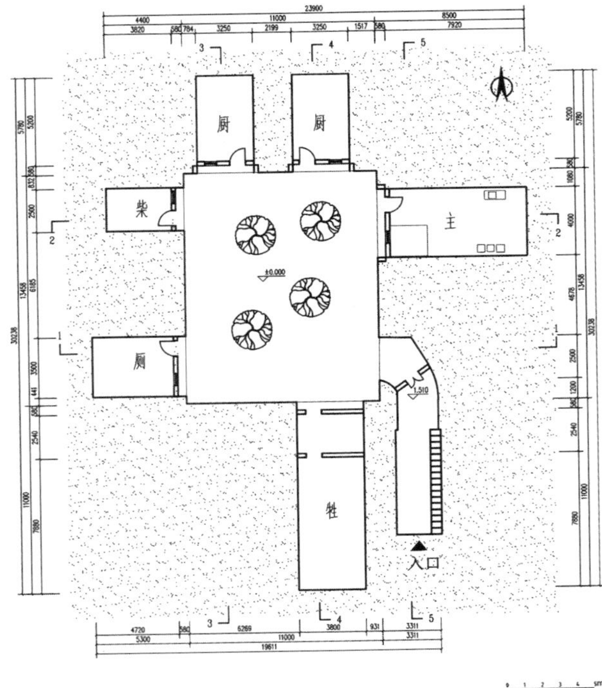

图 2.9　窑洞平面图

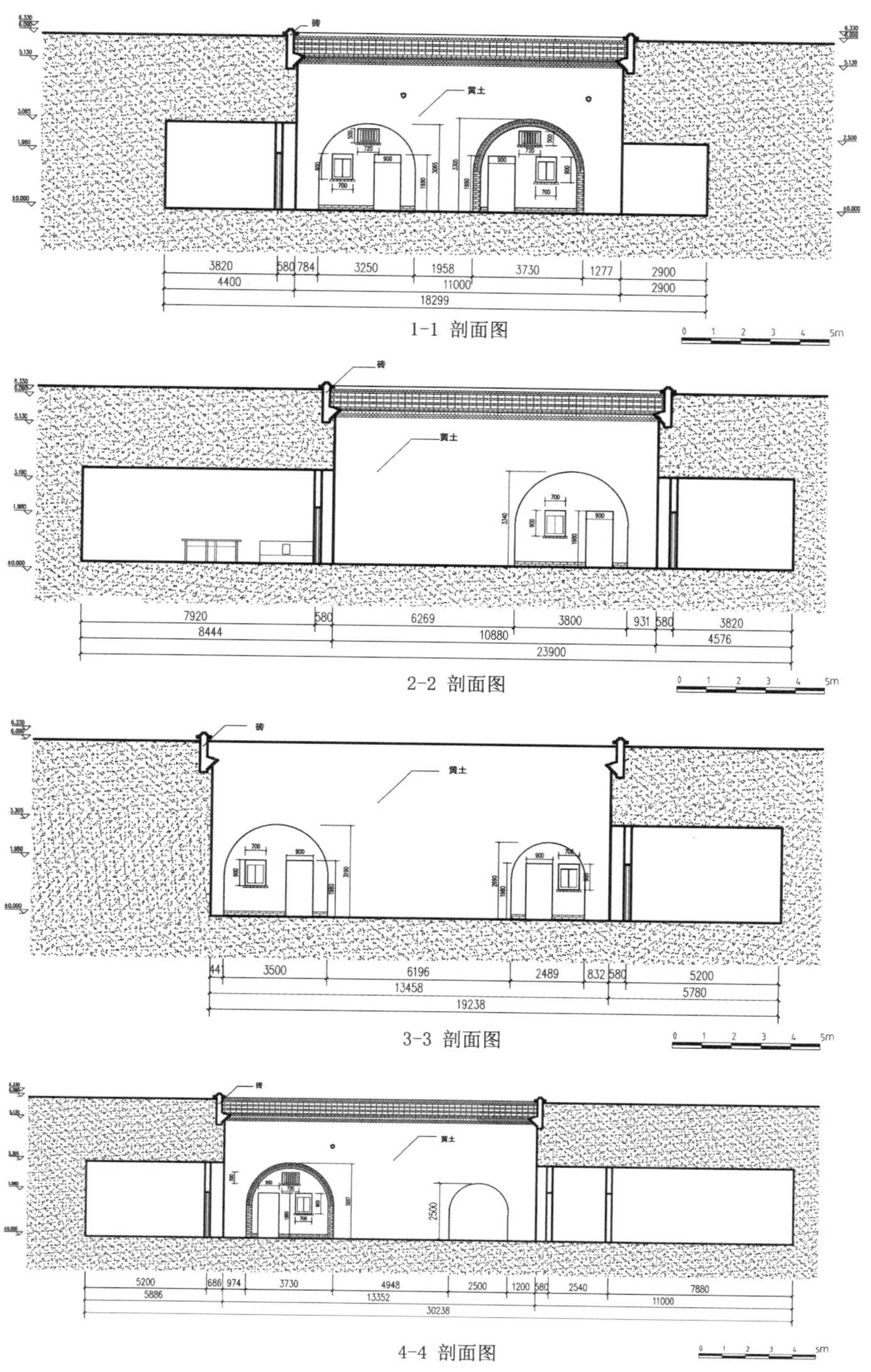

图 2.10　窑洞剖面图

测绘人：张冲　李强　杨眉　甄泽华
绘图人：张冲

2. 其余窑洞

由于其余窑洞很多已无人居住，且有一定程度破损，因此未进行详细测绘，仅进行编号和拍照（表 2.7）。

地坑窑一区其余窑洞情况表 **表 2.7**

窑洞编号	评分	等级	窑院面积	现状照片
1-01	20	C	100m²	
1-02	45	B	100m²	
1-04	20	C	100m²	
1-05	45	B	100m²	
1-06	25	C	100m²	

续表

窑洞编号	评分	等级	窑院面积	现状照片
1-07	25	C	$100m^2$	
1-08	25	C	$100m^2$	

表格来源：地坑窑 studio 小组提供

2.4.2 柏社村地坑窑二区

柏社村地坑窑二区区位、周边道路、窑洞数量和质量及具体情况见表 2.8。

地坑窑二区具体情况表 **表 2.8**

区位			
周边道路	临近对外公路和村内道路，交通较为便利		
窑洞数量	33 个		
窑洞质量	A 级 7 个	B 级 7 个	C 级 19 个
	整体质量较好		
具体情况	该区域有两条小路呈十字交叉穿过，窑院大体沿小路分布，而地上建筑多沿大路分布。一些窑洞保存完好，其中 3 个窑洞还在住人，对其进行了测绘和分析；另有一些窑洞已有破损，其中几个圈养家禽家畜；多数窑洞已经破败，无法使用		

1. 详细测绘窑洞

（1）2-05 号窑洞详细测绘情况如下（表 2.9、图 2.11～图 2.13）：

2-05 号窑洞具体情况表 **表 2.9**

<table>
<tr><td rowspan="8">2-05</td><td>评分</td><td>等级</td><td>建筑面积</td><td>人口数</td><td>房间数</td><td>建造年代</td><td>通气孔数</td></tr>
<tr><td>90</td><td>A</td><td>200m²</td><td>0</td><td>8</td><td>2000</td><td>3</td></tr>
<tr><td colspan="2">洗浴构造及设施</td><td colspan="5">有独立的卫生间</td></tr>
<tr><td colspan="2">厨房状况</td><td colspan="5">土灶，通风良好</td></tr>
<tr><td colspan="2">生活给水方式</td><td colspan="5">未知</td></tr>
<tr><td colspan="2">卫生间给排水</td><td colspan="5">未知</td></tr>
<tr><td colspan="2">供暖燃料方式</td><td colspan="5">土坑烧秸秆，保温靠墙体自身</td></tr>
<tr></tr>
<tr><td colspan="8">窑院内目前无人居住，其余资料不详</td></tr>
<tr><td colspan="3">区位图</td><td colspan="5">空间格局</td></tr>
<tr><td colspan="3"></td><td colspan="5">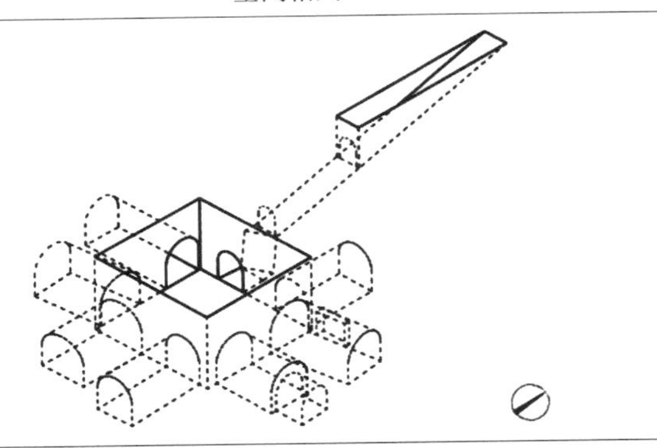</td></tr>
</table>

图表来源：恽彬蔚 绘 / 摄

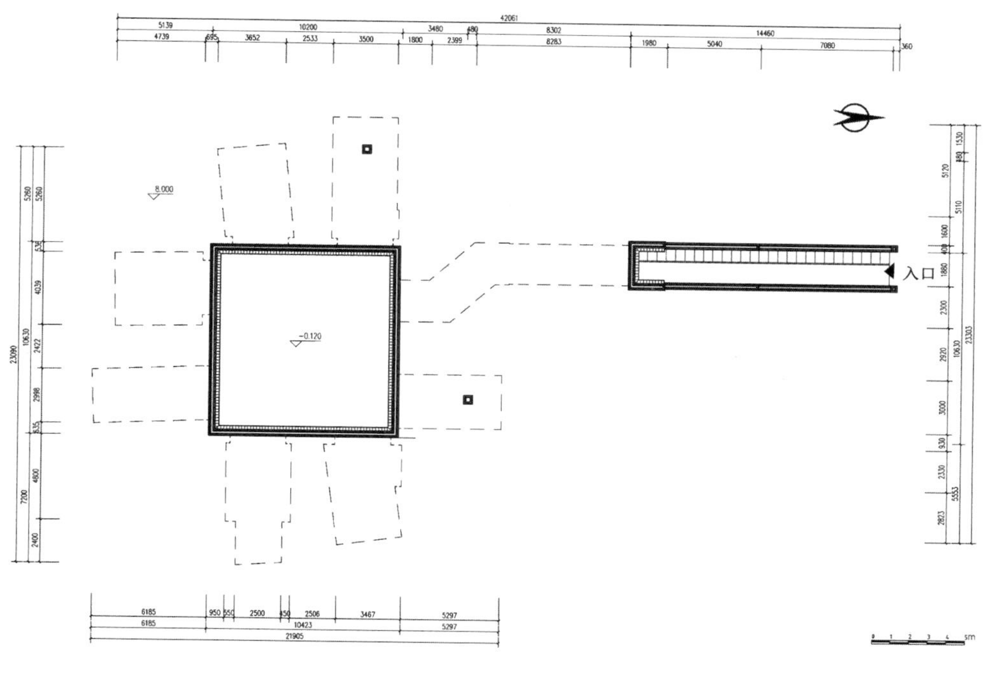

图 2.11 窑洞总平面图

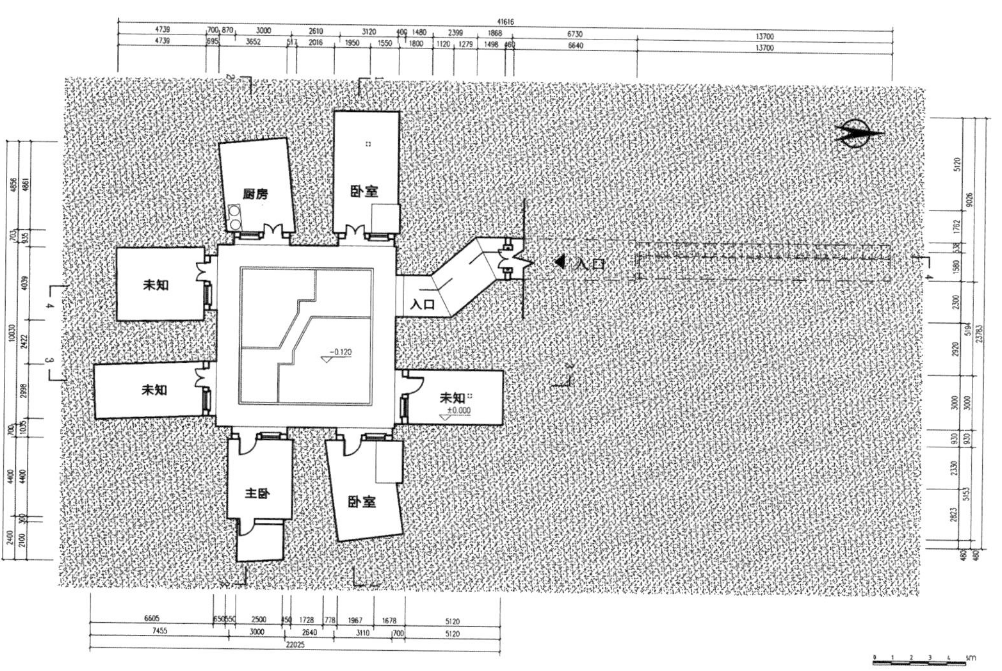

图 2.12 窑洞平面图

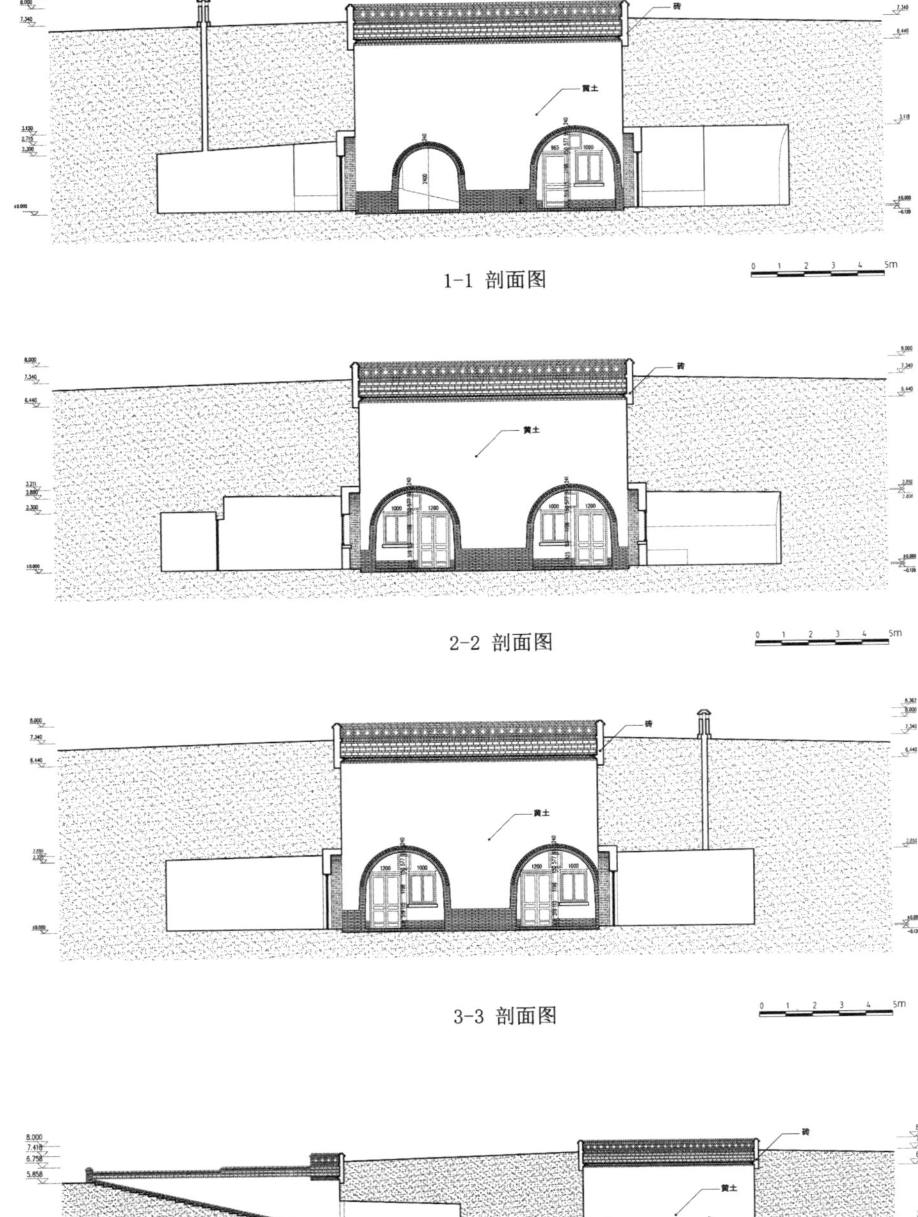

砖

黄土

4-4 剖面图

图 2.13　窑洞剖面图

测绘人：郝姗　卢凯　陈以健

绘图人：郝姗

（2）2-06 号窑洞详细测绘情况如下（表 2.10、图 2.14～图 2.16）：

2-06 号窑洞具体情况表 **表 2.10**

	评分	等级	建筑面积	人口数	房间数	建造年代	通气孔数
2-06	90	A	150m²	4	8	1950	4
	洗浴构造及设施		有独立的卫生间				
	厨房状况		土灶，通风良好				
	生活给水方式		水井给水				
	卫生间给排水		无				
	供暖燃料方式		土炕烧秸秆，保温靠墙体自身				

窑院是祖上传下来的，祖上都是农民，后辈们已搬去城市里居住。主人认为居住舒适，没有搬迁意向。个别窑洞内部顶上有运送粮食货物的孔道

区位图	空间格局

图表来源：恽彬蔚 绘 / 摄

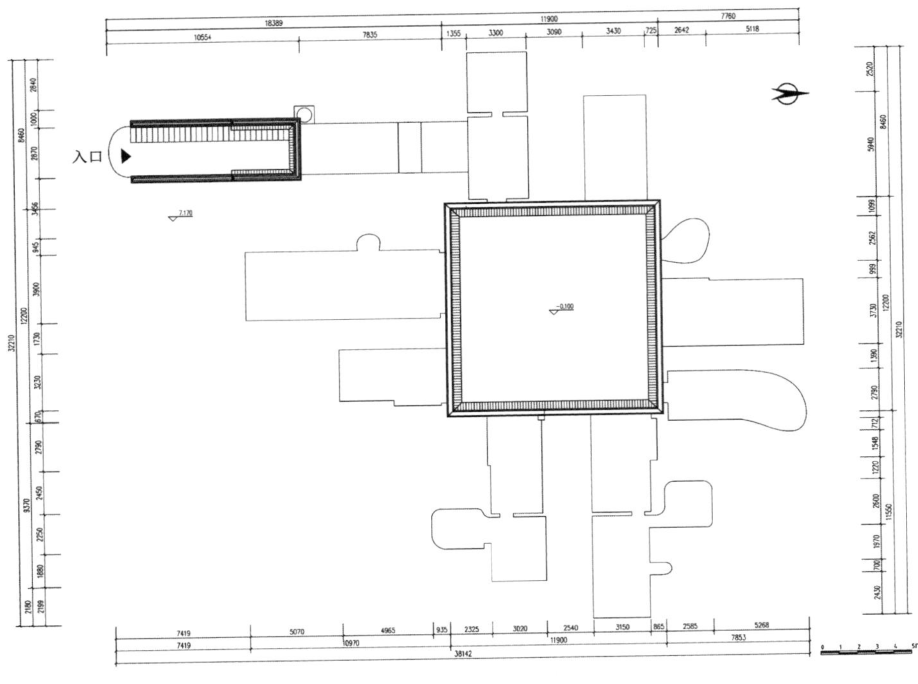

图 2.14 窑洞总平面图

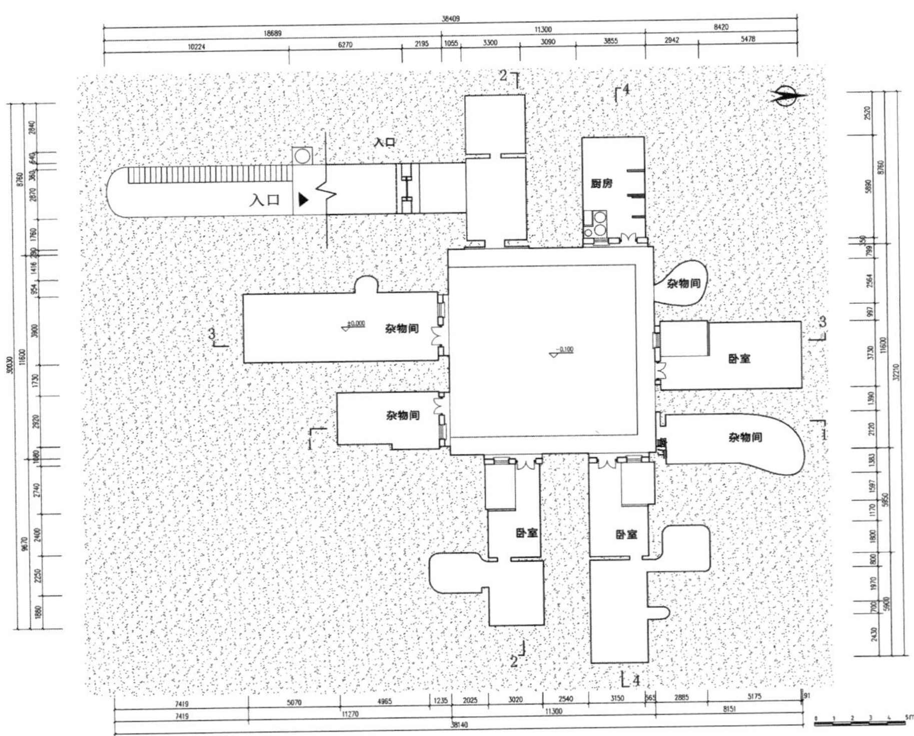

图 2.15 窑洞平面图

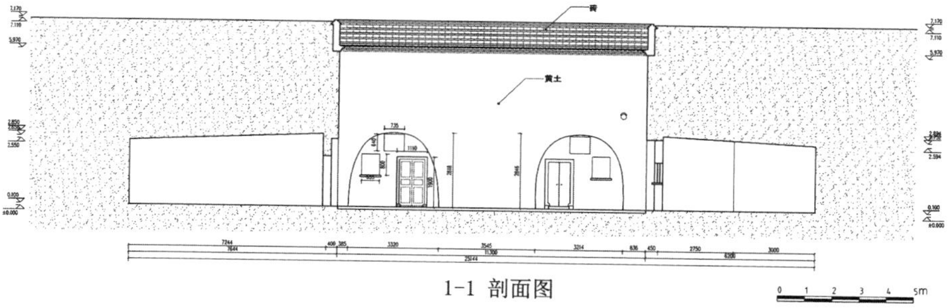

1-1 剖面图

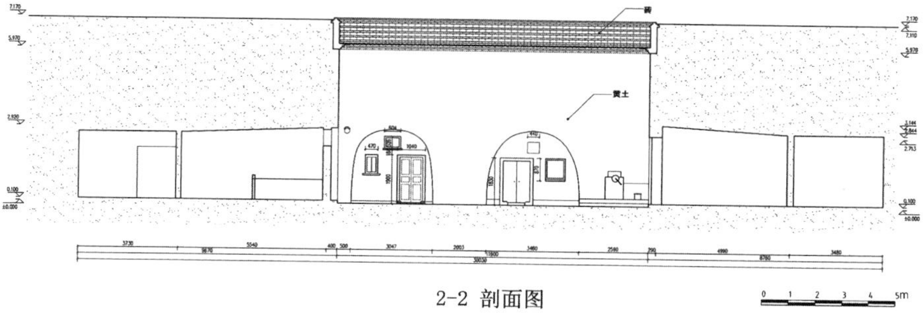

2-2 剖面图

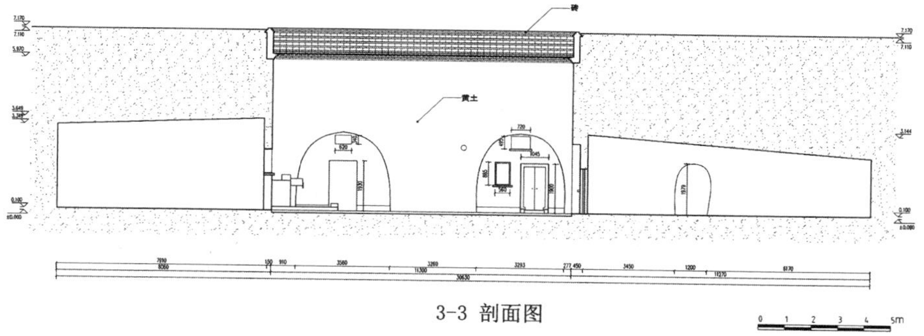

3-3 剖面图

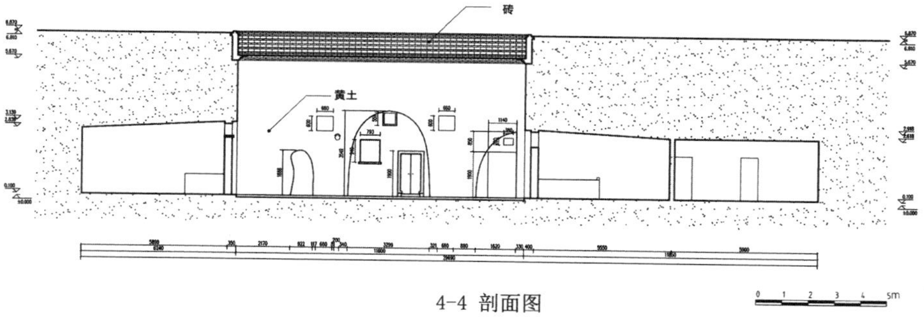

4-4 剖面图

图 2.16　窑洞剖面图

测绘人：郝姗　卢凯　陈以健

绘图人：郝姗

（3）2-07 号窑洞详细测绘情况如下（表 2.11、图 2.17～图 2.19）：

2-07 号窑洞具体情况表 **表 2.11**

<table>
<tr><td rowspan="7">2-07</td><td>评分</td><td>等级</td><td>建筑面积</td><td>人口数</td><td>房间数</td><td>建造年代</td><td>通气孔数</td></tr>
<tr><td>85</td><td>A</td><td>430m²</td><td>0</td><td>7</td><td>1970</td><td>2</td></tr>
<tr><td colspan="2">洗浴构造及设施</td><td colspan="5">有独立的卫生间</td></tr>
<tr><td colspan="2">厨房状况</td><td colspan="5">土灶，通风良好</td></tr>
<tr><td colspan="2">生活给水方式</td><td colspan="5">地面上打自来水</td></tr>
<tr><td colspan="2">卫生间给排水</td><td colspan="5">连接地上水管</td></tr>
<tr><td colspan="2">供暖燃料方式</td><td colspan="5">土炕烧秸秆，保温靠墙体自身，顶部有太阳能热水器</td></tr>
<tr><td colspan="8">窑院内目前无人居住，其余资料不详</td></tr>
<tr><td colspan="3">区位图</td><td colspan="5">空间格局</td></tr>
</table>

图表来源：恽彬蔚 绘/摄

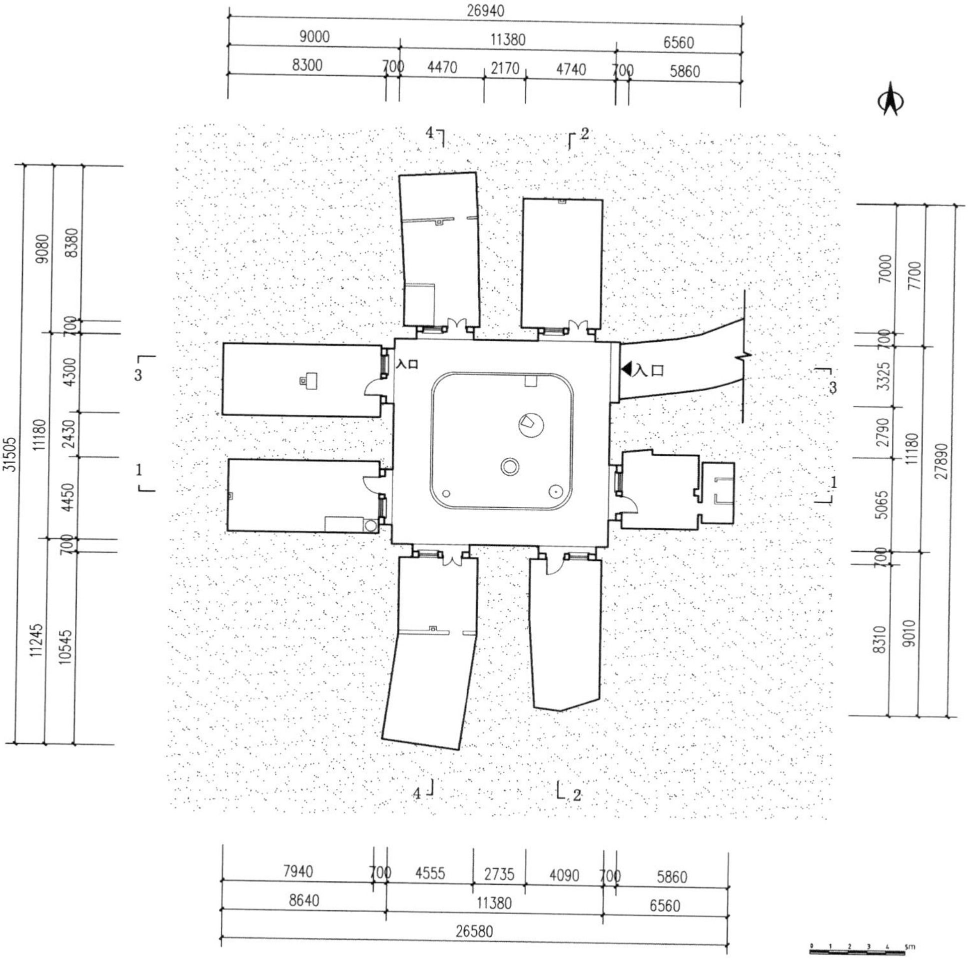

图 2.17　窑洞平面图

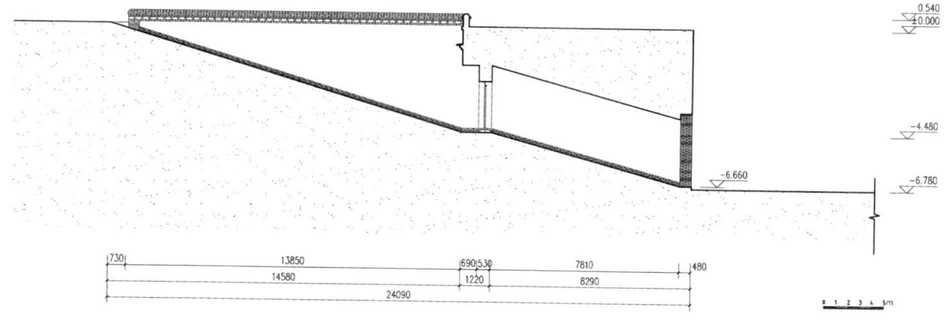

图 2.18　入口剖面图

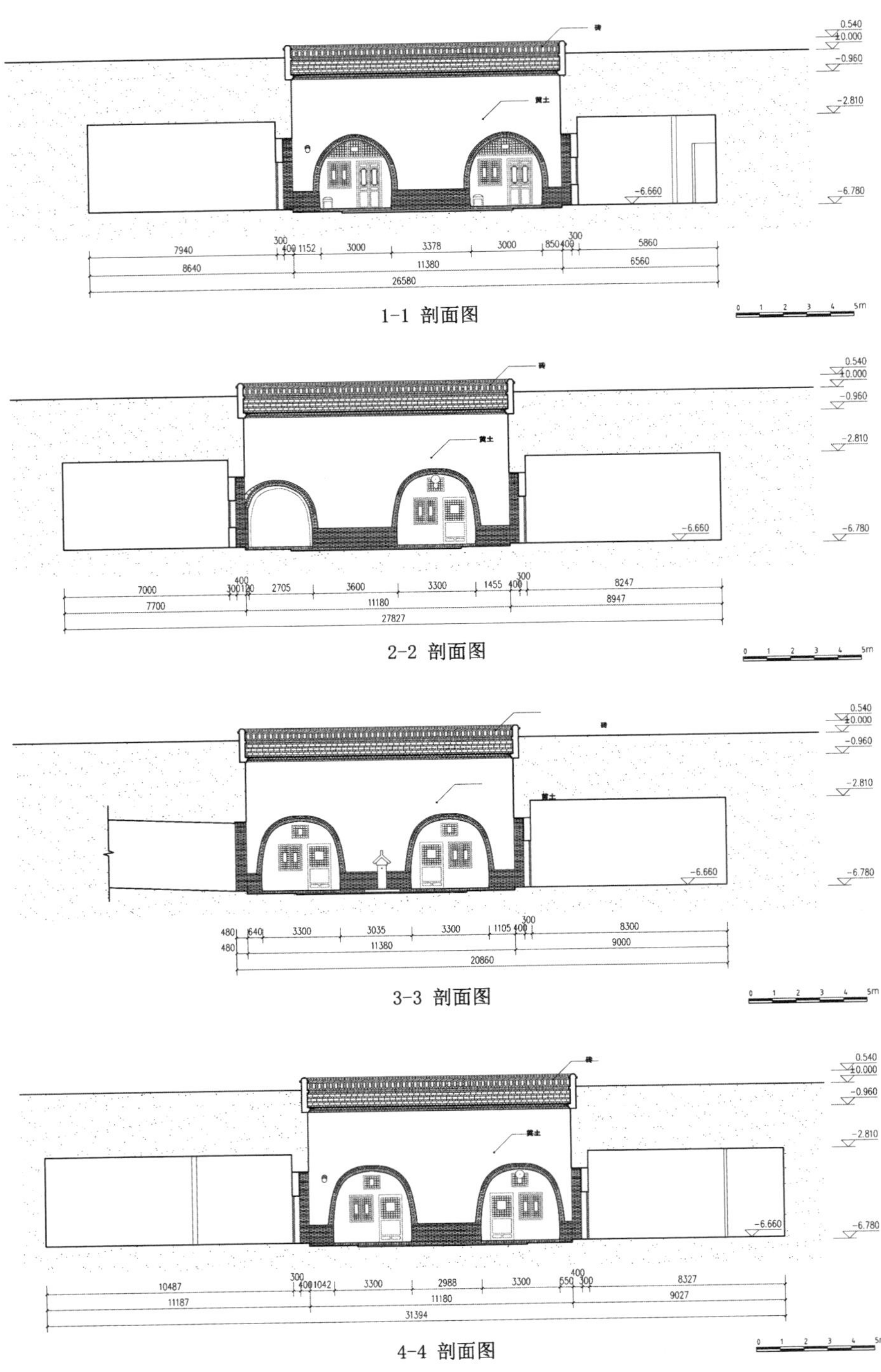

图 2.19　窑洞剖面图

测绘人：郝姗　卢凯　陈以健

绘图人：卢凯

（4）2-08 号窑洞详细测绘情况如下（表 2.12、图 2.20～图 2.22）：

2-08 号窑洞具体情况表 **表 2.12**

<table>
<tr><td rowspan="7">2-08</td><td>评分</td><td>等级</td><td>建筑面积</td><td>人口数</td><td>房间数</td><td>建造年代</td><td>通气孔数</td></tr>
<tr><td>85</td><td>A</td><td>430m²</td><td>0</td><td>7</td><td>1970</td><td>2</td></tr>
<tr><td colspan="2">洗浴构造及设施</td><td colspan="5">有独立的卫生间</td></tr>
<tr><td colspan="2">厨房状况</td><td colspan="5">土灶，通风良好</td></tr>
<tr><td colspan="2">生活给水方式</td><td colspan="5">地面上打自来水</td></tr>
<tr><td colspan="2">卫生间给排水</td><td colspan="5">连接地上水管</td></tr>
<tr><td colspan="2">供暖燃料方式</td><td colspan="5">土炕烧秸秆，保温靠墙体自身</td></tr>
<tr><td colspan="8">窑院内目前无人居住，其余资料不详</td></tr>
<tr><td colspan="3">区位图</td><td colspan="5">空间格局</td></tr>
</table>

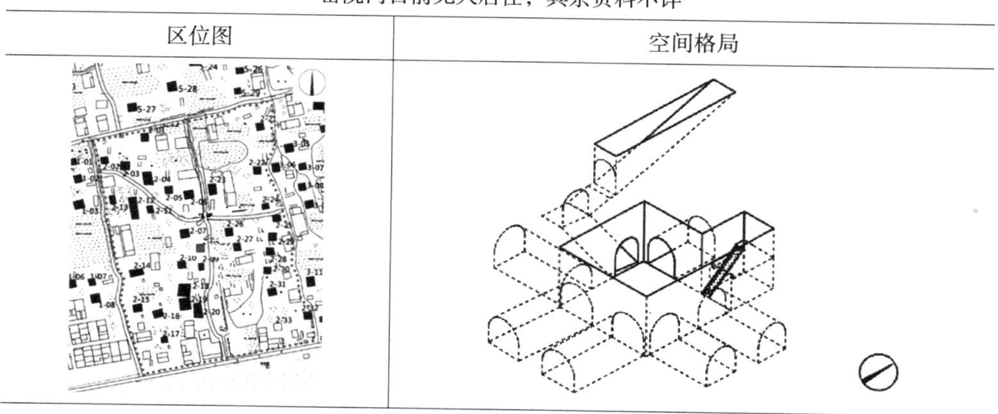

图表来源：恽彬蔚 绘 / 摄

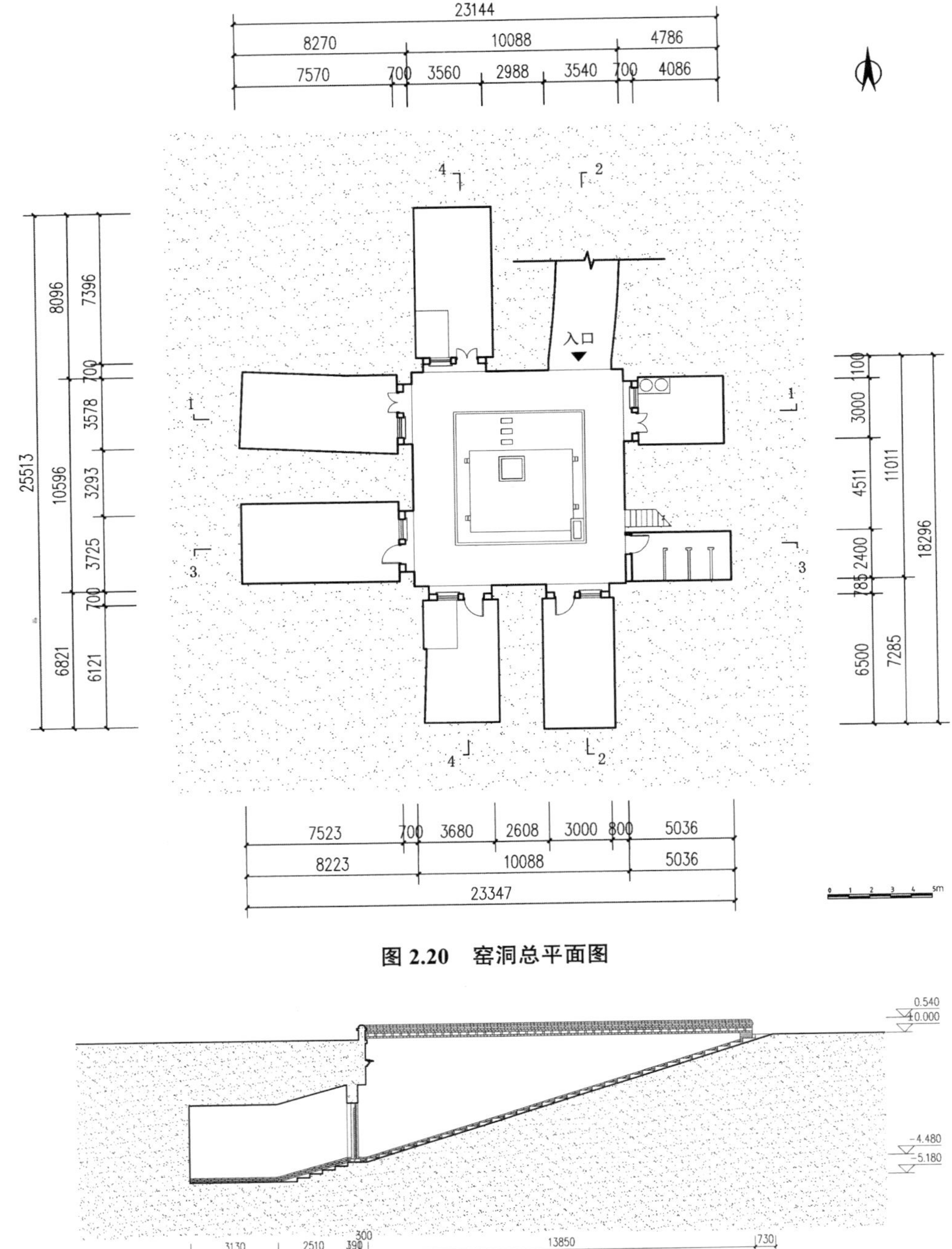

图 2.20　窑洞总平面图

图 2.21　入口剖面图

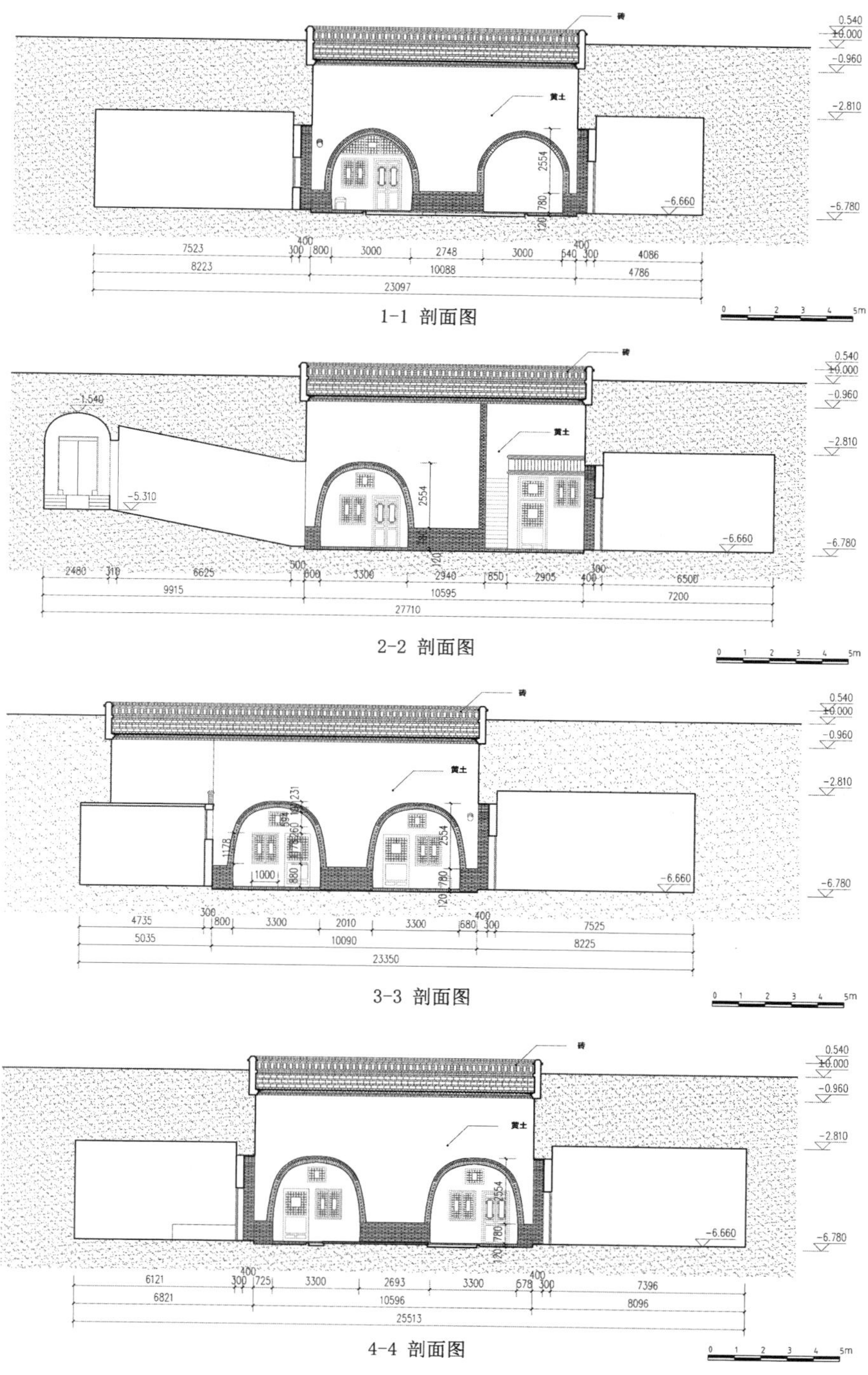

图 2.22 窑洞剖面图

测绘人：郝姗 卢凯 陈以健

绘图人：卢凯

（5）2-09号窑洞详细测绘情况如下（表2.13、图2.23～图2.25）：

2-09号窑洞具体情况表 **表2.13**

<table>
<tr><td rowspan="7">2-09</td><td>评分</td><td>等级</td><td>建筑面积</td><td>人口数</td><td>房间数</td><td>建造年代</td><td>通气孔数</td></tr>
<tr><td>100</td><td>A</td><td>200m²</td><td>0</td><td>8</td><td>2010</td><td>1</td></tr>
<tr><td colspan="2">洗浴构造及设施</td><td colspan="5">有独立的卫生间</td></tr>
<tr><td colspan="2">厨房状况</td><td colspan="5">土灶，通风良好</td></tr>
<tr><td colspan="2">生活给水方式</td><td colspan="5">地面上打自来水</td></tr>
<tr><td colspan="2">卫生间给排水</td><td colspan="5">连接地上水管</td></tr>
<tr><td colspan="2">供暖燃料方式</td><td colspan="5">土炕烧秸秆，保温靠墙体自身</td></tr>
<tr><td colspan="8">窑院内目前无人居住，其余资料不详</td></tr>
<tr><td colspan="3">区位图</td><td colspan="5">空间格局</td></tr>
</table>

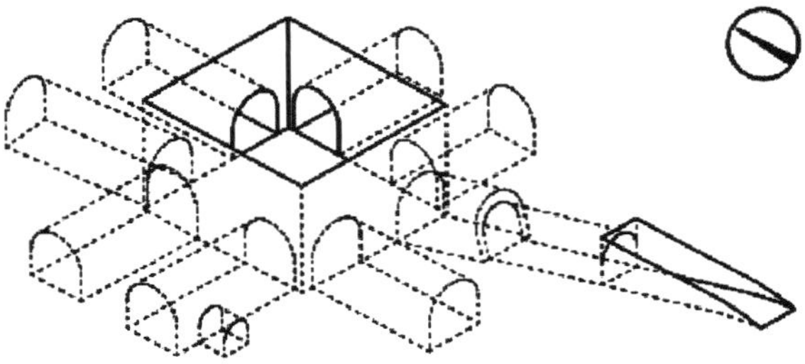

图表来源：郭晶晶 绘/摄

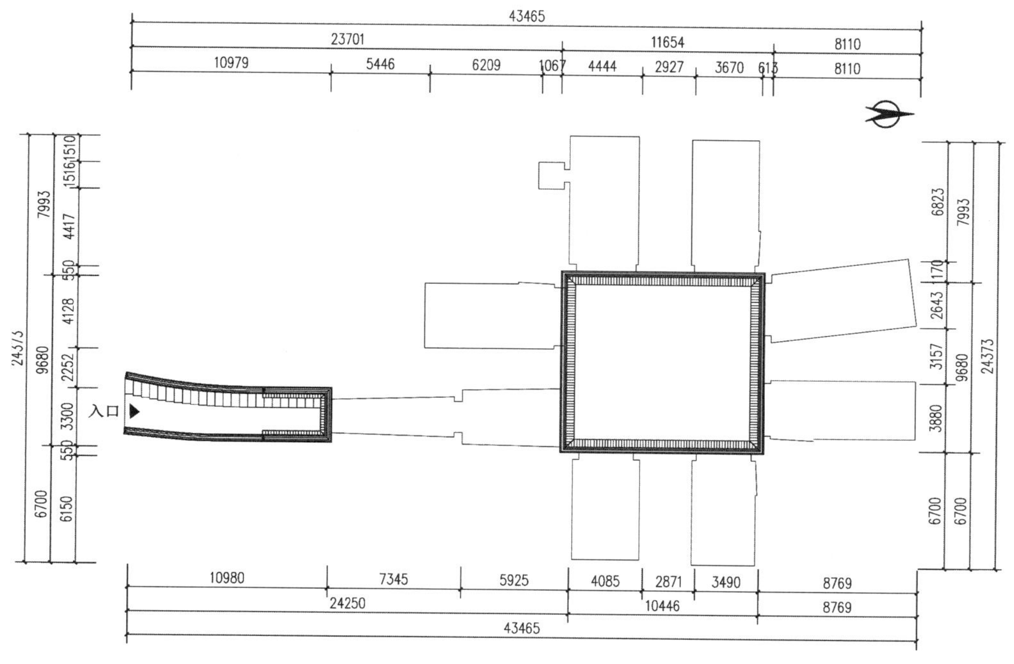

图 2.23 窑洞总平面图

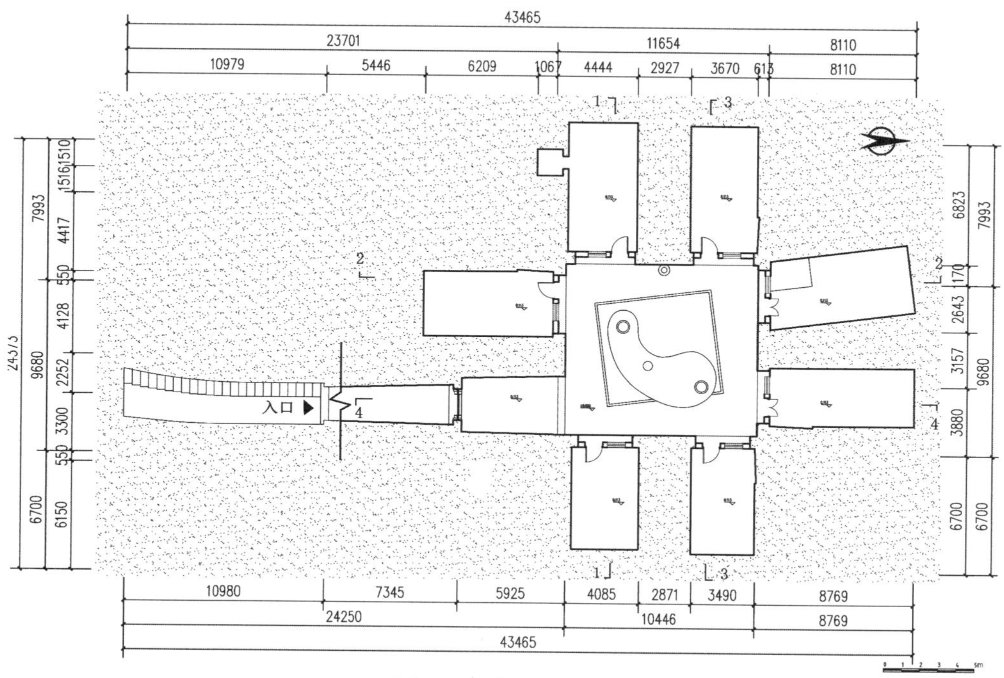

图 2.24 窑洞平面图

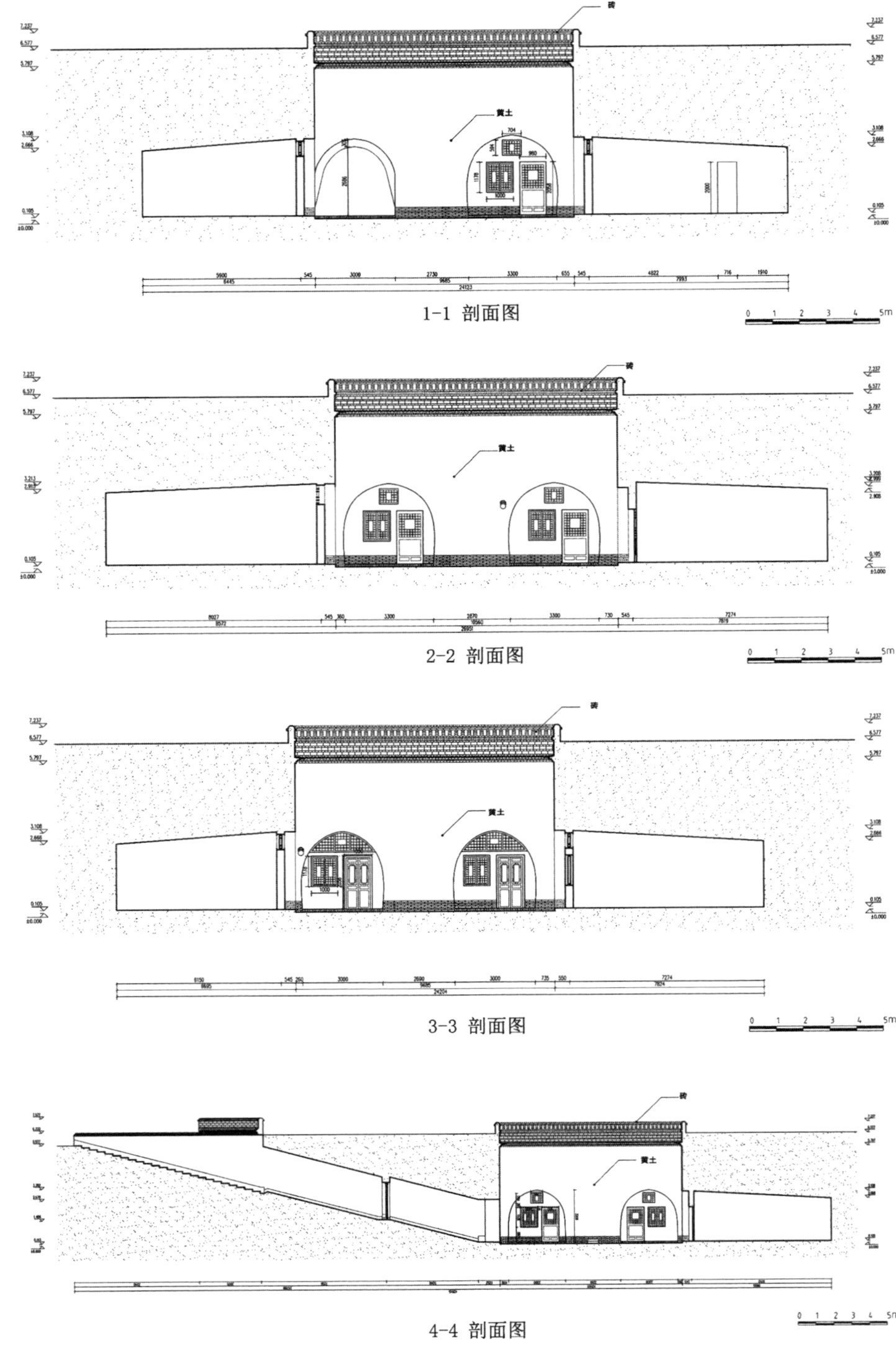

图 2.25　窑洞剖面图

测绘人：郝姗　卢凯　陈以健

绘图人：陈以健

（6）2-15 号窑洞详细测绘情况如下（表 2.14、图 2.26～图 2.28）：

2-15 号窑洞具体情况表 **表 2.14**

<table>
<tr><td rowspan="7">2-15</td><td>评分</td><td>等级</td><td>建筑面积</td><td>人口数</td><td>房间数</td><td>建造年代</td><td>通气孔数</td></tr>
<tr><td>90</td><td>A</td><td>175m²</td><td>0</td><td>8</td><td>1970</td><td>3</td></tr>
<tr><td colspan="2">洗浴构造及设施</td><td colspan="5">有独立的卫生间</td></tr>
<tr><td colspan="2">厨房状况</td><td colspan="5">土灶，通风良好</td></tr>
<tr><td colspan="2">生活给水方式</td><td colspan="5">未知</td></tr>
<tr><td colspan="2">卫生间给排水</td><td colspan="5">未知</td></tr>
<tr><td colspan="2">供暖燃料方式</td><td colspan="5">土炕烧秸秆，保温靠墙体自身</td></tr>
<tr><td colspan="8">窑院内目前无人居住，其余资料不详</td></tr>
<tr><td colspan="3">区位图</td><td colspan="5">空间格局</td></tr>
<tr><td colspan="8">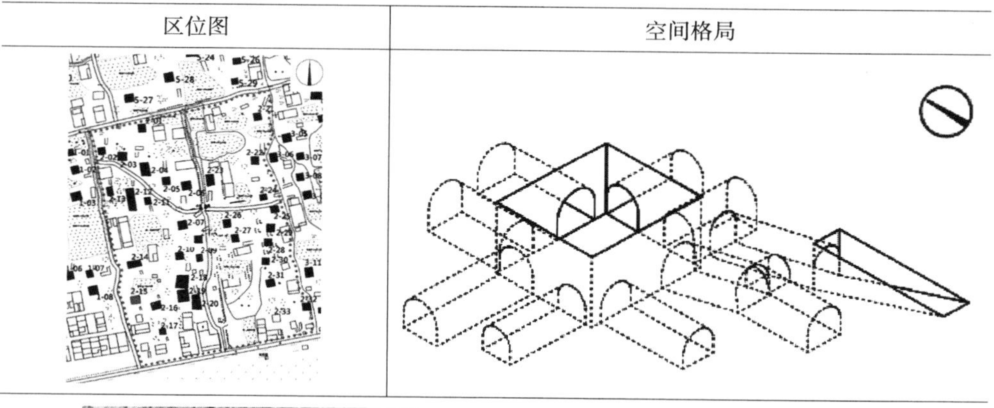</td></tr>
</table>

图表来源：郭晶晶 绘 / 摄

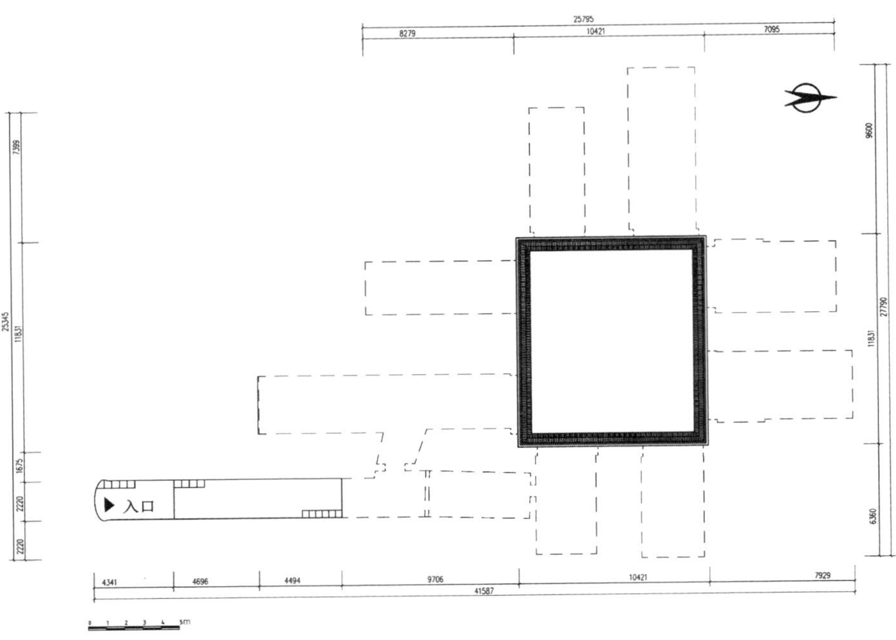

图 2.26　窑洞总平面图

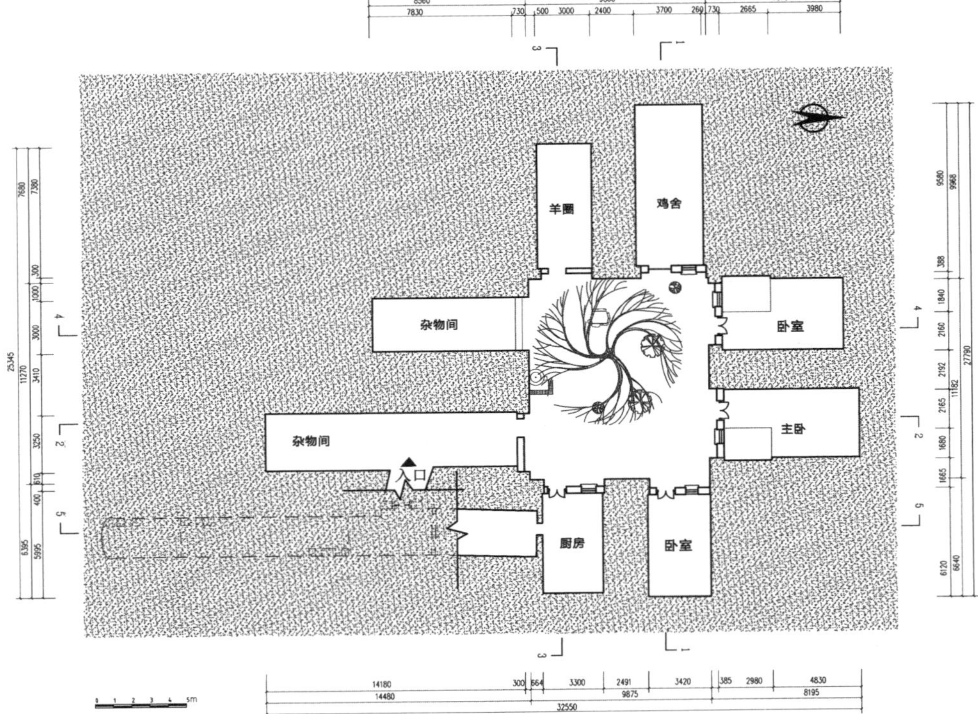

图 2.27　窑洞平面图

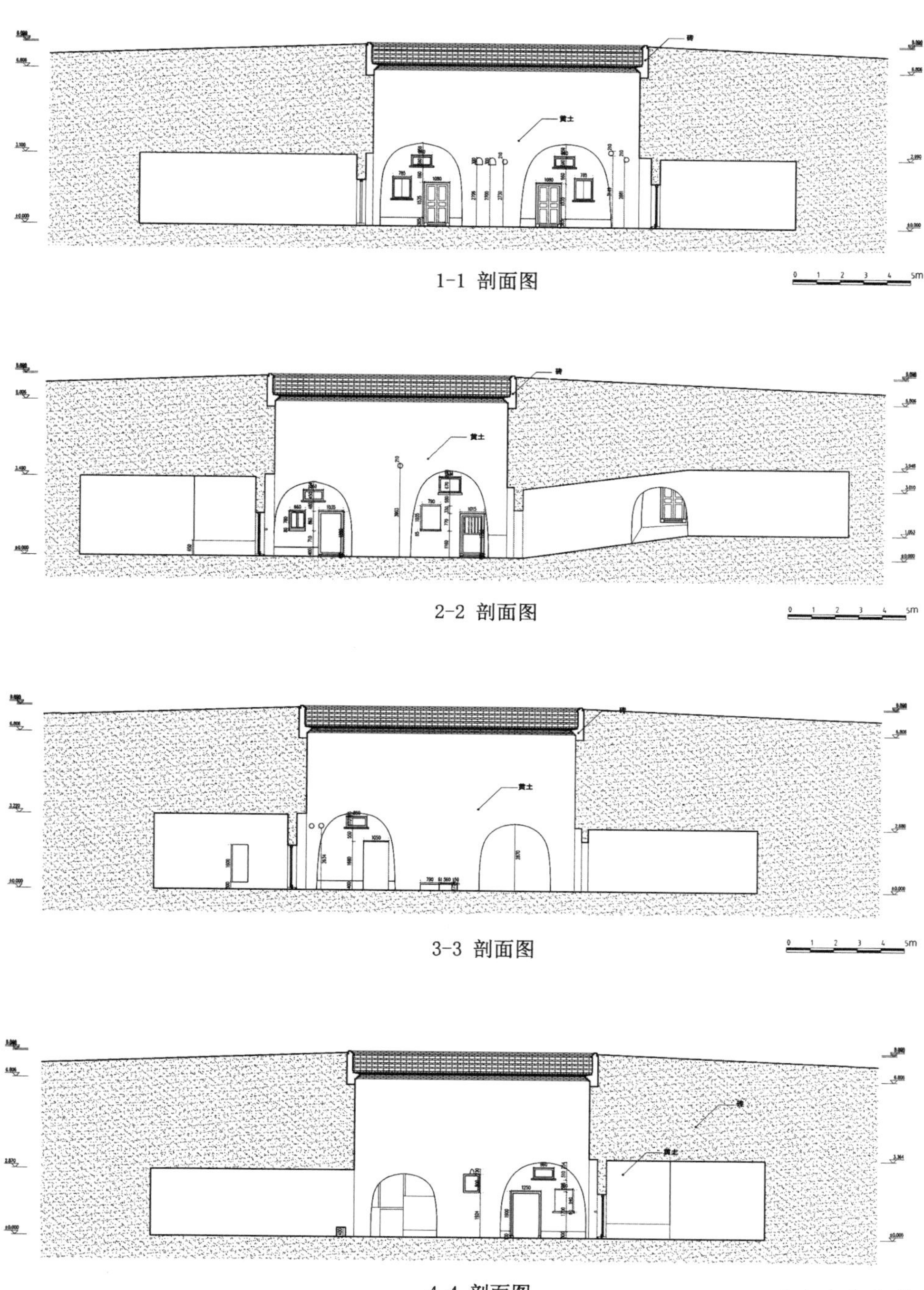

图 2.28　窑洞剖面图

测绘人：郝姗　卢凯　陈以健
绘图人：郝姗

2. 其余窑洞

由于其余窑洞很多已无人居住，且有一定程度破损，因此未进行详细测绘，仅进行编号和拍照（表 2.15）。

地坑窑二区其余窑洞情况表　　表 2.15

窑洞编号	评分	等级	窑院面积	现状照片
2-01	/	A	/	
2-02	55	B	80m^2	
2-03	25	C	100m^2	
2-04	25	C	350m^2	
2-10	25	C	100m^2	

续表

窑洞编号	评分	等级	窑院面积	现状照片
2-11	20	C	$100m^2$	
2-12	25	C	$100m^2$	
2-13	40	C	$100m^2$	
2-14	30	C	$100m^2$	
2-16	25	C	$100m^2$	
2-17	50	C	$70m^2$	

续表

窑洞编号	评分	等级	窑院面积	现状照片
2-18	20	C	100m^2	
2-19	25	C	100m^2	
2-20	25	C	100m^2	
2-21	45	B	100m^2	
2-22	35	C	100m^2	
2-23	25	C	100m^2	

续表

窑洞编号	评分	等级	窑院面积	现状照片
2-24	45	B	100m^2	
2-25	30	C	100m^2	
2-26	25	C	100m^2	
2-27	45	B	100m^2	
2-28	25	C	100m^2	
2-29	60	B	100m^2	

续表

窑洞编号	评分	等级	窑院面积	现状照片
2-30	25	C	100m^2	
2-31	25	C	100m^2	
2-32	25	C	100m^2	
2-33	25	C	100m^2	

表格来源：地坑窑 studio 小组提供

2.4.3 柏社村地坑窑三区

柏社村地坑窑三区区位、周边道路、窑洞数量和质量及具体情况见表 2.16。

地坑窑三区具体情况表 **表 2.16**

<table>
<tr><td>区位</td><td colspan="3"></td></tr>
<tr><td>周边道路</td><td colspan="3">临近对外公路，交通便利</td></tr>
<tr><td>窑洞数量</td><td colspan="3">36 个</td></tr>
<tr><td rowspan="2">窑洞质量</td><td>A 级 3 个</td><td>B 级 7 个</td><td>C 级 26 个</td></tr>
<tr><td colspan="3">整体质量一般</td></tr>
<tr><td>具体情况</td><td colspan="3">该区域分为东西两区，东区地上建筑居多，西区则窑院较多。有个别窑洞保存得较为完好，但已无人居住，对其进行了测绘和分析；少数窑洞已经破损，但有蓄养家禽家畜；大多窑洞已经破败不堪，不再住人</td></tr>
</table>

1. 详细测绘窑洞

（1）3-09 号窑洞详细测绘情况如下（表 2.17、图 2.29～图 2.31）：

3-09 号窑洞具体情况表 **表 2.17**

<table>
<tr><td rowspan="7">3-09</td><td>评分</td><td>等级</td><td>建筑面积</td><td>人口数</td><td>房间数</td><td>建造年代</td><td>通气孔数</td></tr>
<tr><td>60</td><td>B</td><td>$342m^2$</td><td>2</td><td>7</td><td>1960</td><td>4</td></tr>
<tr><td colspan="2">洗浴构造及设施</td><td colspan="5">/</td></tr>
<tr><td colspan="2">厨房状况</td><td colspan="5">破败，使用土灶，通风良好</td></tr>
<tr><td colspan="2">生活给水方式</td><td colspan="5">地面上打自来水</td></tr>
<tr><td colspan="2">卫生间给排水</td><td colspan="5">停止使用</td></tr>
<tr><td colspan="2">供暖燃料方式</td><td colspan="5">土炕烧秸秆，保温靠墙体自身</td></tr>
<tr><td colspan="8">窑院已废弃，目前用来圈养羊</td></tr>
<tr><td colspan="3">区位图</td><td colspan="5">空间格局</td></tr>
<tr><td colspan="3"></td><td colspan="5">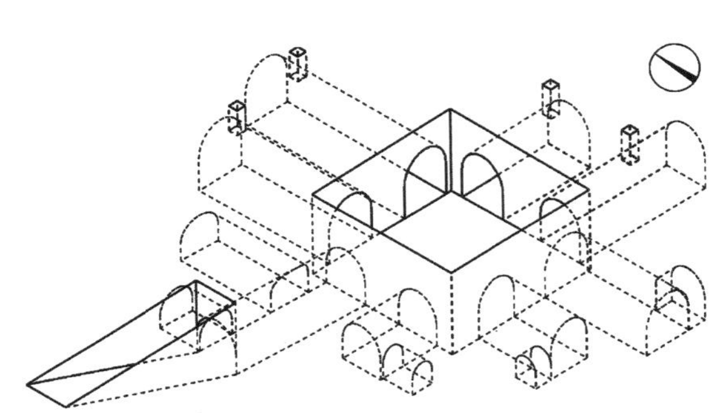</td></tr>
</table>

图表来源：郭晶晶 绘 / 摄

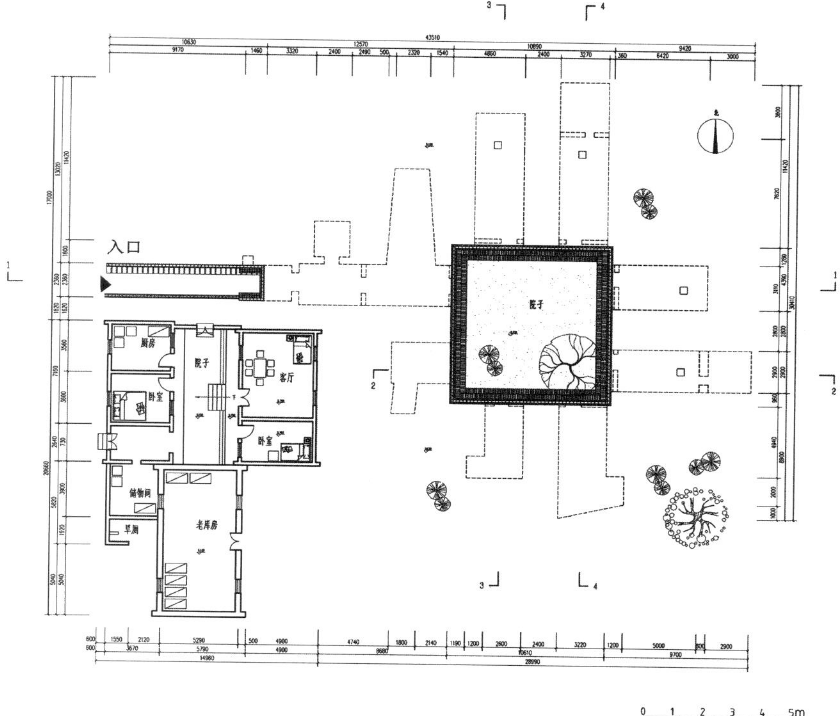

图 2.29　地面建筑平面及窑洞总平面图

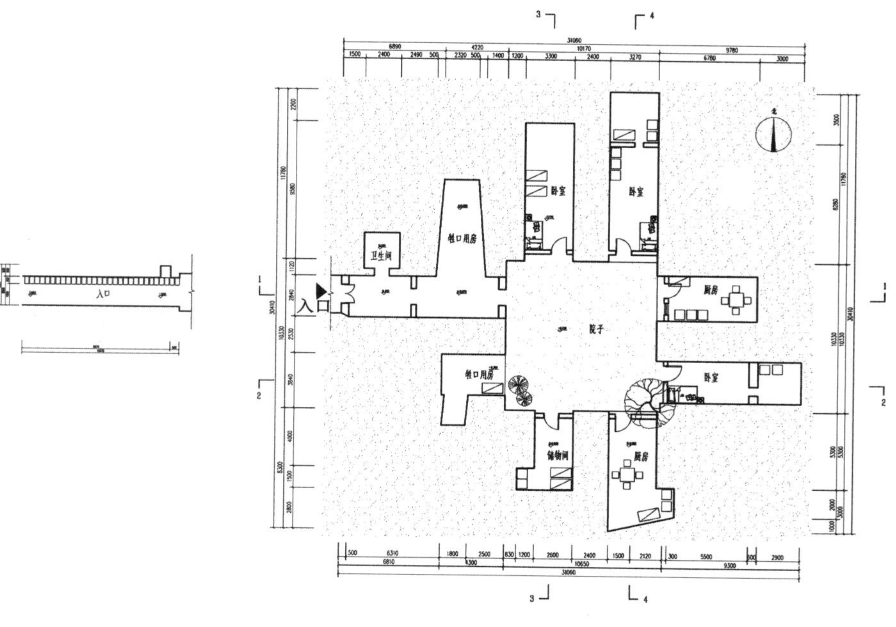

图 2.30　窑洞平面图

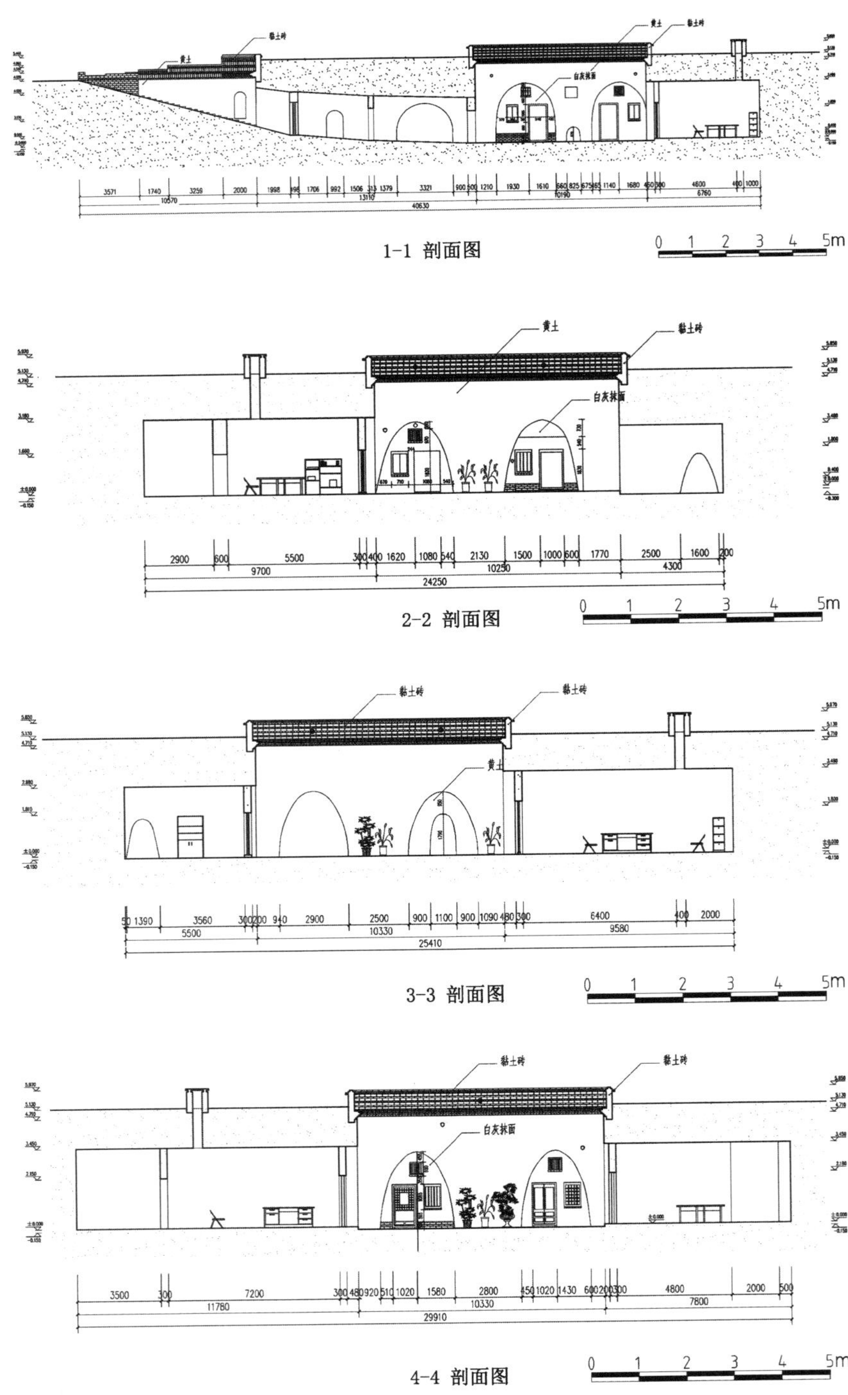

图 2.31　窑洞剖面图

测绘人：李强　张冲　杨眉　甄泽华

绘图人：李强

（2）3-13 号窑洞详细测绘情况如下（表 2.18、图 2.32～图 2.34）：

3-13 号窑洞具体情况表 **表 2.18**

	评分	等级	建筑面积	人口数	房间数	建造年代	通气孔数
3-13	90	B	256m^2	3	7	1970	/
	洗浴构造及设施		卫生间在地面上				
	厨房状况		使用土灶，通风良好				
	生活给水方式		地面上打自来水				
	卫生间给排水		无				
	供暖燃料方式		土炕烧秸秆，保温靠墙体自身				
窑院内目前无人居住，其余资料不详							
区位图 			空间格局 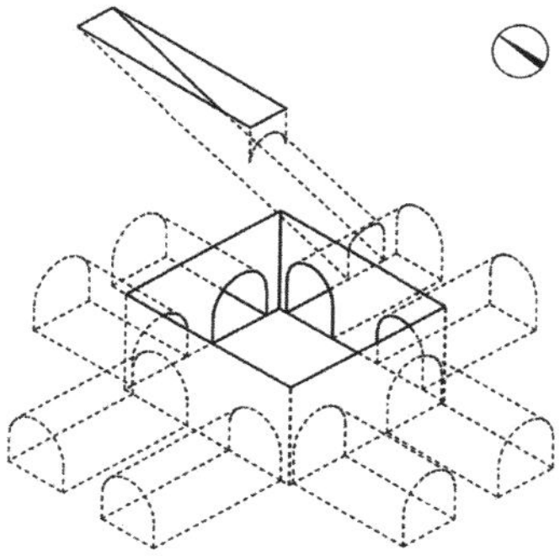				

图表来源：郭晶晶 绘 / 摄

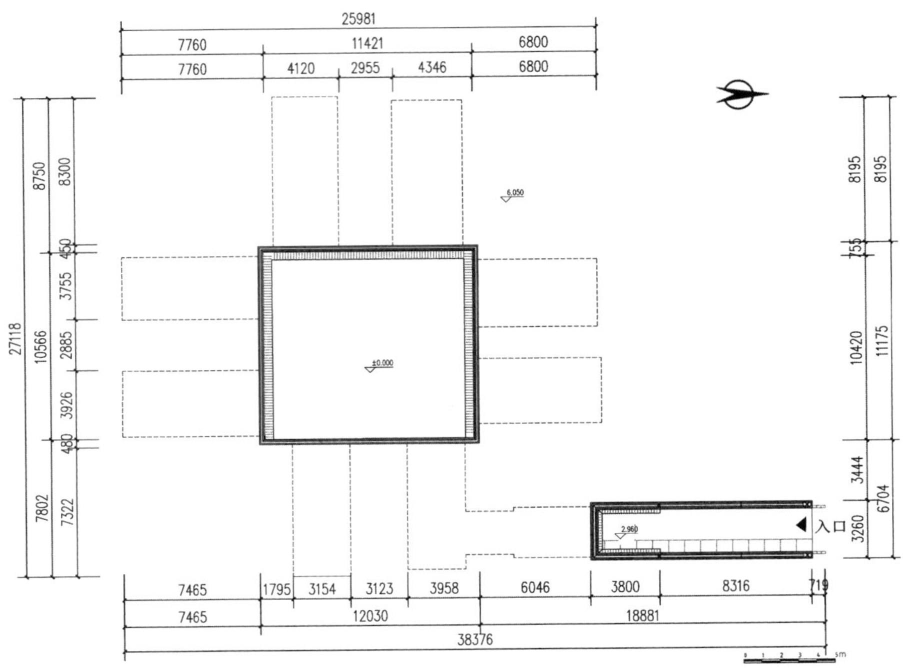

图 2.32　窑洞总平面图

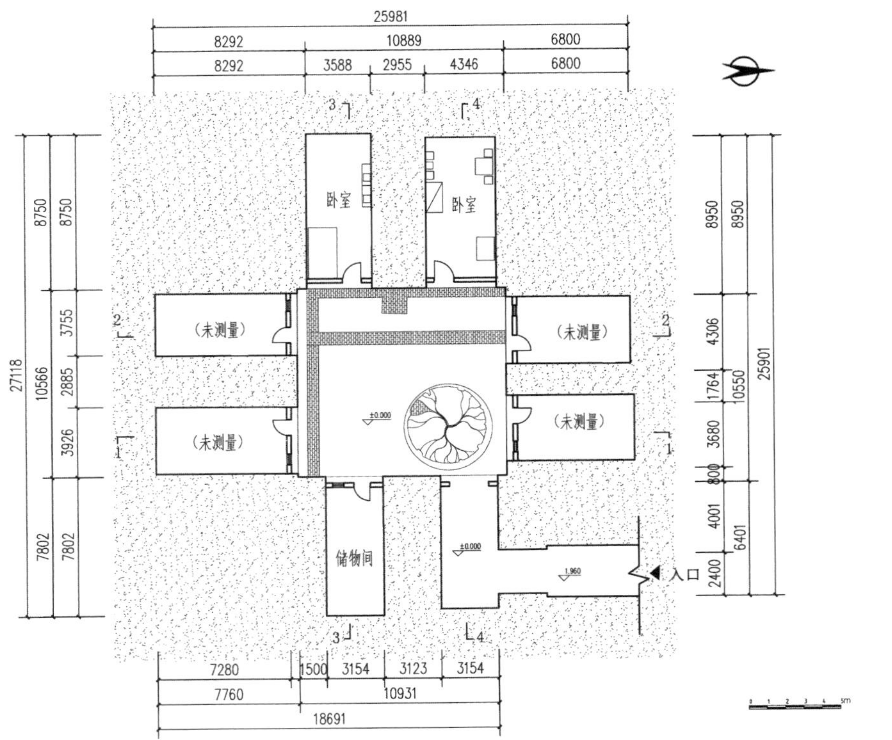

图 2.33　窑洞平面图

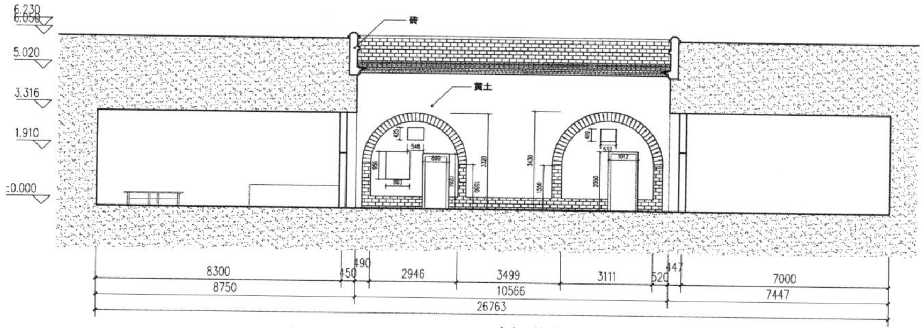

1-1 剖面图

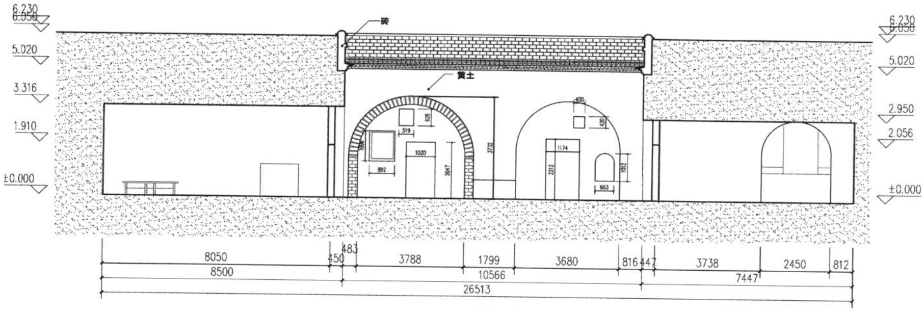

2-2 剖面图

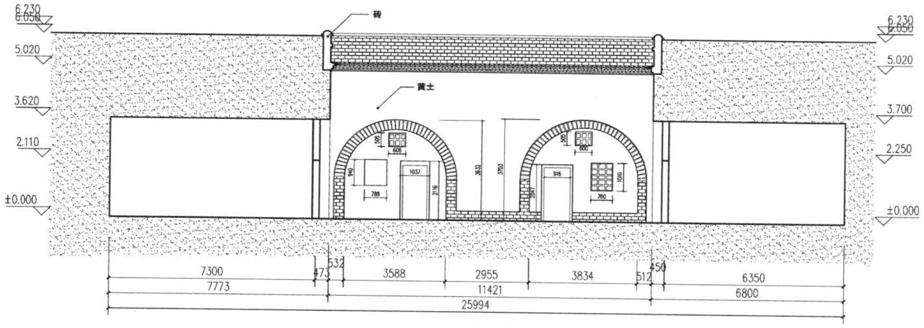

3-3 剖面图

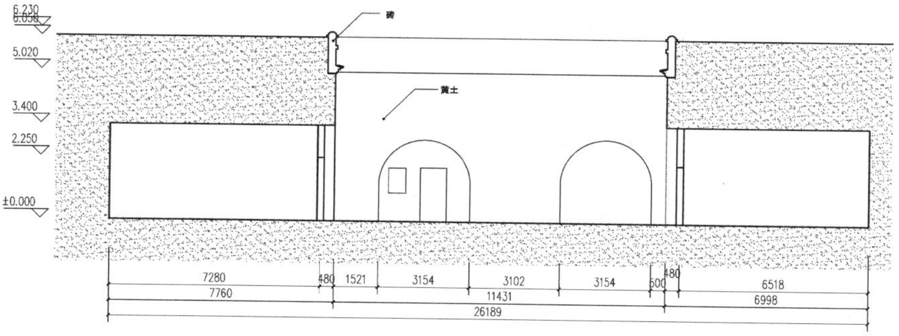

4-4 剖面图

图 2.34　窑洞剖面图

测绘人：张冲　李强　杨眉　甄泽华

绘图人：张冲

（3）3-33 号窑洞详细测绘情况如下（表 2.19、图 2.35～图 2.37）：

3-33 号窑洞具体情况表 **表 2.19**

<table>
<tr><td rowspan="6">3-33</td><td>评分</td><td>等级</td><td>建筑面积</td><td>人口数</td><td>房间数</td><td>建造年代</td><td>通气孔数</td></tr>
<tr><td>25</td><td>C</td><td>360m²</td><td>0</td><td>14</td><td>1960</td><td>0</td></tr>
<tr><td colspan="2">洗浴构造及设施</td><td colspan="5">有独立卫生间</td></tr>
<tr><td colspan="2">厨房状况</td><td colspan="5">已经废弃</td></tr>
<tr><td colspan="2">生活给水方式</td><td colspan="5">未知</td></tr>
<tr><td colspan="2">卫生间给排水</td><td colspan="5">未知</td></tr>
<tr><td colspan="2">供暖燃料方式</td><td colspan="6">土炕烧秸秆，保温靠墙体自身</td></tr>
<tr><td colspan="8">窑院内目前无人居住，其余资料不详</td></tr>
<tr><td colspan="3">区位图</td><td colspan="5">空间格局</td></tr>
<tr><td colspan="3"></td><td colspan="5">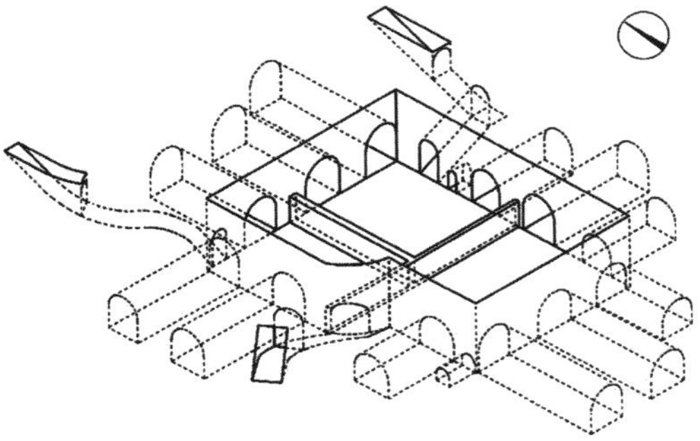</td></tr>
</table>

图表来源：郭晶晶 绘 / 摄

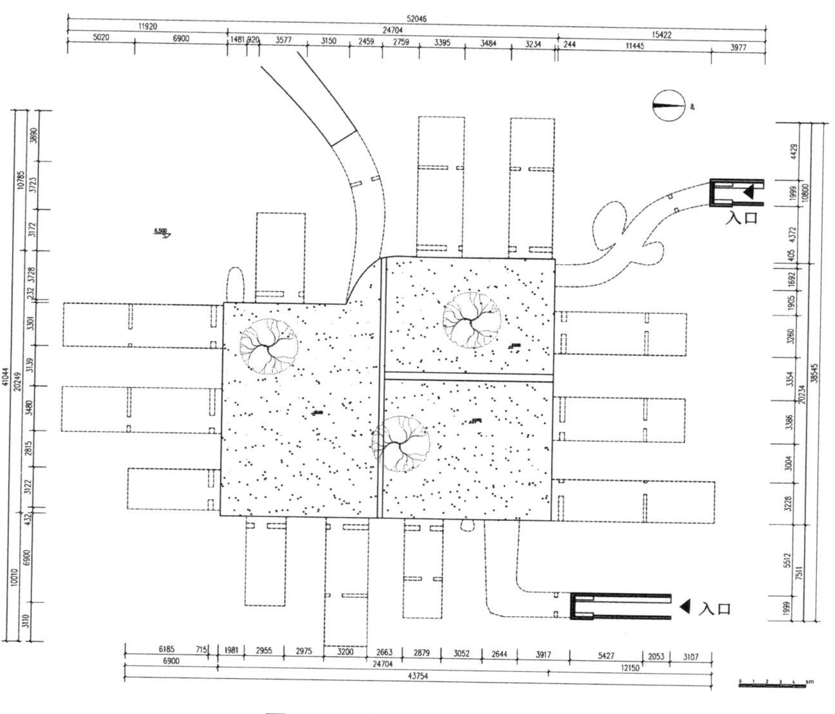

图 2.35　窑洞总平面图

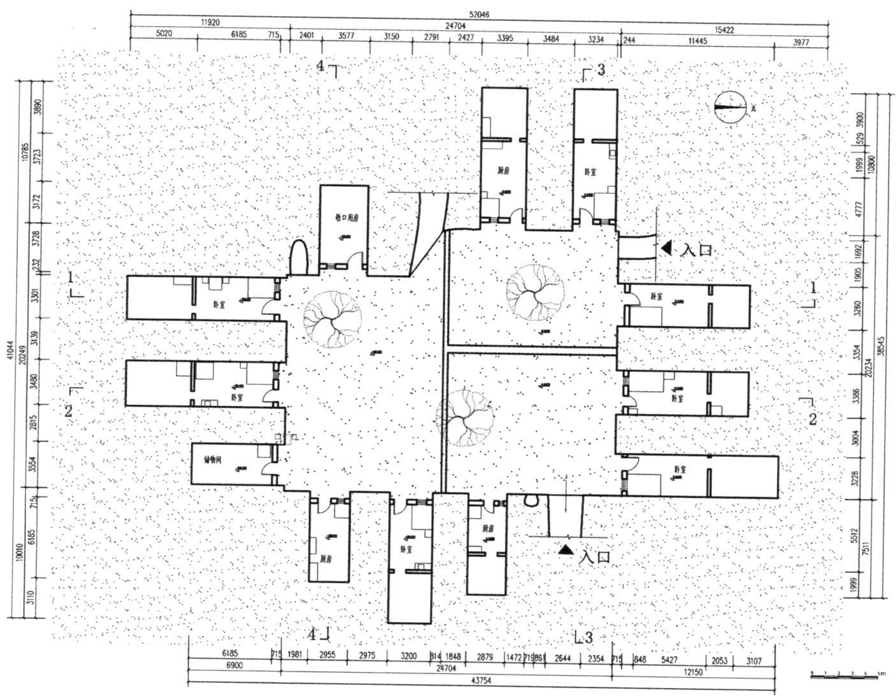

图 2.36　窑洞平面图

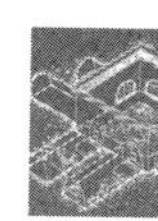

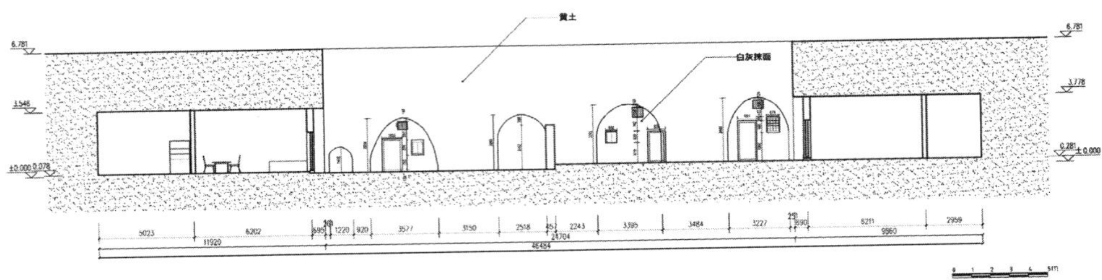

1-1 剖面图

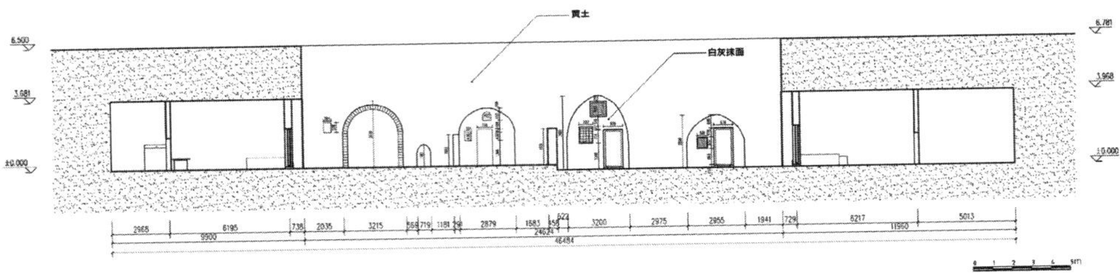

2-2 剖面图

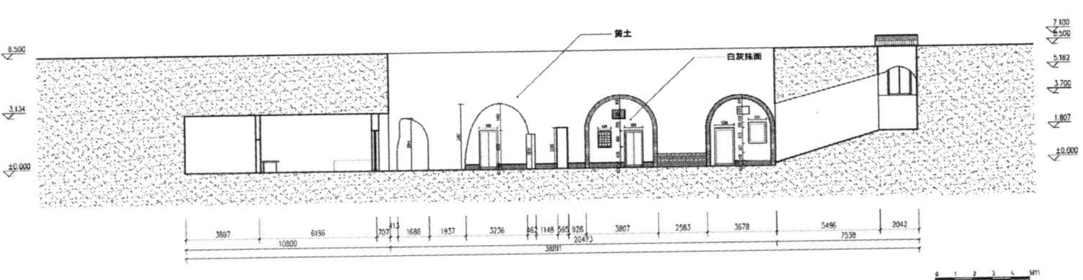

3-3 剖面图

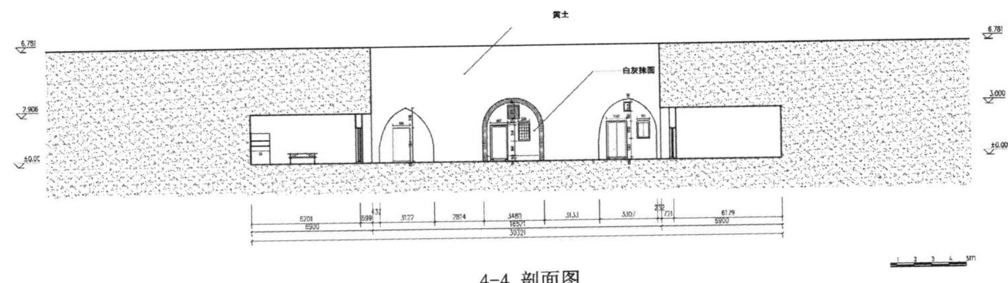

4-4 剖面图

图 2.37　窑洞剖面图

测绘人：李强　杨眉　张冲　甄泽华
绘图人：甄泽华

2. 其余窑洞

由于其余窑洞很多已无人居住，且有一定程度破损，因此未进行详细测绘，仅进行编号和拍照（表 2.20）。

地坑窑三区其余窑洞情况表　　表 2.20

窑洞编号	评分	等级	窑院面积	现状照片
3-01	30	C	130m^2	
3-02	25	C	100m^2	
3-03	20	C	100m^2	
3-04	45	C	100m^2	
3-05	65	A	100m^2	

续表

窑洞编号	评分	等级	窑院面积	现状照片
3-06	30	C	100m^2	
3-07	60	B	80m^2	
3-08	25	C	100m^2	
3-10	60	B	100m^2	
3-11	65	A	80m^2	
3-12	35	C	100m^2	

续表

窑洞编号	评分	等级	窑院面积	现状照片
3-14	55	B	80m^2	
3-15	20	C	100m^2	
3-16	15	C	100m^2	
3-17	15	C	100m^2	
3-18	65	B	100m^2	
3-19	25	C	100m^2	

续表

窑洞编号	评分	等级	窑院面积	现状照片
3-20	20	C	100m^2	
3-21	20	C	100m^2	
3-22	20	C	100m^2	
3-23	20	C	80m^2	
3-24	20	C	100m^2	
3-25	25	C	80m^2	

续表

窑洞编号	评分	等级	窑院面积	现状照片
3-26	85	A	100m^2	
3-27	65	B	80m^2	
3-28	25	C	100m^2	
3-29	25	C	80m^2	
3-30	40	C	100m^2	
3-31	25	C	100m^2	

窑洞编号	评分	等级	窑院面积	现状照片
3-32	25	C	$100m^2$	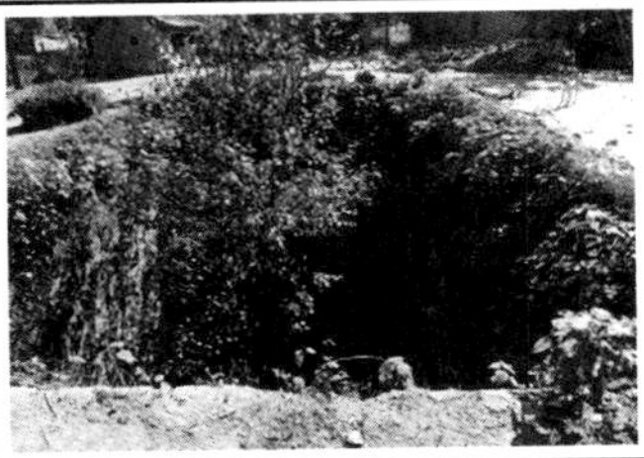
3-35	25	C	$100m^2$	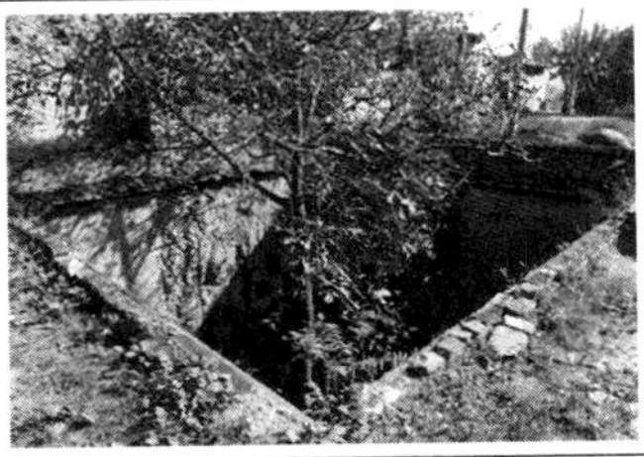
3-36	25	C	$80m^2$	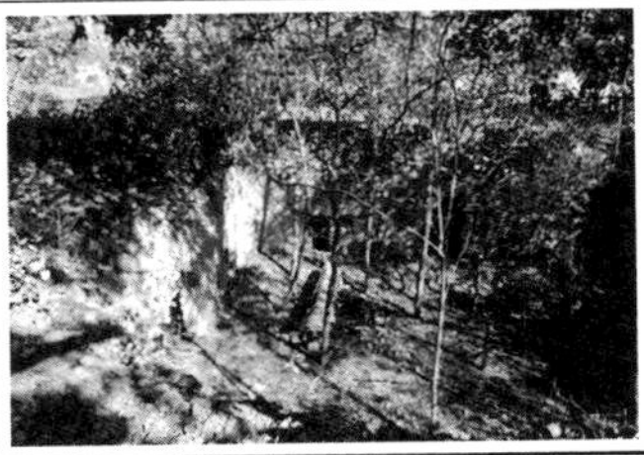

表格来源：地坑窑 studio 小组提供

2.4.4 柏社村地坑窑四区

柏社村地坑窑四区区位、周边道路、窑洞数量和质量及具体情况见表 2.21。

地坑窑四区具体情况表 **表 2.21**

区位			
周边道路	临近对外公路 b、h，交通便利		
窑洞数量	3 个		
窑洞质量	A 级 0 个	B 级 2 个	C 级 1 个
	整体质量较差		
具体情况	该区域因为处于两条大路交汇处，所以基本被地上建筑填满，仅有的 3 个窑院都已经破败，并无人居住		

由于该区域窑洞很多已无人居住，且有一定程度破损，因此未进行详细测绘，仅进行编号和拍照（表 2.22）。

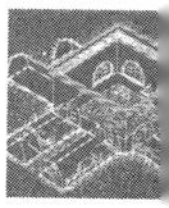

地坑窑四区窑洞情况表　　表 2.22

窑洞编号	评分	等级	窑院面积	现状照片
4-01	20	C	100m²	
4-02	45	B	80m²	
4-03	60	B	200m²	

表格来源：地坑窑 studio 小组提供

2.4.5 柏社村地坑窑五区

柏社村地坑窑五区区位、周边道路、窑洞数量和质量及具体情况见表 2.23。

地坑窑五区具体情况表 **表 2.23**

<table>
<tr><td>区位</td><td colspan="3">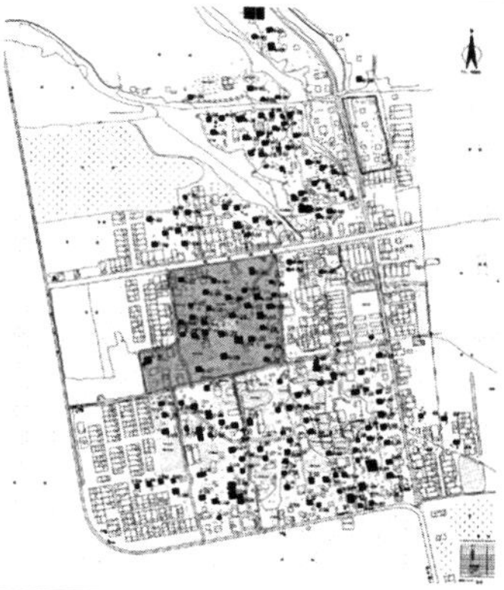</td></tr>
<tr><td>周边道路</td><td colspan="3">临近对外公路 b，交通较为便利</td></tr>
<tr><td>窑洞数量</td><td colspan="3">30 个</td></tr>
<tr><td rowspan="2">窑洞质量</td><td>A 级 7 个</td><td>B 级 11 个</td><td>C 级 12 个</td></tr>
<tr><td colspan="3">整体质量较好</td></tr>
<tr><td>具体情况</td><td colspan="3">该区域处于柏社村腹地，保留下来的窑院较多，一些窑洞保存得较为完好，其中 3 个还有人居住，对其进行了测绘和分析；一些窑院已经破损，但有圈养家禽家畜；剩下的窑洞已经破败，无法使用</td></tr>
</table>

1. 详细测绘窑洞

（1）5-01 号窑洞详细测绘情况如下（表 2.24、图 2.38～图 2.40）：

5-01 号窑洞具体情况表 **表 2.24**

<table>
<tr><td rowspan="7">5-01</td><td>评分</td><td>等级</td><td>建筑面积</td><td>人口数</td><td>房间数</td><td>建造年代</td><td>通气孔数</td></tr>
<tr><td>85</td><td>A</td><td>260m²</td><td>1</td><td>8</td><td>1970</td><td>6</td></tr>
<tr><td colspan="2">洗浴构造及设施</td><td colspan="5">无卫生间</td></tr>
<tr><td colspan="2">厨房状况</td><td colspan="5">使用土灶，通风良好</td></tr>
<tr><td colspan="2">生活给水方式</td><td colspan="5">地面上打自来水</td></tr>
<tr><td colspan="2">卫生间给排水</td><td colspan="5">未知</td></tr>
<tr><td colspan="2">供暖燃料方式</td><td colspan="5">土炕烧秸秆，保温靠墙体自身</td></tr>
<tr><td colspan="8">窑院目前已废弃，用来丢弃垃圾以及存放柴火，其余资料不详</td></tr>
<tr><td colspan="3">区位图</td><td colspan="5">空间格局</td></tr>
<tr><td colspan="3"></td><td colspan="5">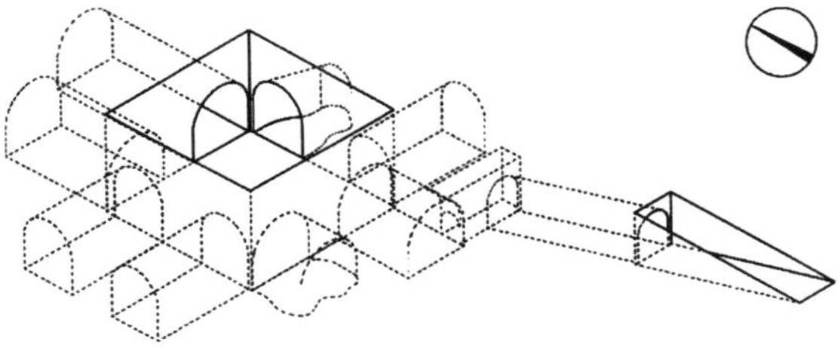</td></tr>
</table>

图表来源：杜曦 绘 / 摄

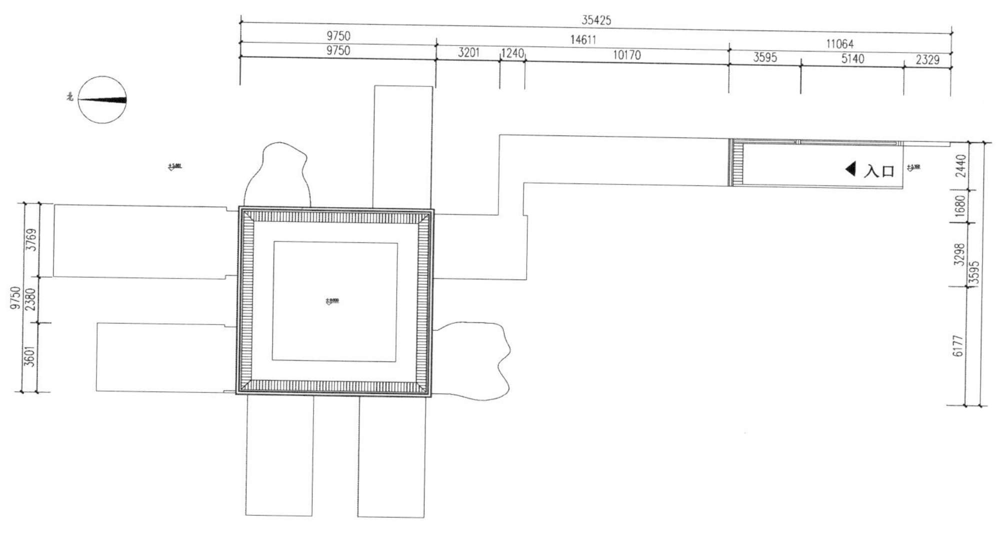

图 2.38　窑洞总平面图

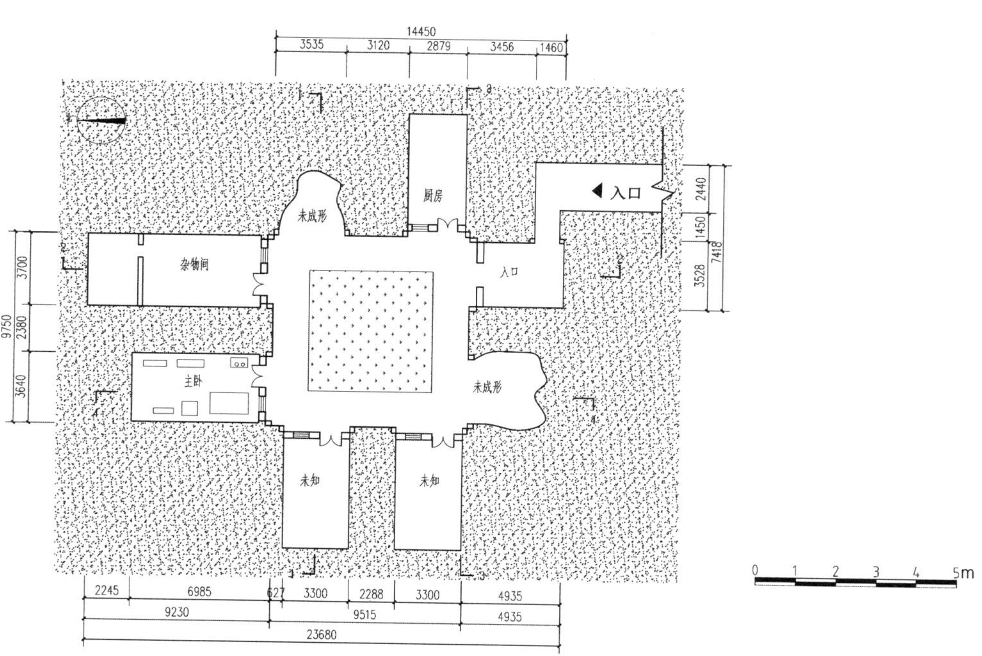

图 2.39　窑洞平面图

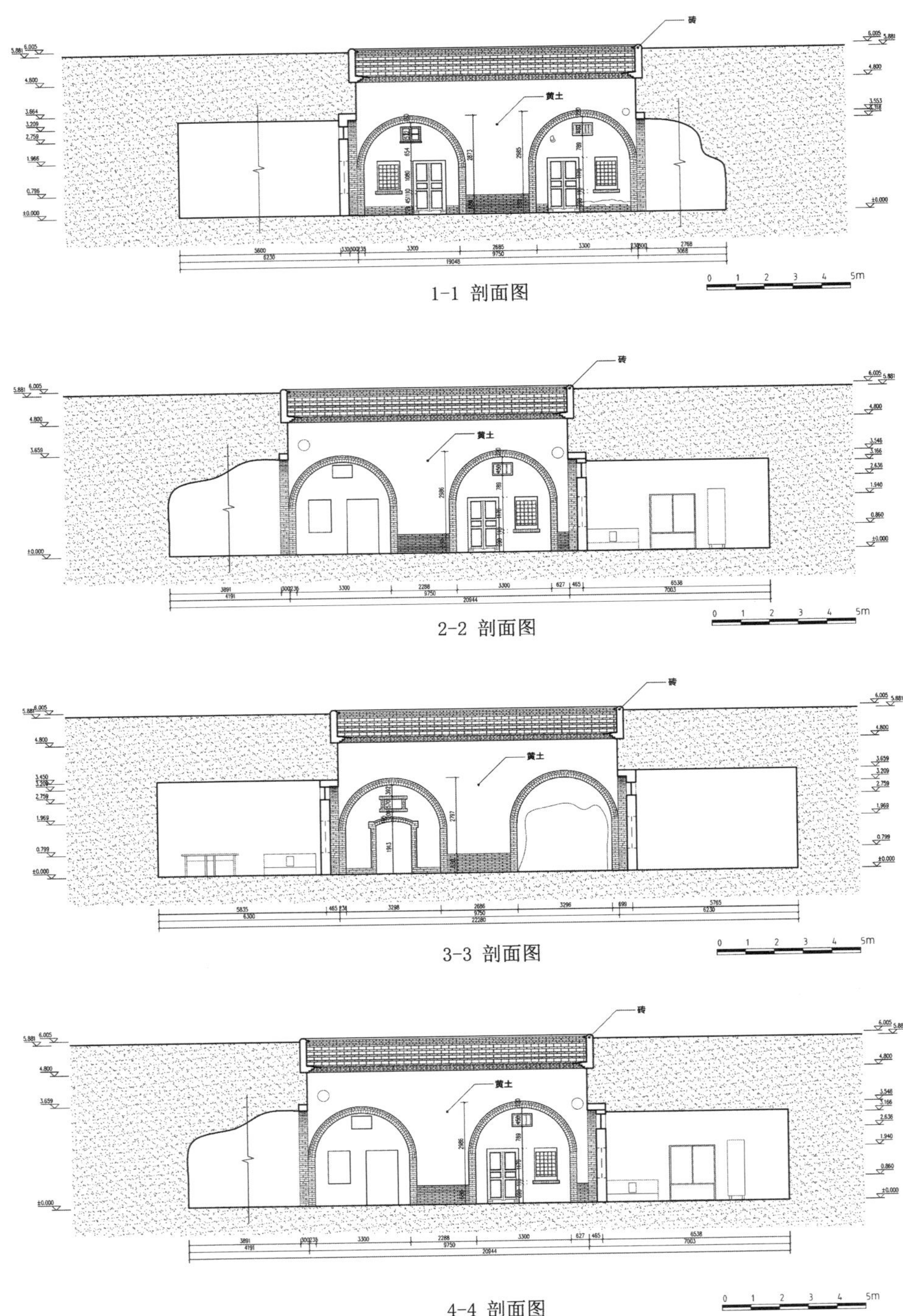

图 2.40　窑洞剖面图

测绘人：吴瑞　刘觐魁　齐尧

绘图人：吴瑞

（2）5-02 号窑洞详细测绘情况如下（表 2.25、图 2.41～图 2.43）：

5-02 号窑洞具体情况表 **表 2.25**

<table>
<tr><td rowspan="7">5-02</td><td>评分</td><td>等级</td><td>建筑面积</td><td>人口数</td><td>房间数</td><td>建造年代</td><td>通气孔数</td></tr>
<tr><td>80</td><td>A</td><td>170m²</td><td>3</td><td>8</td><td>1970</td><td>0</td></tr>
<tr><td colspan="2">洗浴构造及设施</td><td colspan="5">无独立卫生间</td></tr>
<tr><td colspan="2">厨房状况</td><td colspan="5">使用电磁炉、土灶，通风良好</td></tr>
<tr><td colspan="2">生活给水方式</td><td colspan="5">地面上打自来水</td></tr>
<tr><td colspan="2">卫生间给排水</td><td colspan="5">旱厕手工清理</td></tr>
<tr><td colspan="2">供暖燃料方式</td><td colspan="5">土炕烧秸秆，保温靠墙体自身</td></tr>
<tr><td colspan="8">窑院目前无人居住，其余资料不详</td></tr>
<tr><td colspan="3">区位图</td><td colspan="5">空间格局</td></tr>
</table>

图表来源：杜曦、李强 绘 / 摄

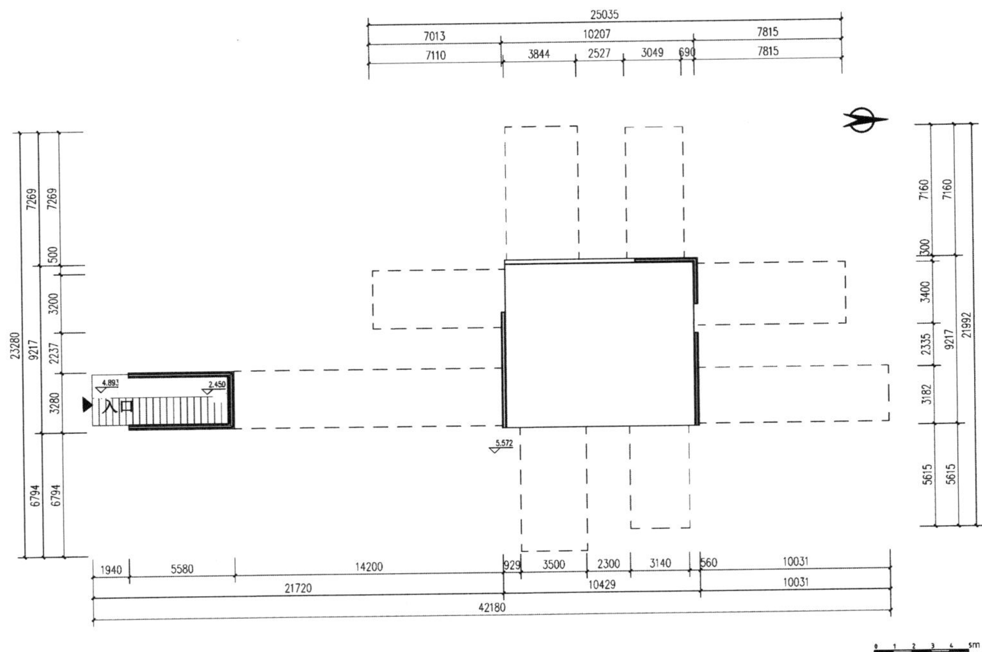

图 2.41 窑洞总平面图

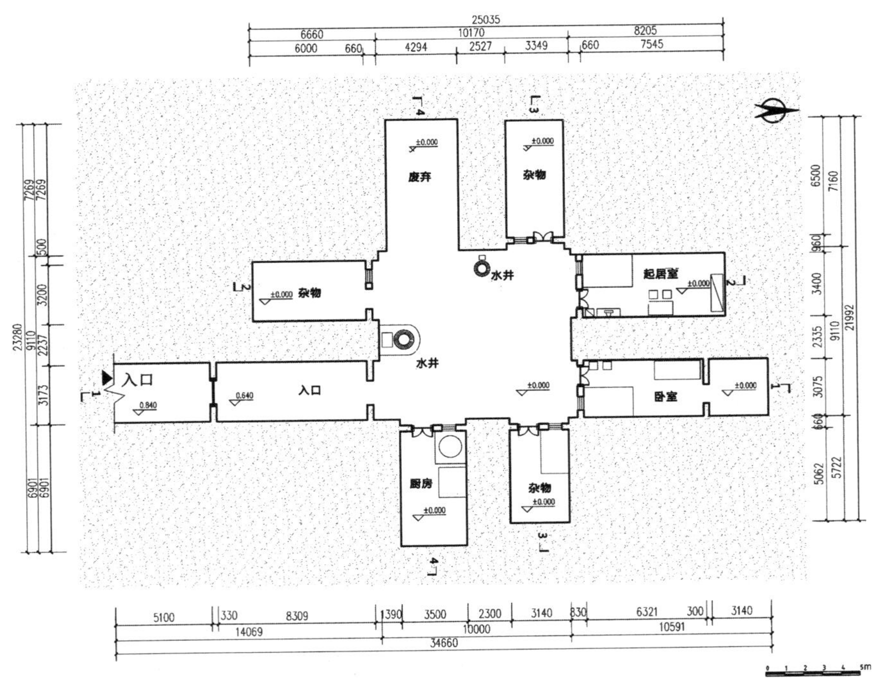

图 2.42 窑洞平面图

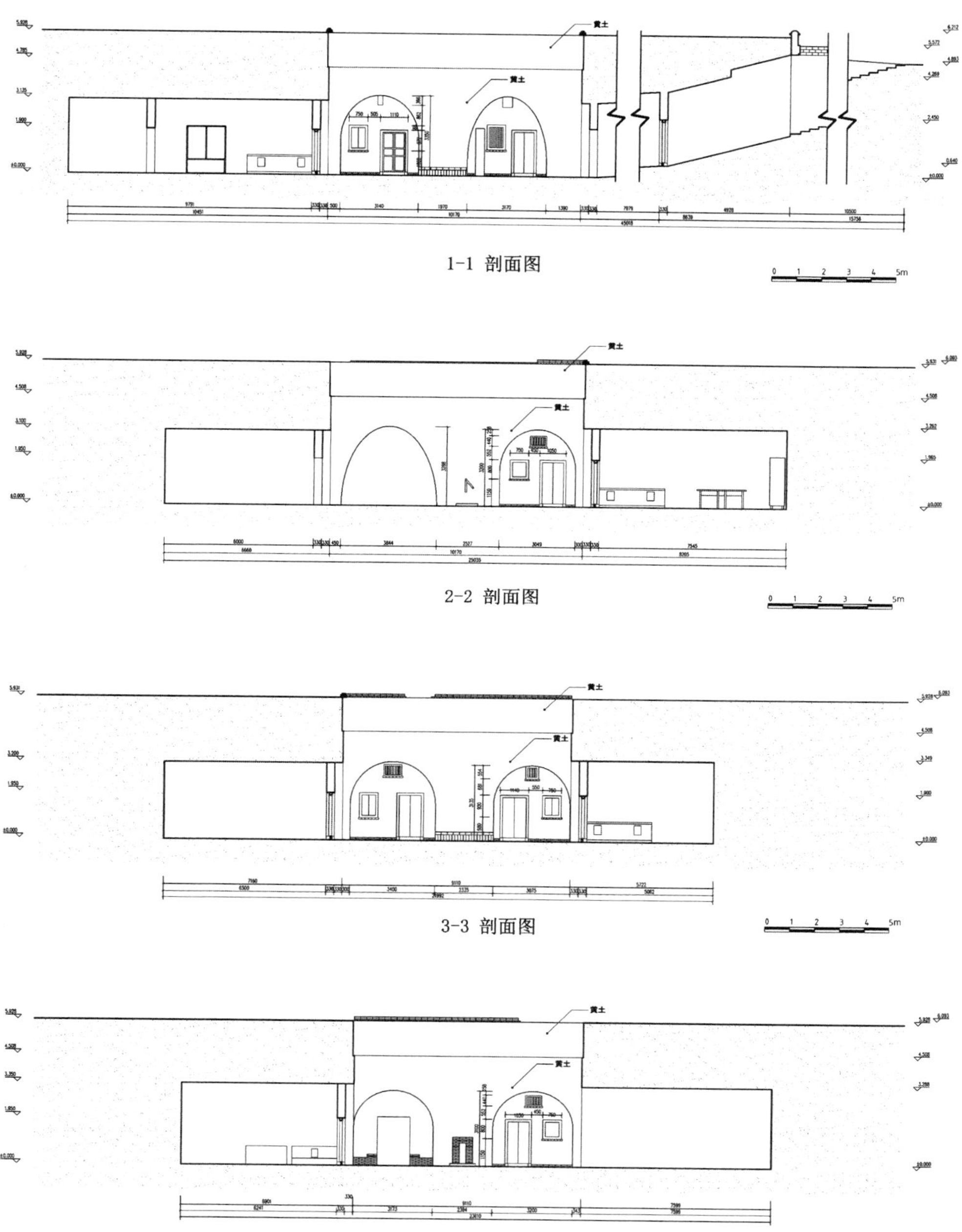

图 2.43　窑洞剖面图

测绘人：吴瑞　刘觐魁　齐尧
绘图人：吴瑞

（3）5-08 号窑洞详细测绘情况如下（表 2.26、图 2.44～图 2.46）：

5-08 号窑洞具体情况表 **表 2.26**

<table>
<tr><td rowspan="8">5-08</td><td>评分</td><td>等级</td><td>建筑面积</td><td>人口数</td><td>房间数</td><td>建造年代</td><td>通气孔数</td></tr>
<tr><td>60</td><td>A</td><td>120m^2</td><td>5</td><td>8</td><td>1970</td><td>0</td></tr>
<tr><td colspan="2">洗浴构造及设施</td><td colspan="5">无独立卫生间</td></tr>
<tr><td colspan="2">厨房状况</td><td colspan="5">使用土灶，通风良好</td></tr>
<tr><td colspan="2">生活给水方式</td><td colspan="5">地面上打自来水</td></tr>
<tr><td colspan="2">卫生间给排水</td><td colspan="5">旱厕手工清理</td></tr>
<tr><td colspan="2">供暖燃料方式</td><td colspan="5">土炕烧秸秆，保温靠墙体自身</td></tr>
<tr><td colspan="7">窑院目前无人居住，用来圈养猪，主人已迁至附近地上房屋</td></tr>
<tr><td colspan="3">区位图</td><td colspan="5">空间格局</td></tr>
<tr><td colspan="3"></td><td colspan="5">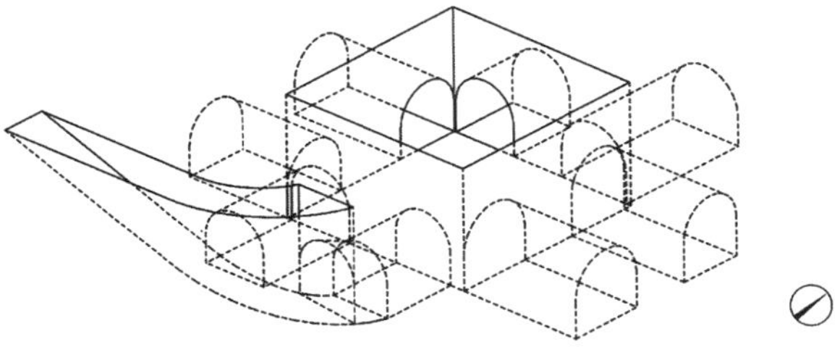</td></tr>
</table>

图表来源：徐子琪、李强 绘 / 摄

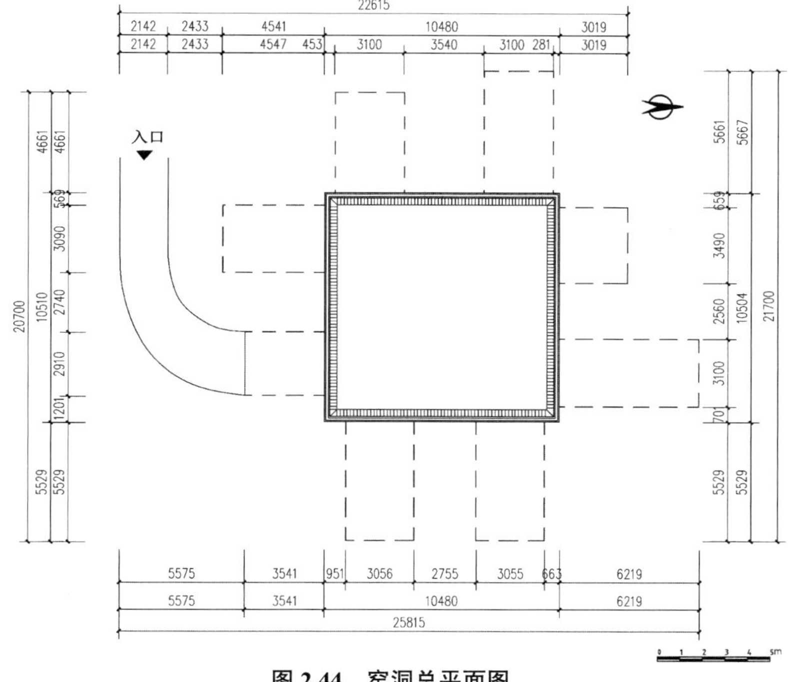

图 2.44　窑洞总平面图

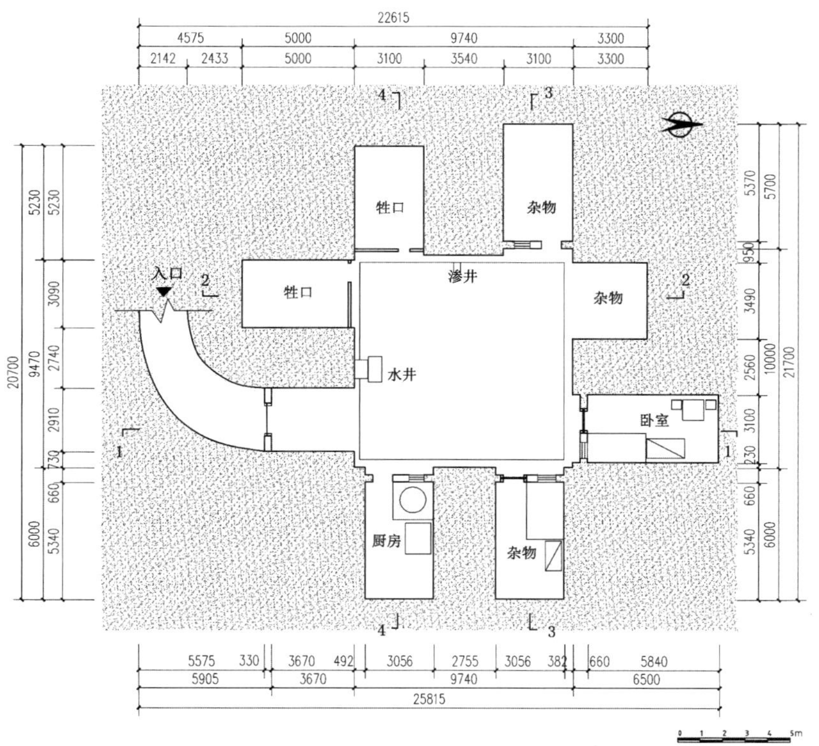

图 2.45　窑洞平面图

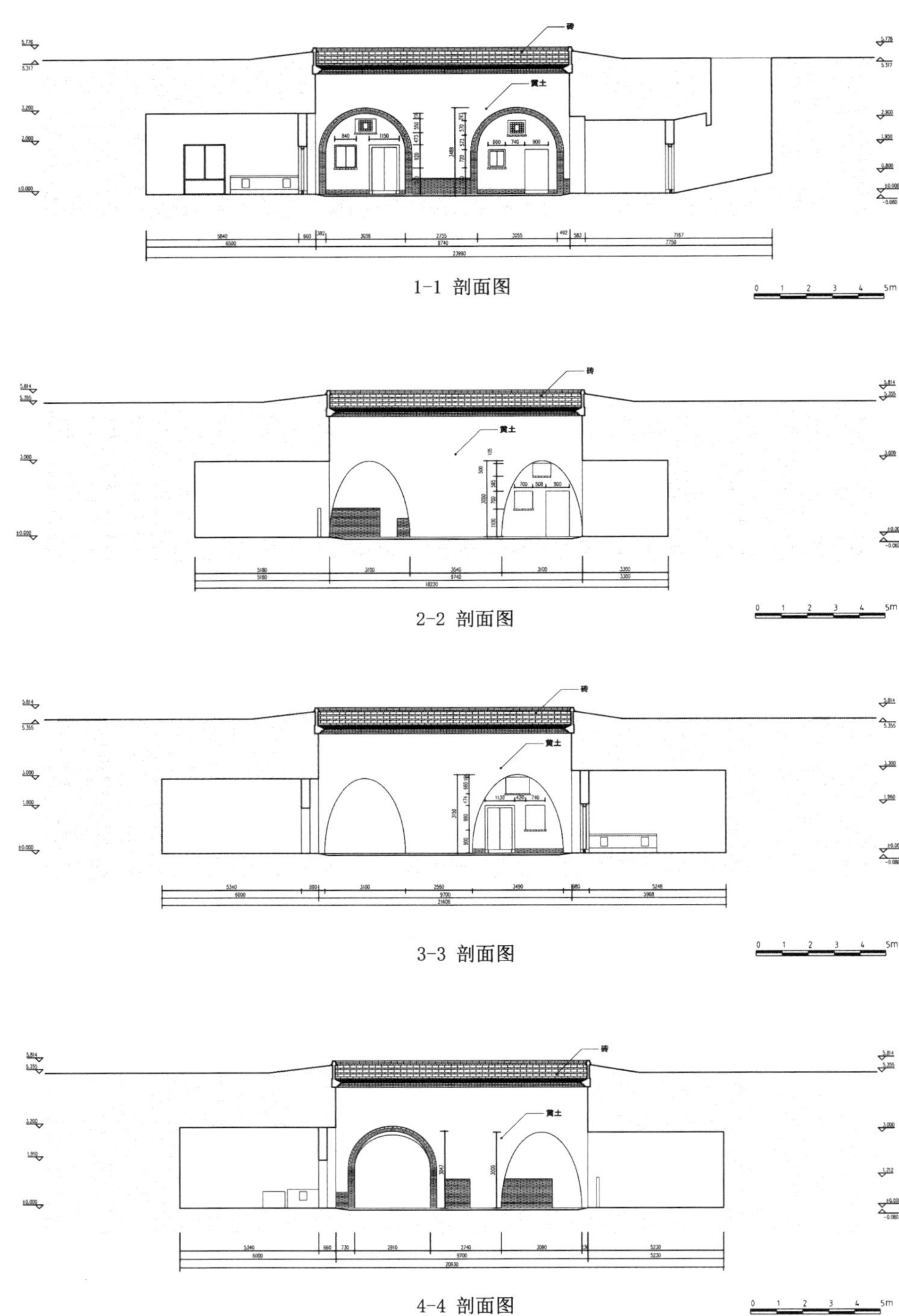

图 2.46　窑洞剖面图

测绘人：吴瑞　刘觐魁　齐尧

绘图人：吴瑞

（4）5-20 号窑洞详细测绘情况如下（表 2.27、图 2.47～图 2.49）：

5-20 号窑洞具体情况表 **表 2.27**

<table>
<tr><td rowspan="8">5-20</td><td>评分</td><td>等级</td><td>建筑面积</td><td>人口数</td><td>房间数</td><td>建造年代</td><td>通气孔数</td></tr>
<tr><td>90</td><td>A</td><td>185m²</td><td>2</td><td>8</td><td>1970</td><td>0</td></tr>
<tr><td colspan="2">洗浴构造及设施</td><td colspan="5">无独立卫生间</td></tr>
<tr><td colspan="2">厨房状况</td><td colspan="5">使用电磁炉、土灶，通风良好</td></tr>
<tr><td colspan="2">生活给水方式</td><td colspan="5">地面上打自来水</td></tr>
<tr><td colspan="2">卫生间给排水</td><td colspan="5">旱厕手工清理</td></tr>
<tr><td colspan="2">供暖燃料方式</td><td colspan="5">土炕烧秸秆，保温靠墙体自身</td></tr>
<tr><td colspan="8">窑院目前无人居住，主人已搬去主街的地上房屋，其余资料不详</td></tr>
<tr><td colspan="3">区位图</td><td colspan="5">空间格局</td></tr>
<tr><td colspan="3">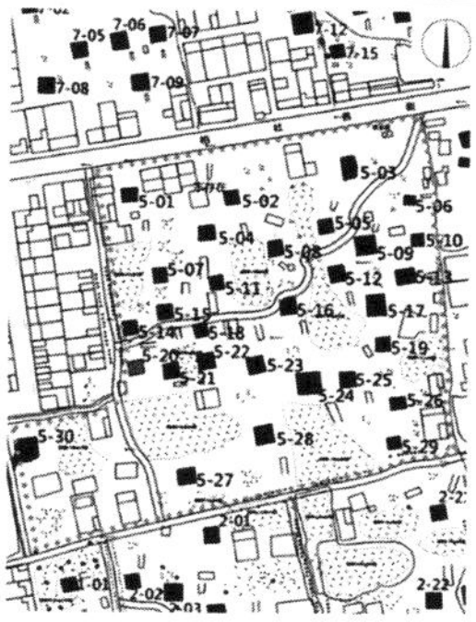</td><td colspan="5">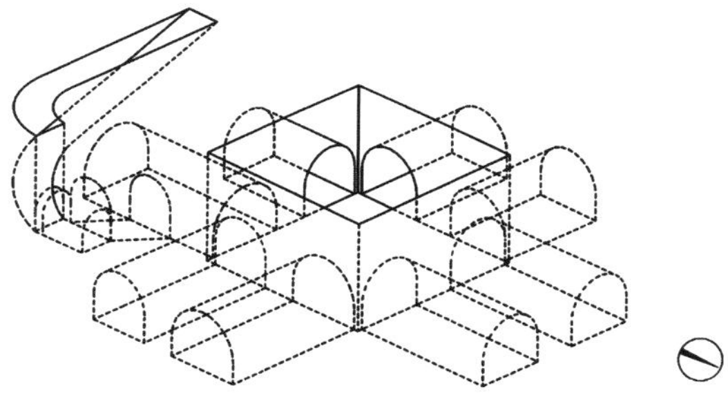</td></tr>
</table>

图表来源：徐子琪、李强 绘 / 摄

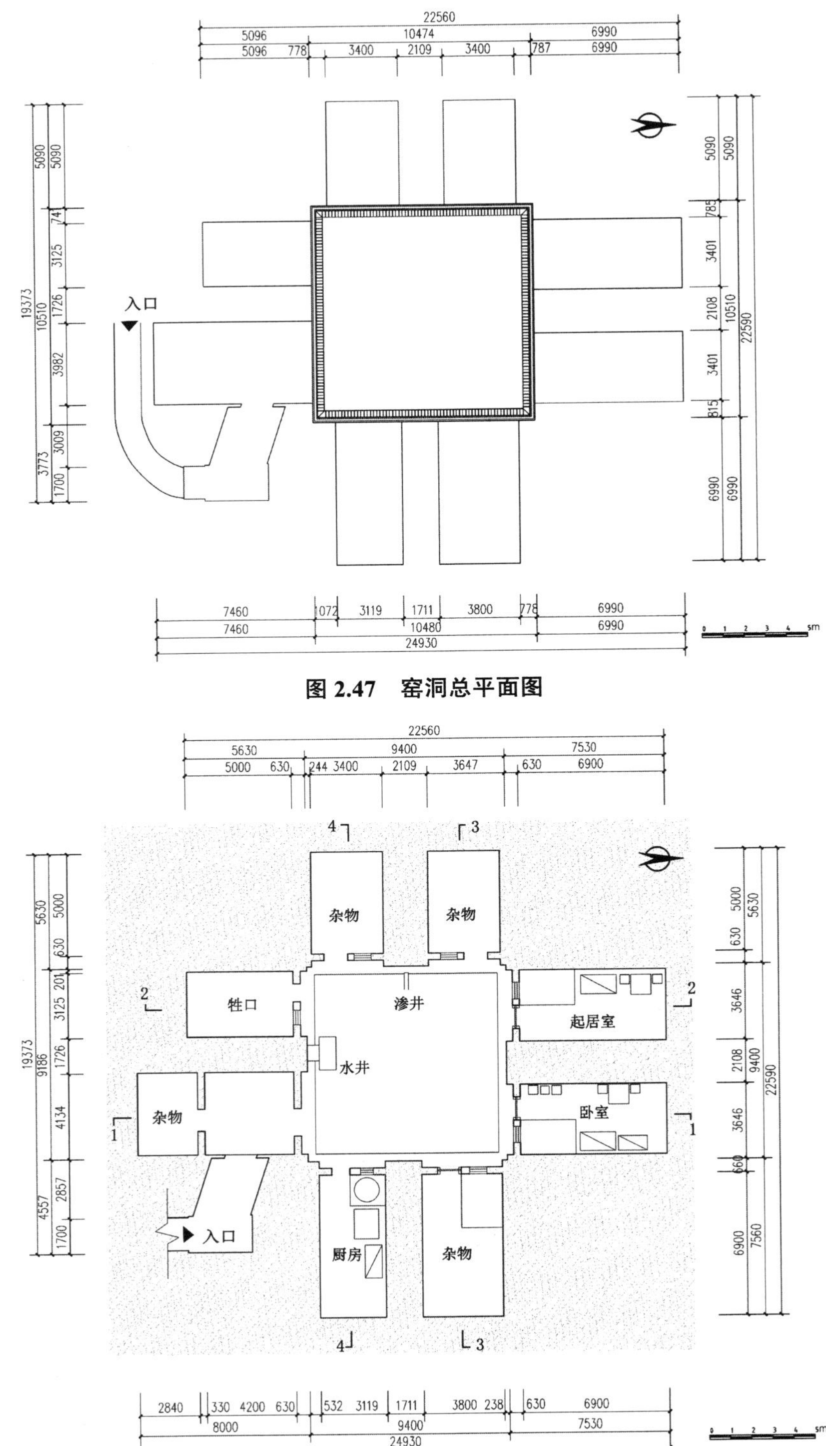

图 2.47 窑洞总平面图

图 2.48 窑洞平面图

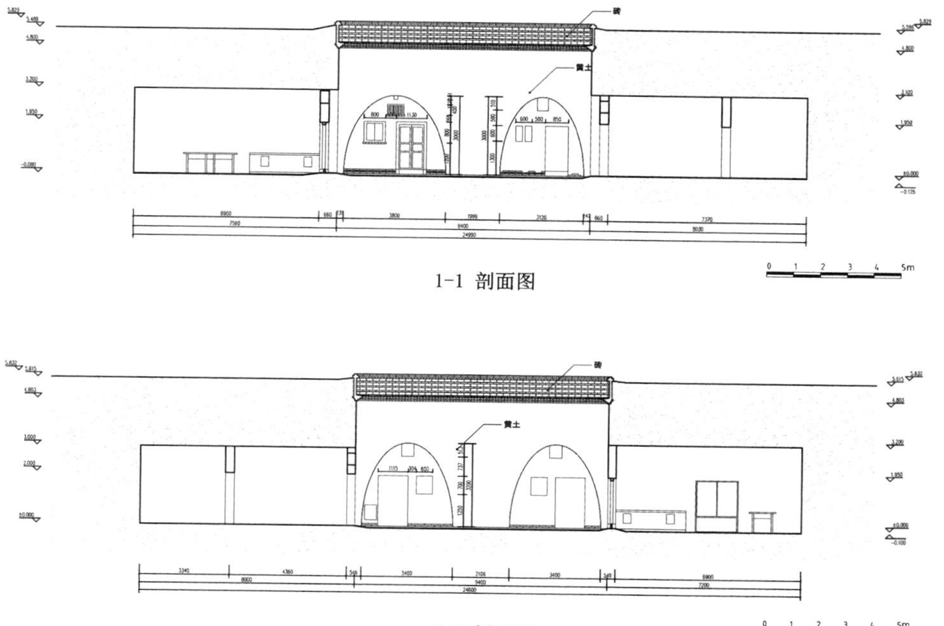

1-1 剖面图

2-2 剖面图

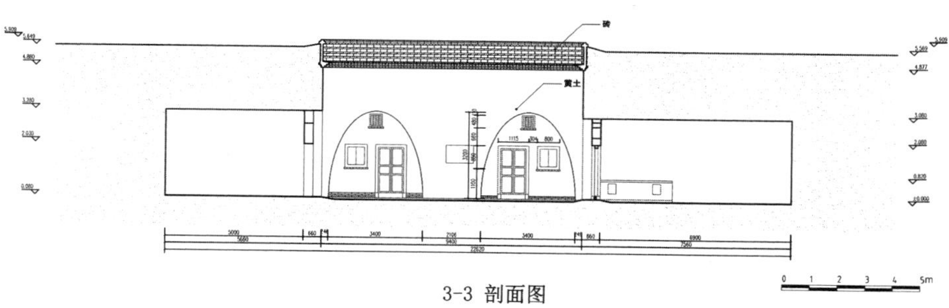

3-3 剖面图

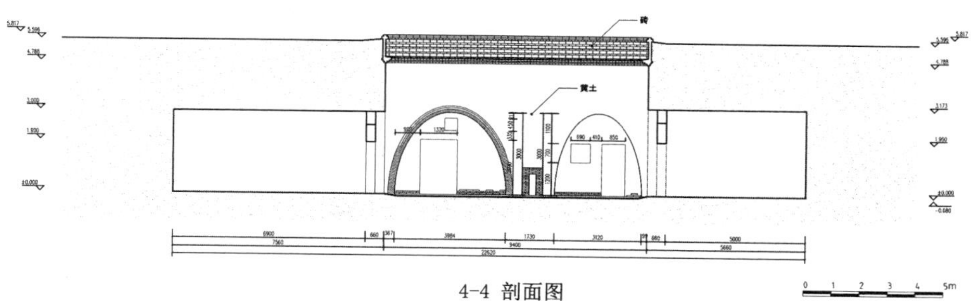

4-4 剖面图

图 2.49　窑洞剖面图

测绘人：吴瑞　刘觐魁　齐尧

绘图人：齐尧

（5）5-27 号窑洞详细测绘情况如下（表 2.28、图 2.50～图 2.52）：

5-27 号窑洞具体情况表 **表 2.28**

	评分	等级	建筑面积	人口数	房间数	建造年代	通气孔数
5-27	90	A	400m^2	0	10	1970	3
	洗浴构造及设施		无				
	厨房状况		未知				
	生活给水方式		未知				
	卫生间给排水		无				
	供暖燃料方式		未知				
该窑院曾为关中特委地下交通站，革命家习仲勋曾在此居住。该院已于 2010 年进行了翻修加固，现作为革命纪念馆对外开放展览							
区位图			空间格局				

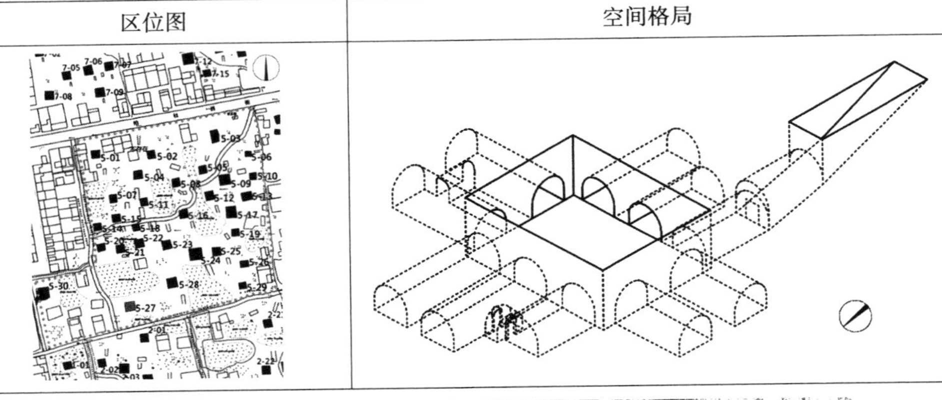

图表来源：徐子琪、李强 绘 / 摄

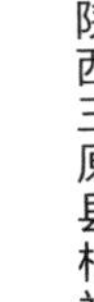

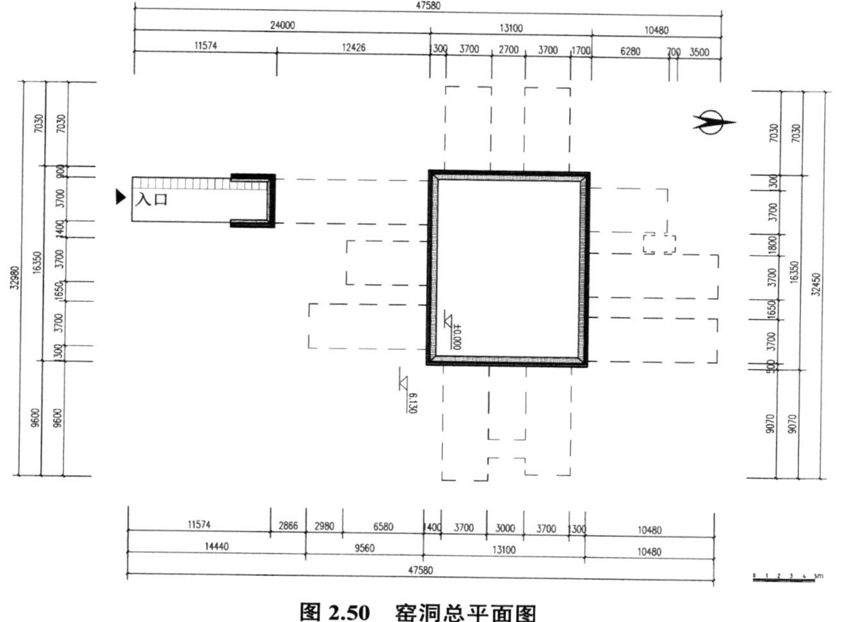

图 2.50　窑洞总平面图

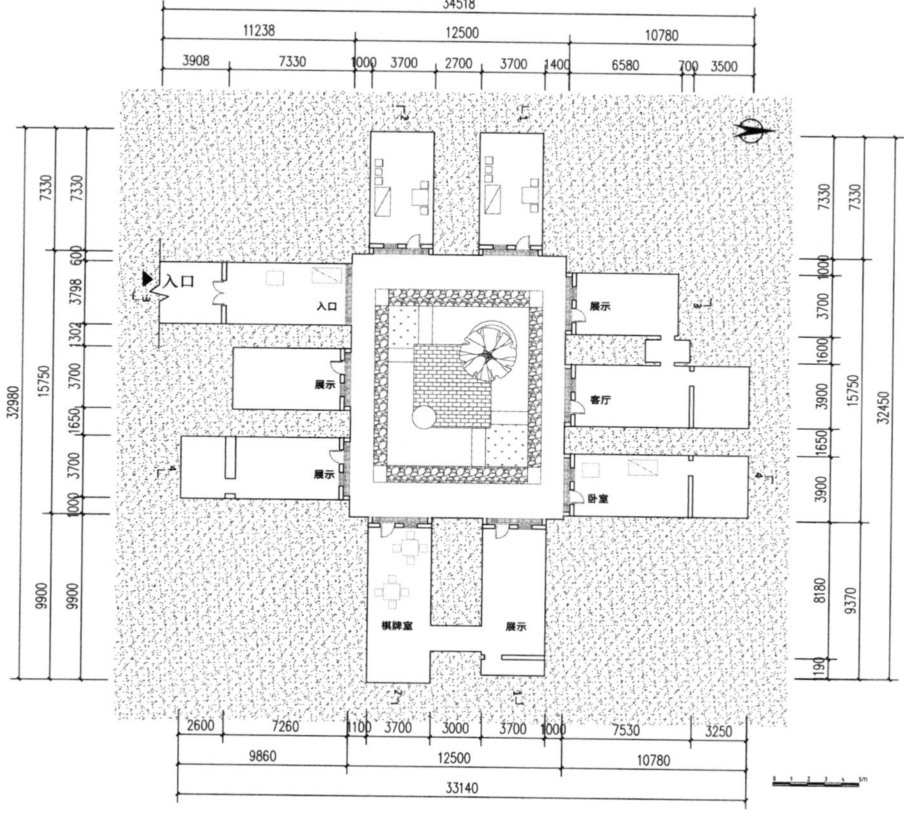

图 2.51　窑洞平面图

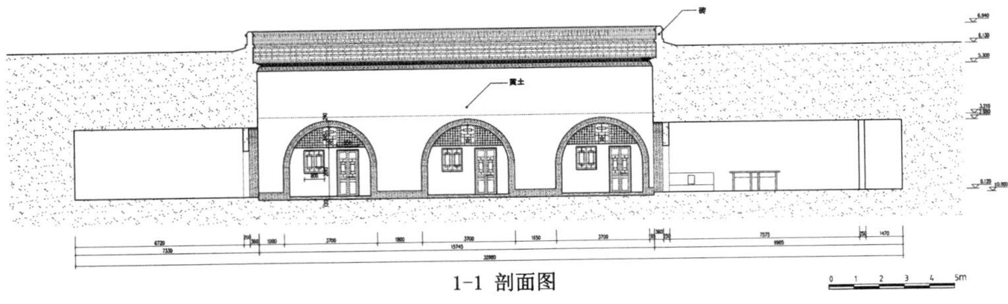

1-1 剖面图

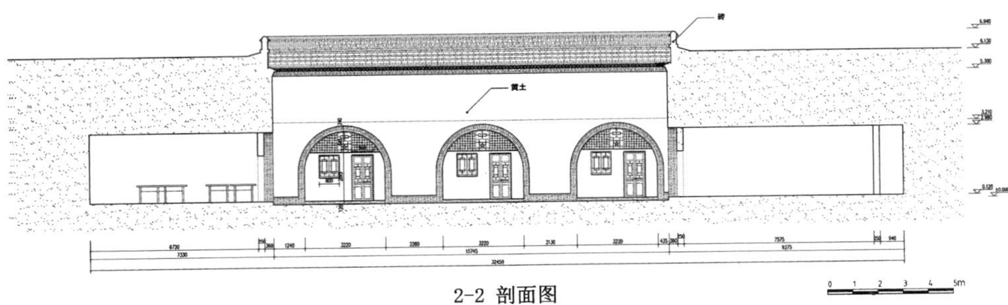

2-2 剖面图

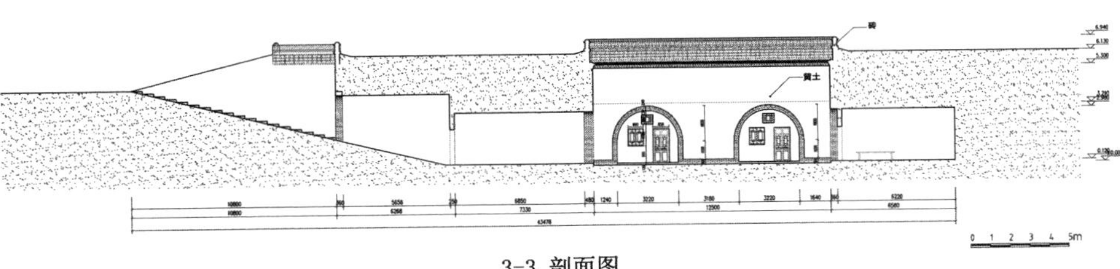

3-3 剖面图

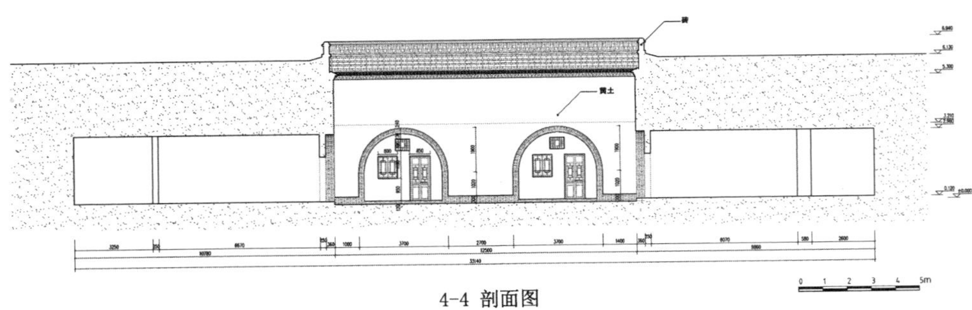

4-4 剖面图

图 2.52 窑洞剖面图

测绘人：吴瑞　刘觐魁　齐尧
绘图人：刘觐魁

（6）5-28号窑洞详细测绘情况如下（表2.29、图2.53～图2.55）：

5-28号窑洞具体情况表 **表2.29**

	评分	等级	建筑面积	人口数	房间数	建造年代	通气孔数
5-28	100	A	430m^2	2	8	1970	2
	洗浴构造及设施		有独立卫生间和地上卫生间				
	厨房状况		使用电磁炉、土灶，通风良好				
	生活给水方式		地面上打自来水				
	卫生间给排水		连接地上水管				
	供暖燃料方式		土炕烧秸秆，保温靠墙体自身				
窑院是主人的爷爷建造的，家人一直生活在此，居住舒适，无搬迁意向。如今被改造为农家院，承办多种活动，起到了很好的地窑文化宣传作用							
区位图			空间格局				

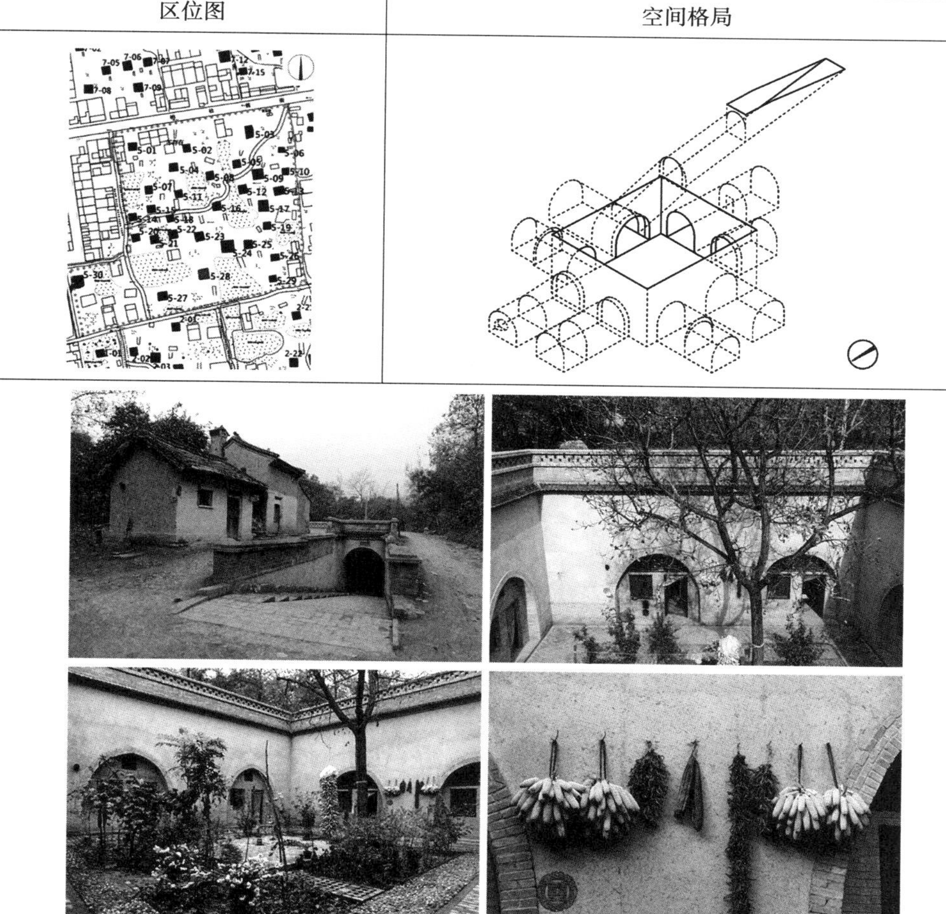

图表来源：徐子琪 绘／摄

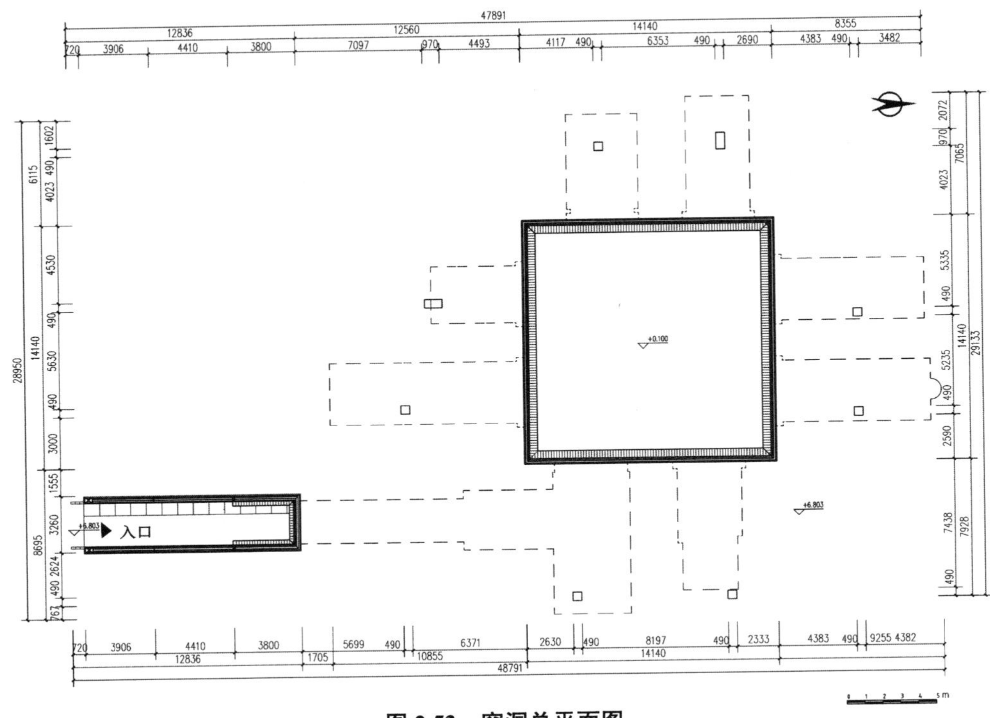

图 2.53　窑洞总平面图

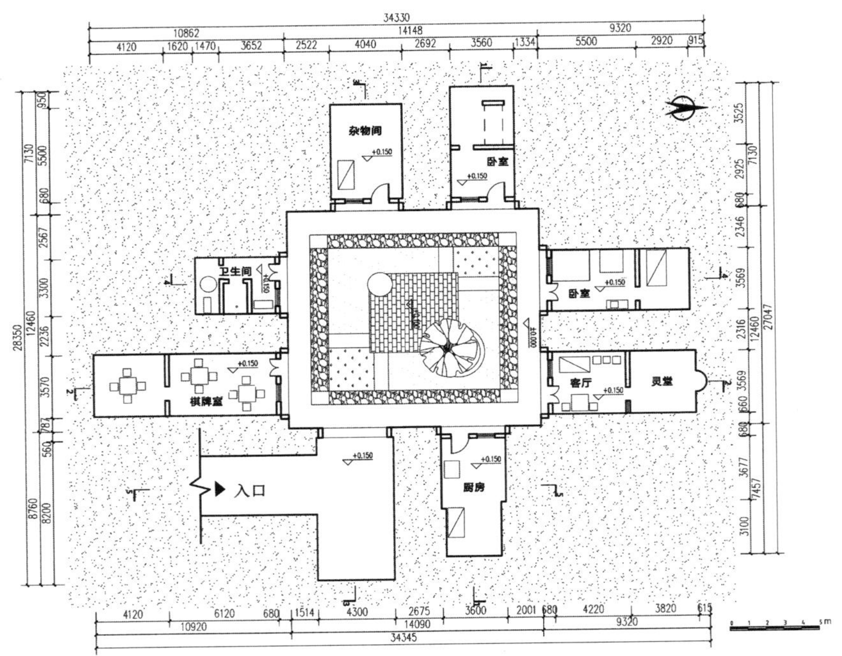

图 2.54　窑洞平面图

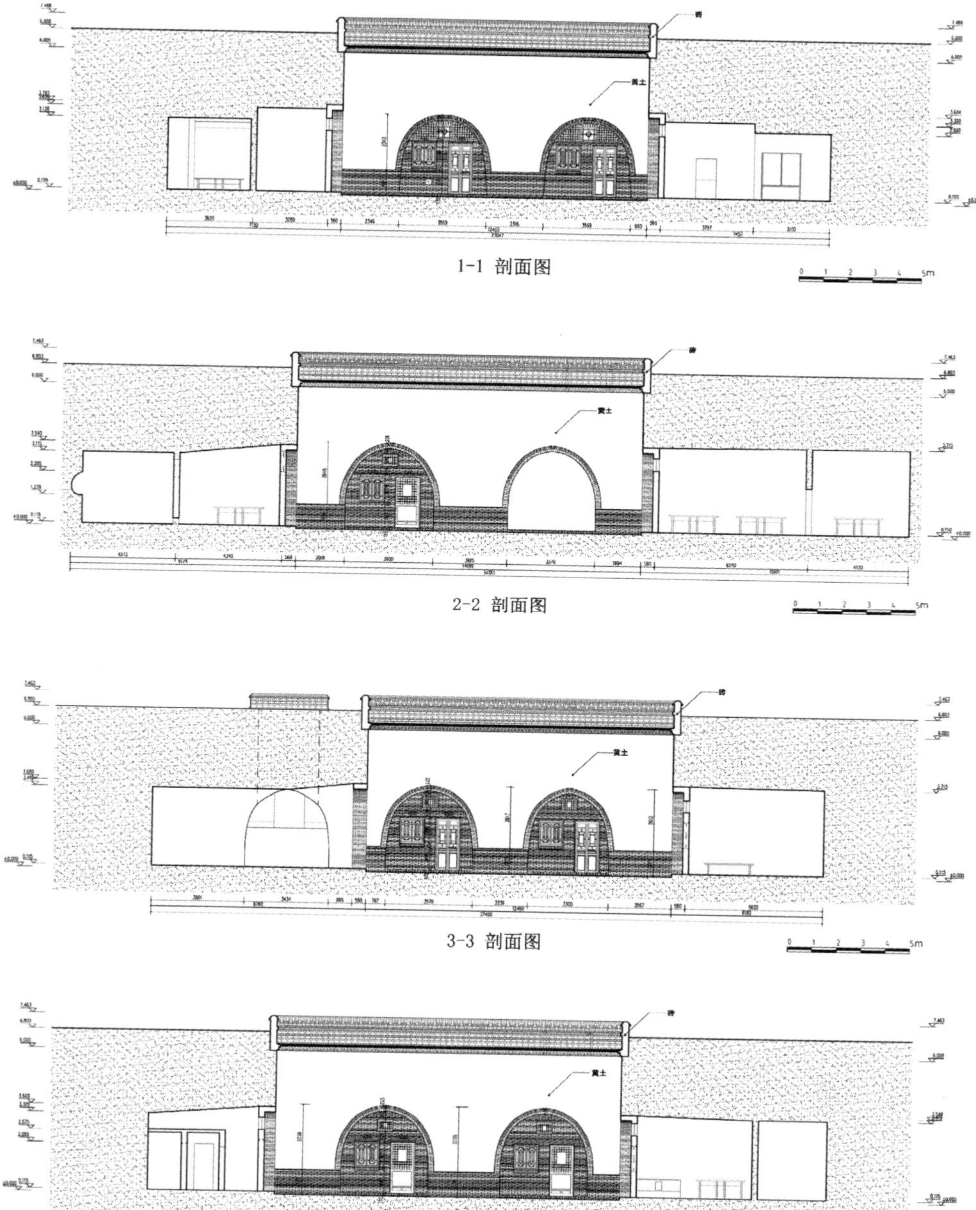

图 2.55　窑洞剖面图

测绘人：吴瑞　刘觐魁　齐尧

绘图人：吴瑞

2. 其余窑洞

由于其余窑洞很多已无人居住，且有一定程度破损，因此未进行详细测绘，仅进行编号和拍照（表 2.30）。

地坑窑五区其余窑洞情况表 **表 2.30**

窑洞编号	评分	等级	窑院面积	现状照片
5-03	26	C	$100m^2$	
5-04	58	B	$100m^2$	
5-05	28	C	$100m^2$	
5-06	87	A	$100m^2$	
5-07	48	C	$100m^2$	

续表

窑洞编号	评分	等级	窑院面积	现状照片
5-09	35	C	100m^2	
5-10	70	B	100m^2	
5-11	80	C	100m^2	
5-12	80	B	100m^2	
5-13	60	B	150m^2	
5-14	25	C	100m^2	

续表

窑洞编号	评分	等级	窑院面积	现状照片
5-15	70	B	$80m^2$	
5-16	25	C	$100m^2$	
5-17	30	C	$100m^2$	
5-18	65	B	$150m^2$	
5-19	45	B	$130m^2$	
5-21	25	C	$150m^2$	

续表

窑洞编号	评分	等级	窑院面积	现状照片
5-22	45	B	150m^2	
5-23	60	B	150m^2	
5-24	25	C	130m^2	
5-25	25	C	140m^2	
5-26	65	B	150m^2	
5-29	25	C	120m^2	

续表

窑洞编号	评分	等级	窑院面积	现状照片
5-30	20	C	100m^2	

表格来源：地坑窑 studio 小组提供

2.4.6 柏社村地坑窑六区

柏社村地坑窑六区区位、周边道路、窑洞数量和质量及具体情况见表 2.31。

地坑窑六区具体情况表　　表 2.31

区位			
周边道路	临近对外公路 e、b，交通便利		
窑洞数量	0 个		
窑洞质量	A 级 0 个	B 级 0 个	C 级 0 个
	区域内无窑洞		
具体情况	该区域内无窑洞，东部为两排地上建筑，西部为果园菜地		

2.4.7 柏社村地坑窑七区

柏社村地坑窑七区区位、周边道路、窑洞数量和质量及具体情况见表 2.32。

地坑窑七区具体情况表 表 2.32

区位			
周边道路	临近对外公路 b，交通较为便利		
窑洞数量	12 个		
窑洞质量	A 级 4 个	B 级 2 个	C 级 6 个
	整体质量较好		
具体情况	该区域紧邻公路，沿着公路排布了很多地上建筑，保留下的窑洞较少，但质量较高。一小半的窑洞保存得都很完好，对其进行了测绘和分析，其中 2 个还在住人，剩下的窑洞都已破损，无人居住		

1. 详细测绘窑洞

（1）7-11 号窑洞详细测绘情况如下（表 2.33、图 2.56～图 2.58）：

7-11 号窑洞具体情况表 **表 2.33**

	评分	等级	建筑面积	人口数	房间数	建造年代	通气孔数
7-11	90	A	430m^2	6	8	1970	3
	洗浴构造及设施	有独立卫生间					
	厨房状况	使用电磁炉、土灶，通风良好					
	生活给水方式	地面上打自来水					
	卫生间给排水	连接地上水管					
	供暖燃料方式	土炕烧秸秆，保温靠墙体自身					
户主为 70 岁的熊大爷，窑院为结婚时所建造，务农为生。院内还生活着儿子一家，但与老人分灶。户主认为窑洞很舒适，不考虑搬出							
区位图			空间格局				

图表来源：杜曦 绘 / 摄

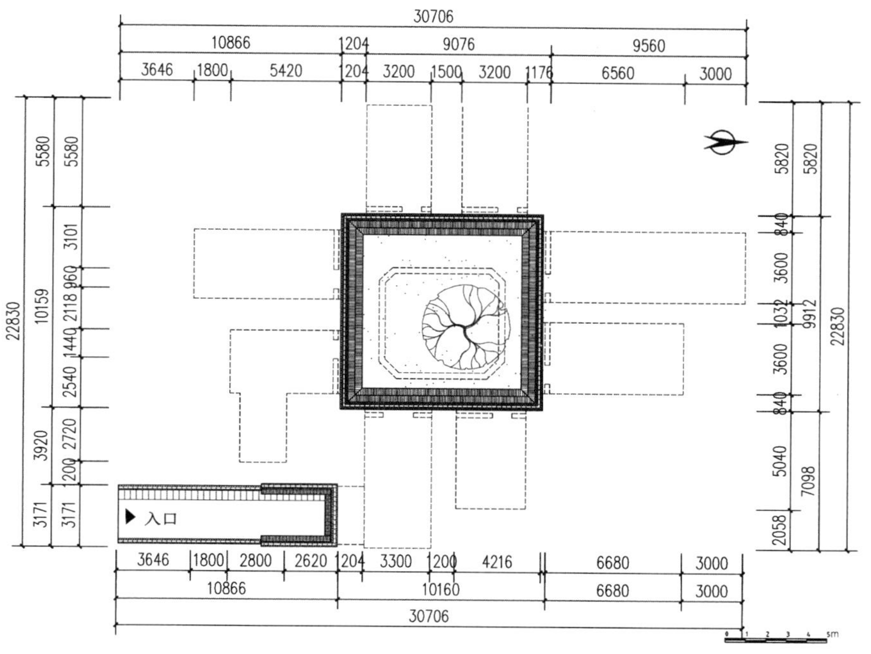

图 2.56　窑洞总平面图

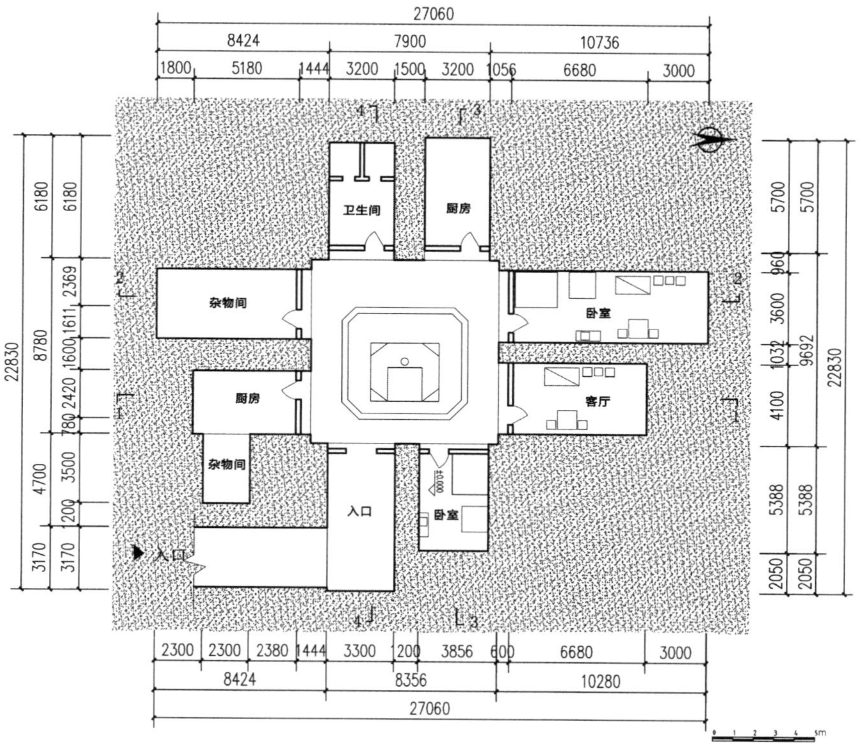

图 2.57　窑洞平面图

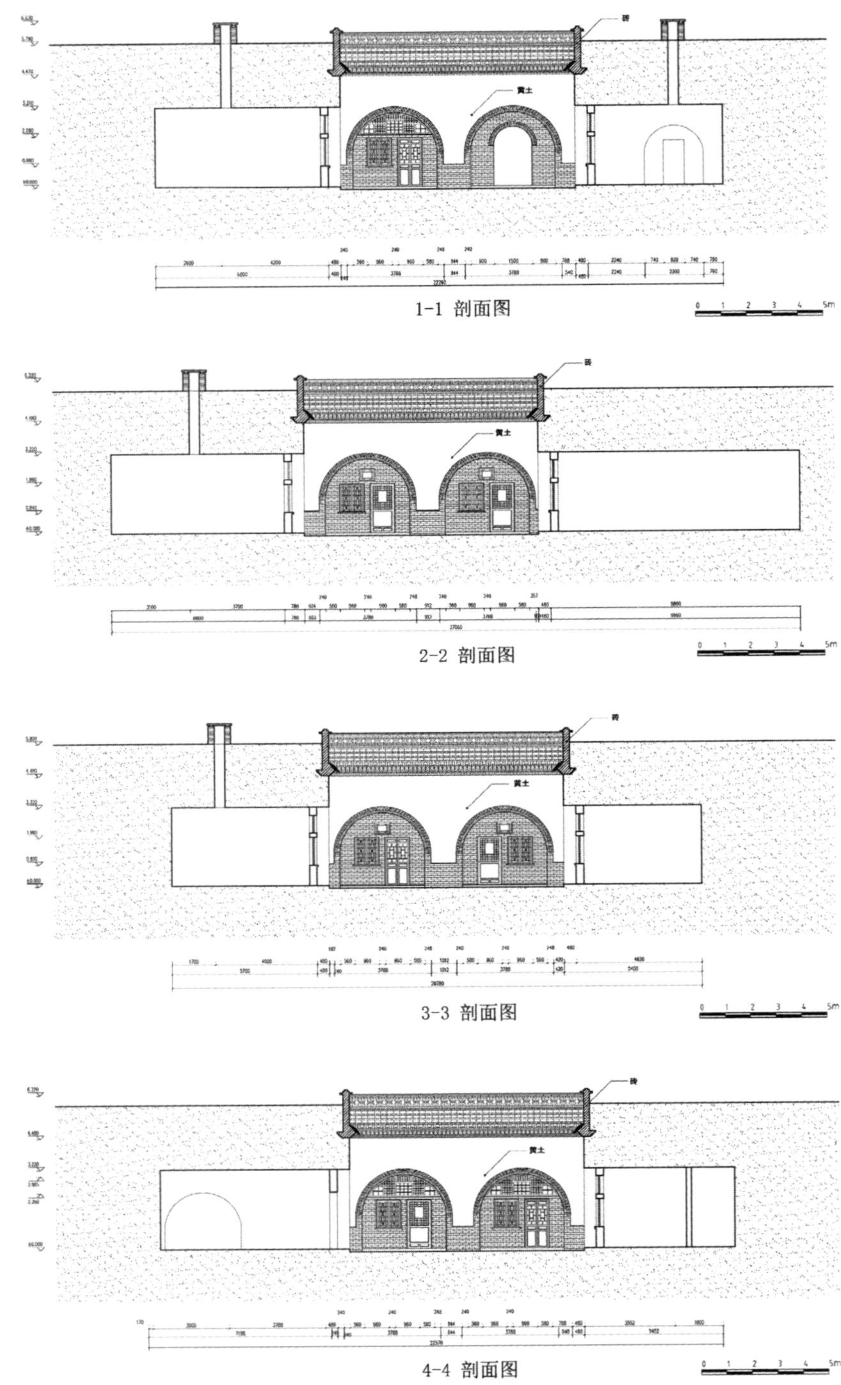

图 2.58　窑洞剖面图

测绘人：李强　张冲　甄泽华
绘图人：扬眉

（2）7-12 号窑洞详细测绘情况如下（表 2.34、图 2.59～图 2.61）：

7-12 号窑洞具体情况表 **表 2.34**

<table>
<tr><td rowspan="7">7-12</td><td>评分</td><td>等级</td><td>建筑面积</td><td>人口数</td><td>房间数</td><td>建造年代</td><td>通气孔数</td></tr>
<tr><td>90</td><td>A</td><td>580m^2</td><td>2</td><td>8</td><td>1970</td><td>3</td></tr>
<tr><td colspan="2">洗浴构造及设施</td><td colspan="5">有独立卫生间</td></tr>
<tr><td colspan="2">厨房状况</td><td colspan="5">使用电磁炉、土灶，通风良好</td></tr>
<tr><td colspan="2">生活给水方式</td><td colspan="5">地面上打自来水</td></tr>
<tr><td colspan="2">卫生间给排水</td><td colspan="5">连接地上水管</td></tr>
<tr><td colspan="2">供暖燃料方式</td><td colspan="5">土炕烧秸秆，保温靠墙体自身</td></tr>
<tr><td colspan="8">窑院内目前无人居住，其余资料不详</td></tr>
<tr><td colspan="3">区位图</td><td colspan="5">空间格局</td></tr>
</table>

图表来源：杜曦 绘 / 摄

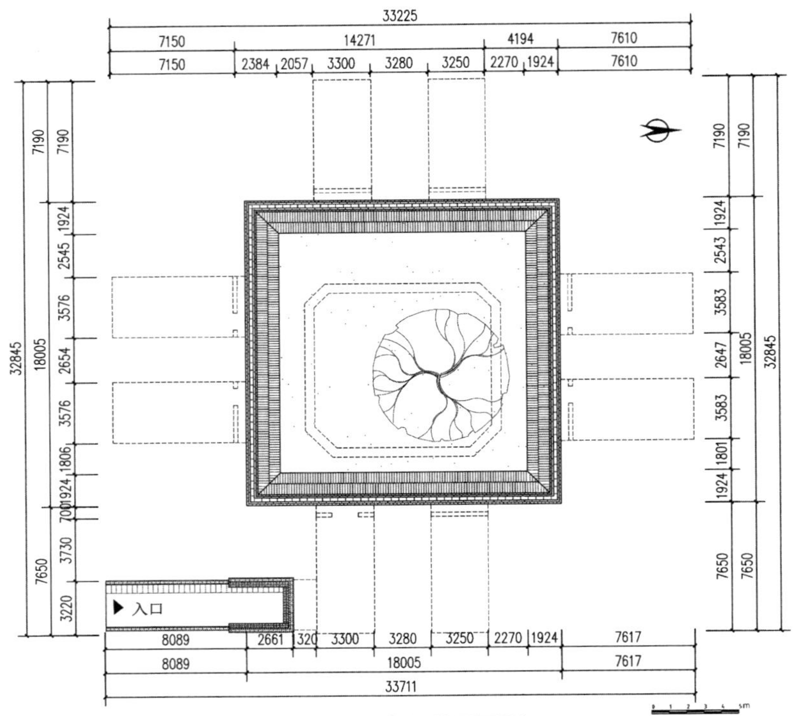

图 2.59　窑洞总平面图

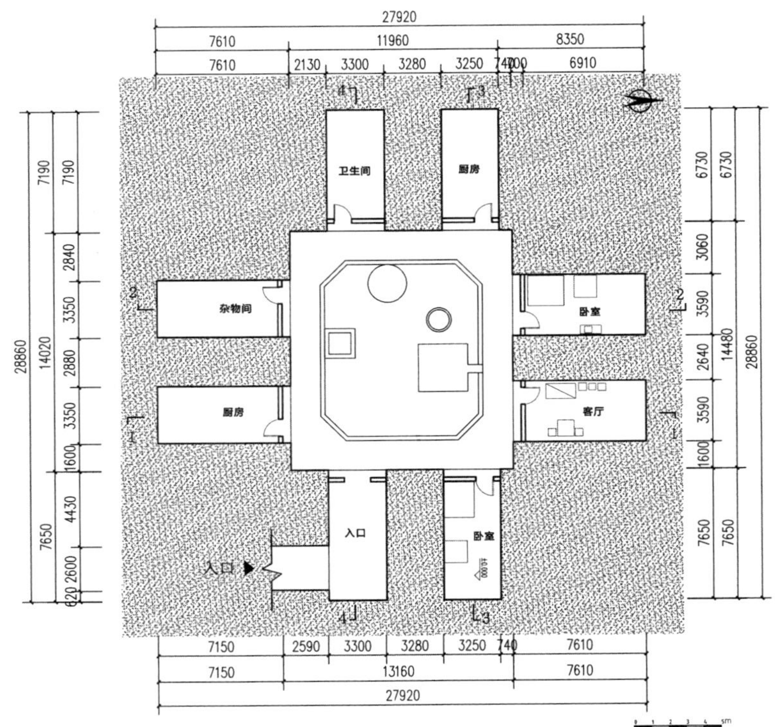

图 2.60　窑洞平面图

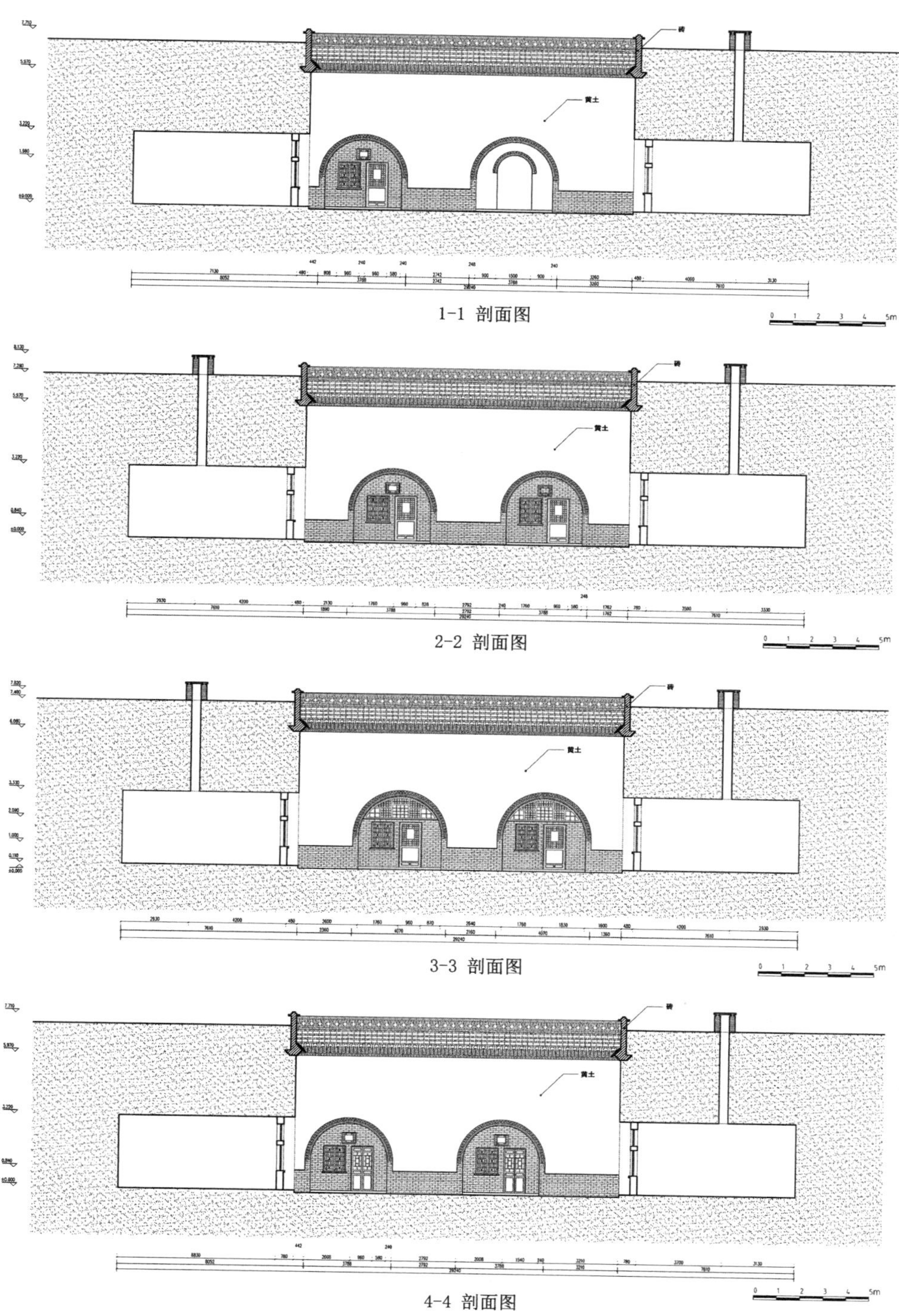

图 2.61　窑洞剖面图

测绘人：李强　扬眉　张冲　甄泽华

绘图人：扬眉

2. 其余窑洞

由于其余窑洞很多已无人居住，且有一定程度破损，因此未进行详细测绘，仅进行编号和拍照（表 2.35）。

地坑窑七区其余窑洞情况表　　表 2.35

窑洞编号	评分	等级	窑院面积	现状照片
7-01	35	C	100m^2	
7-02	30	C	100m^2	
7-03	40	B	80m^2	
7-04	20	C	100m^2	其资料不详
7-05	50	C	100m^2	

续表

窑洞编号	评分	等级	窑院面积	现状照片
7-06	20	C	100m^2	
7-07	60	A	80m^2	
7-08	55	B	100m^2	
7-09	65	A	80m^2	
7-10	30	C	100m^2	

表格来源：地坑窑 studio 小组提供

2.4.8 柏社村地坑窑八区

柏社村地坑窑八区区位、周边道路、窑洞数量和质量及具体情况见表2.36。

地坑窑八区具体情况表　　　　表2.36

区位			
周边道路	临近对外公路b，交通较为便利		
窑洞数量	33个		
窑洞质量	A级8个	B级13个	C级12个
	整体质量较好		
具体情况	该区域保留下了较多的窑院，一小半窑院保存完好，对其进行了测绘和分析，其中6个有主人。三分之一的窑院有所破损，剩下的三分之一已经破败，无法使用		

1. 详细测绘窑洞

（1）8-10 号窑洞详细测绘情况如下（表 2.37、图 2.62～图 2.64）：

8-10 号窑洞具体情况表 **表 2.37**

	评分	等级	建筑面积	人口数	房间数	建造年代	通气孔数
8-10	85	A	300m²	2	7	1970	/
	洗浴构造及设施		无卫生间				
	厨房状况		使用土灶，通风良好				
	生活给水方式		地面上打自来水				
	卫生间给排水		无				
	供暖燃料方式		土炕烧秸秆，保温靠墙体自身				

该窑院较为特殊，由于所处地理区位的地形高差复杂，兼具靠崖窑与地坑窑的特点。入口为平地而非典型地坑窑的下沉式坡道，而院内仍呈现出地坑窑院的特色

区位图	空间格局

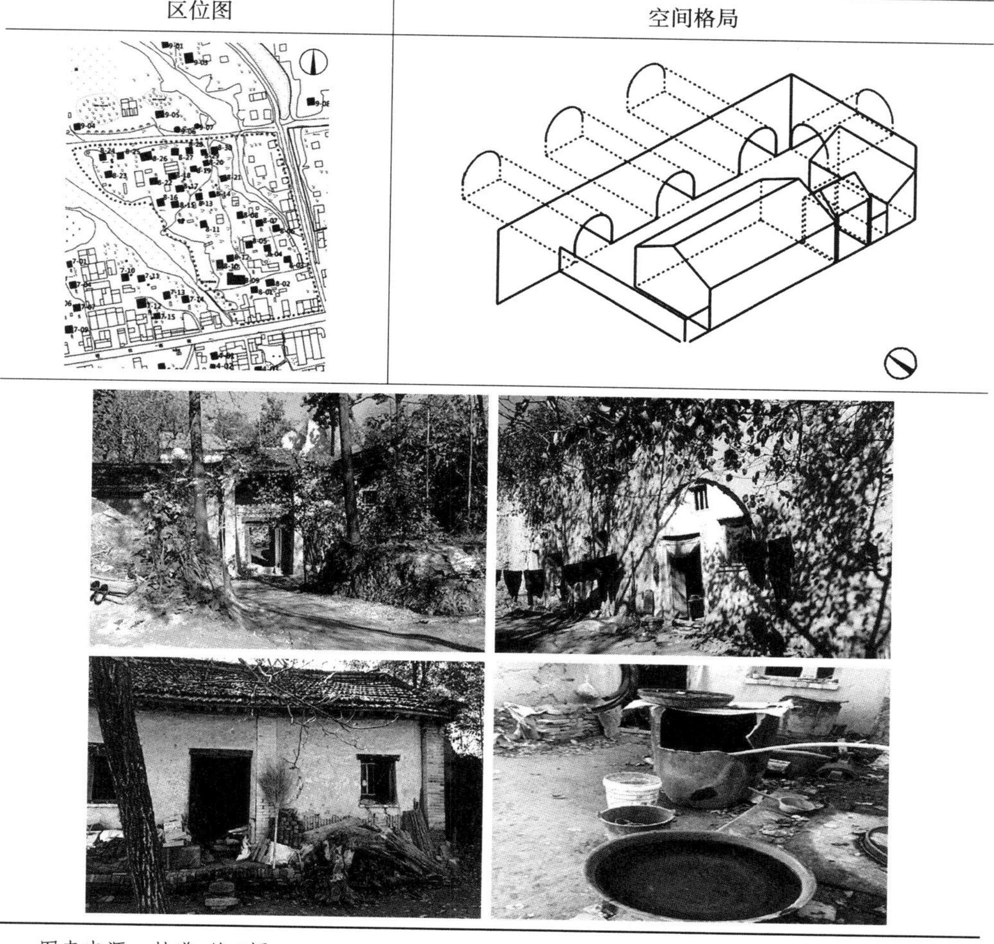

图表来源：杜曦 绘 / 摄

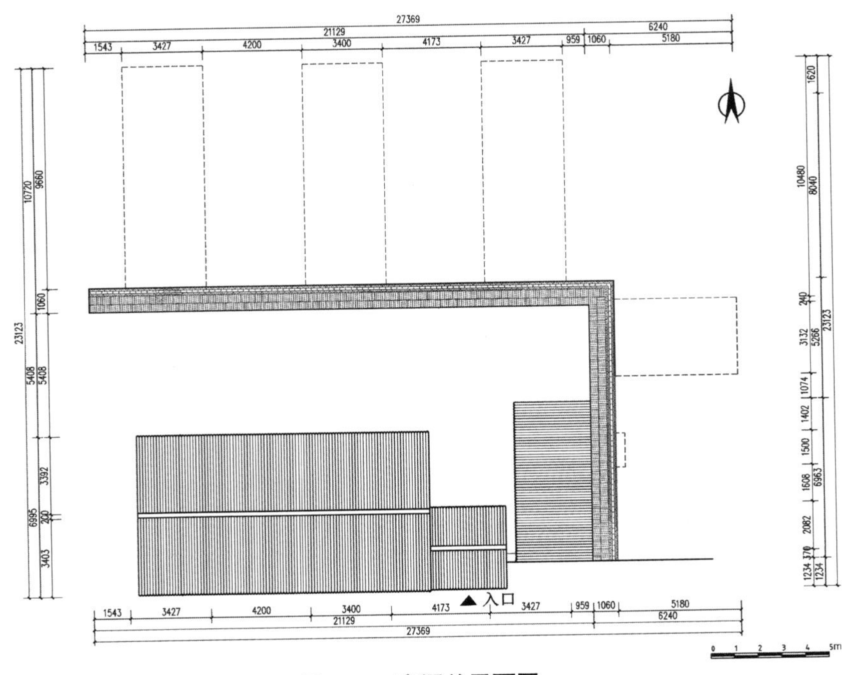

图 2.62 窑洞总平面图

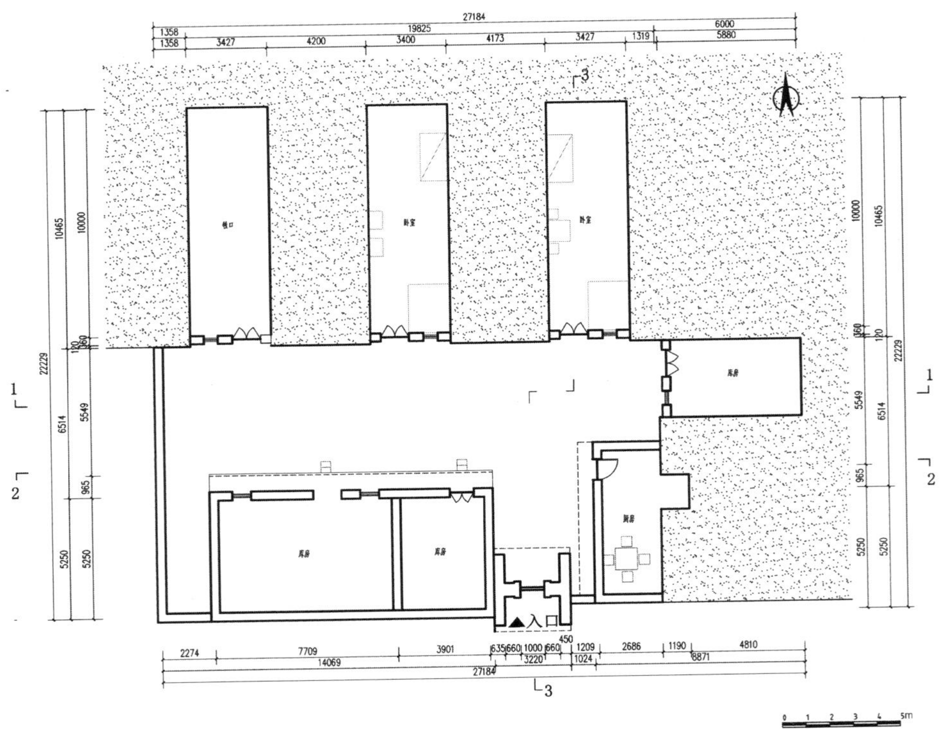

图 2.63 窑洞平面图

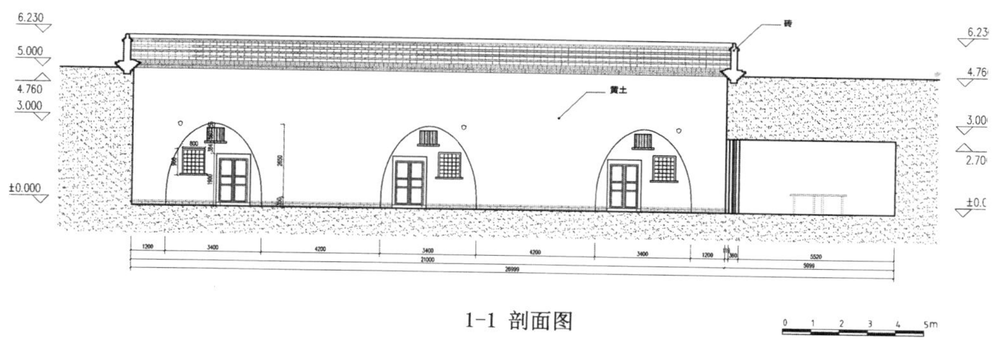

1-1 剖面图

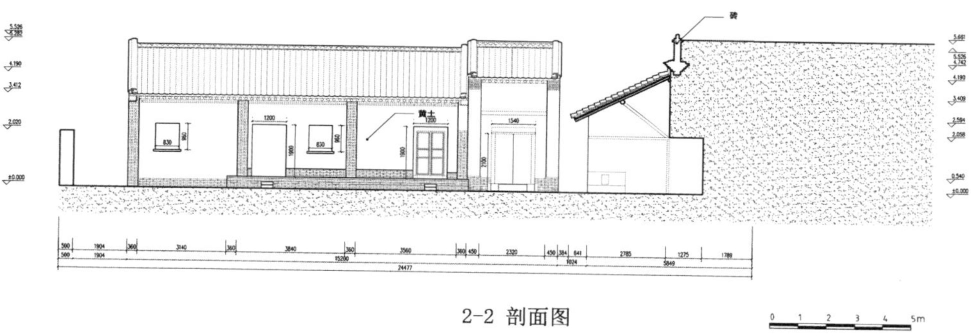

2-2 剖面图

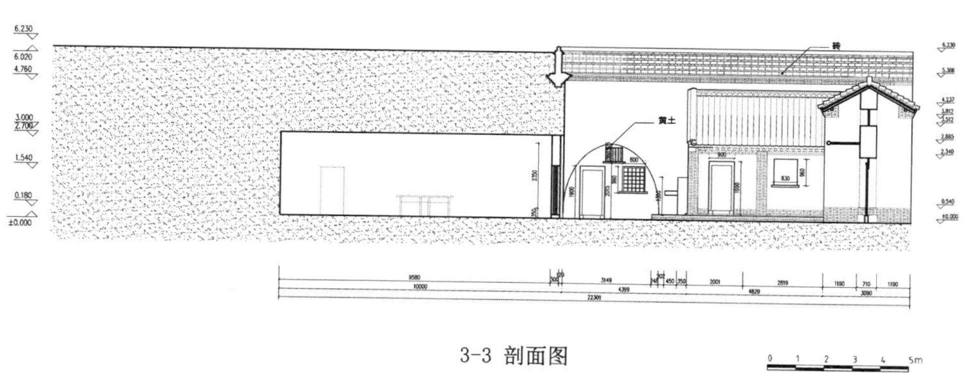

3-3 剖面图

图 2.64　窑洞剖面图

测绘人：梁仕秋　樊先祺　李川

绘图人：梁仕秋

（2）8-14 号窑洞详细测绘情况如下（表 2.38、图 2.65～图 2.67）：

8-14 号窑洞具体情况表 **表 2.38**

<table>
<tr><td rowspan="7">8-14</td><td>评分</td><td>等级</td><td>建筑面积</td><td>人口数</td><td>房间数</td><td>建造年代</td><td>通气孔数</td></tr>
<tr><td>90</td><td>A</td><td>330m²</td><td>2</td><td>8</td><td>1950</td><td>2</td></tr>
<tr><td colspan="2">洗浴构造及设施</td><td colspan="5">地上有卫生间</td></tr>
<tr><td colspan="2">厨房状况</td><td colspan="5">使用电磁炉、土灶，通风良好</td></tr>
<tr><td colspan="2">生活给水方式</td><td colspan="5">地面上打自来水</td></tr>
<tr><td colspan="2">卫生间给排水</td><td colspan="5">简易排水</td></tr>
<tr><td colspan="2">供暖燃料方式</td><td colspan="5">土炕烧秸秆，保温靠墙体自身</td></tr>
<tr><td colspan="8">由于调研条件有限，其余资料不详</td></tr>
<tr><td colspan="3">区位图</td><td colspan="5">空间格局</td></tr>
</table>

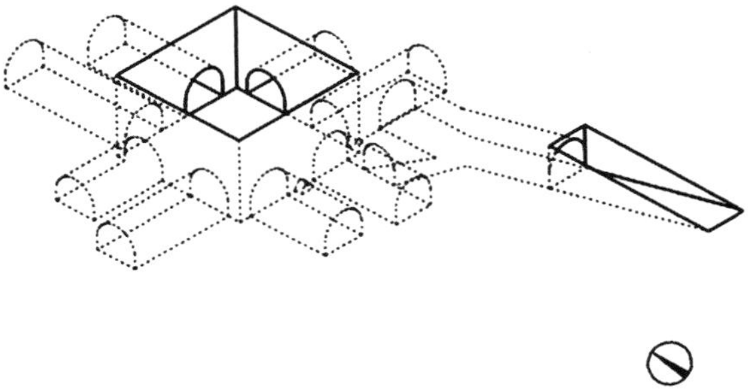

图表来源：韩楚燕 绘 / 摄

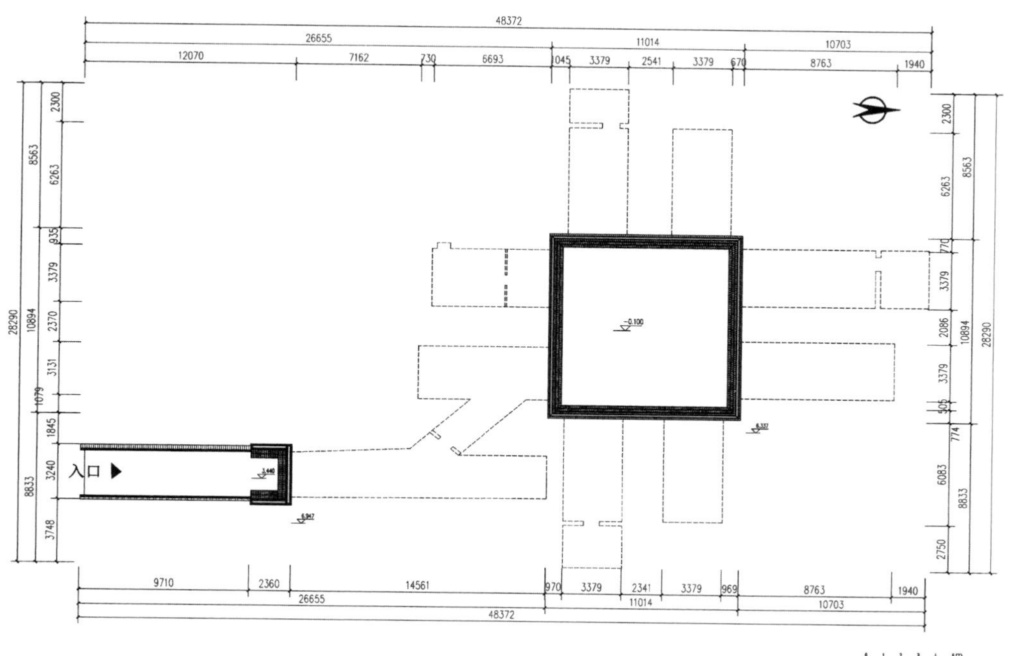

图 2.65　窑洞总平面图

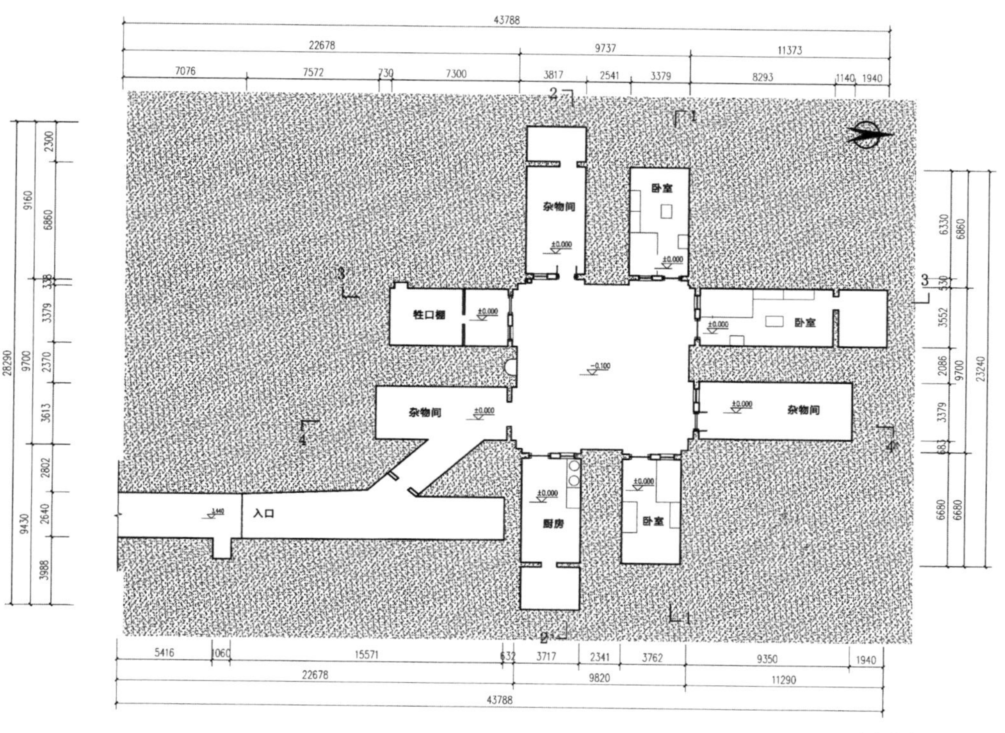

图 2.66　窑洞平面图

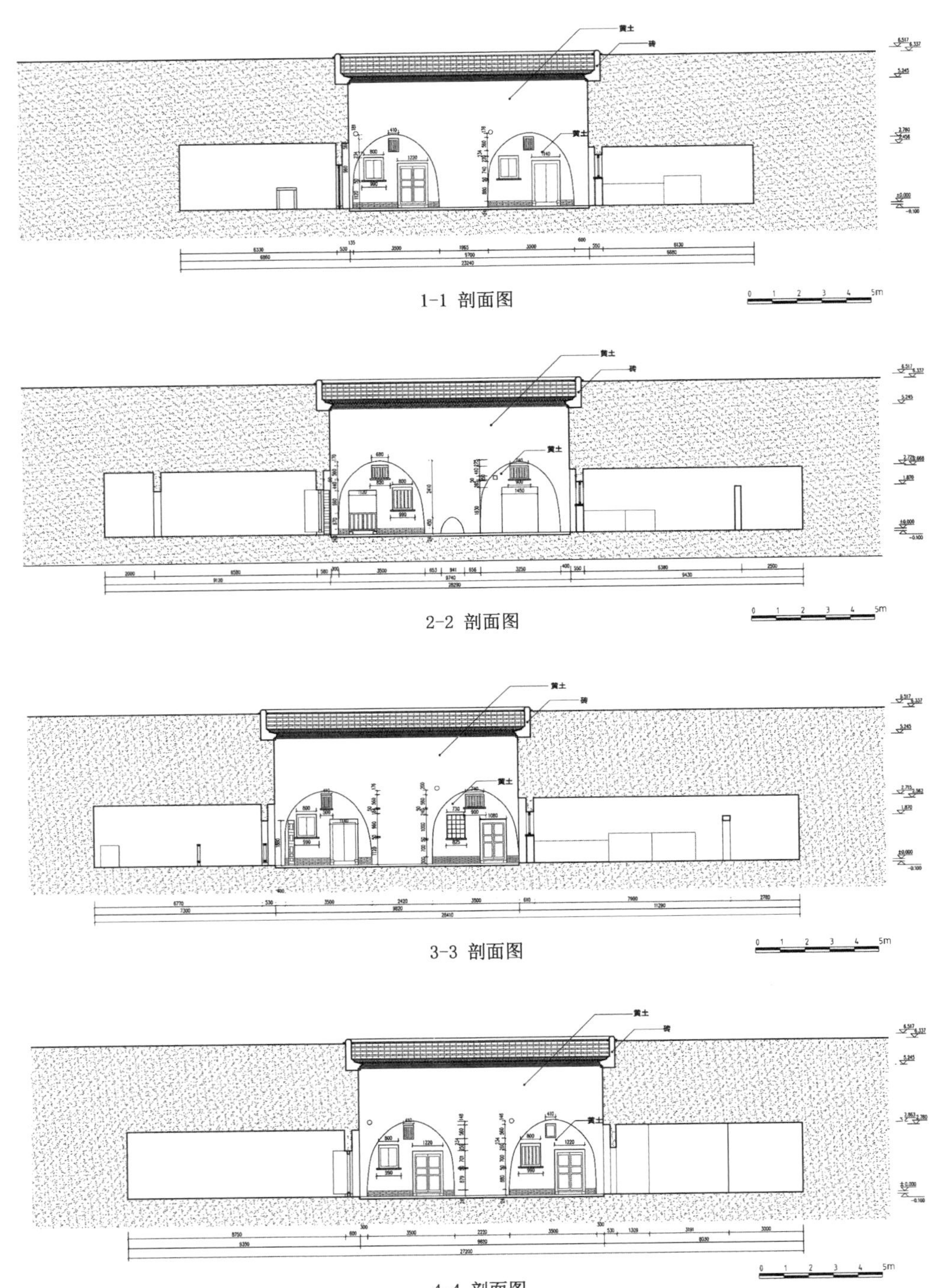

图 2.67　窑洞剖面图

测绘人：梁仕秋　李川　樊先祺
绘图人：樊先祺

（3）8-17 号窑洞详细测绘情况如下（表 2.39、图 2.68～图 2.70）：

8-17 号窑洞具体情况表 **表 2.39**

	评分	等级	建筑面积	人口数	房间数	建造年代	通气孔数
8-17	85	A	300m^2	2	8	1970	3
	洗浴构造及设施		无卫生间				
	厨房状况		使用土灶，通风良好				
	生活给水方式		地面上打自来水				
	卫生间给排水		未知				
	供暖燃料方式		土炕烧秸秆，保温靠墙体自身				
由于调研条件有限，其余资料不详							
区位图			空间格局				

图表来源：韩楚燕 绘 / 摄

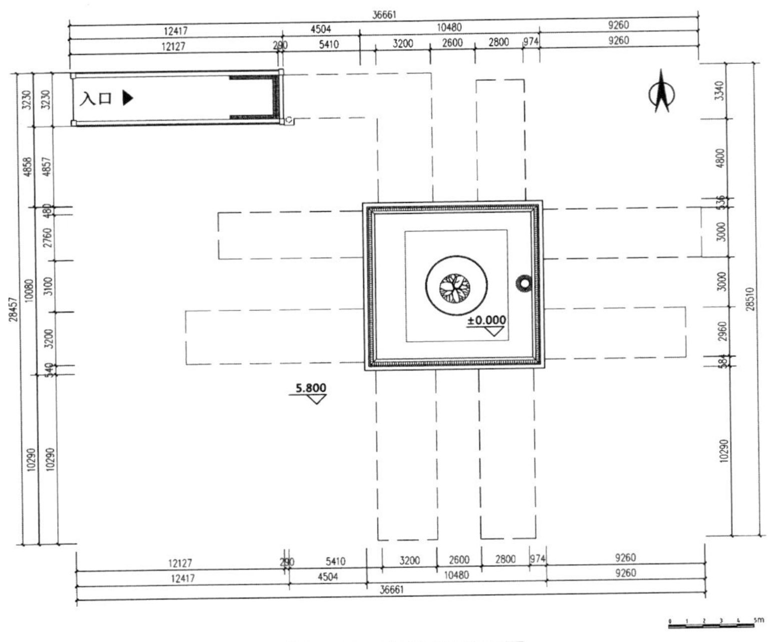

图 2.68　窑洞总平面图

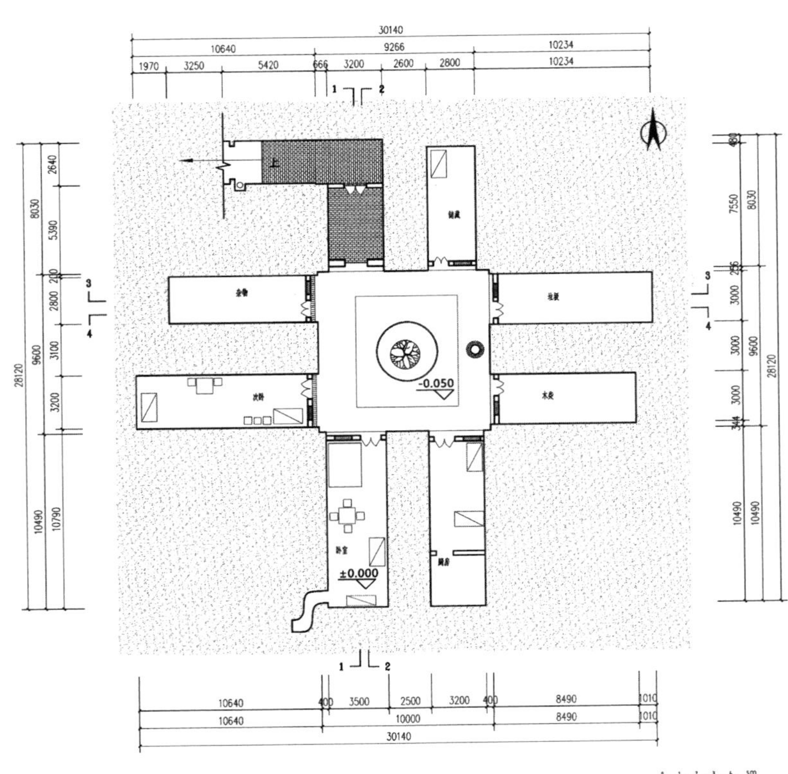

图 2.69　窑洞平面图

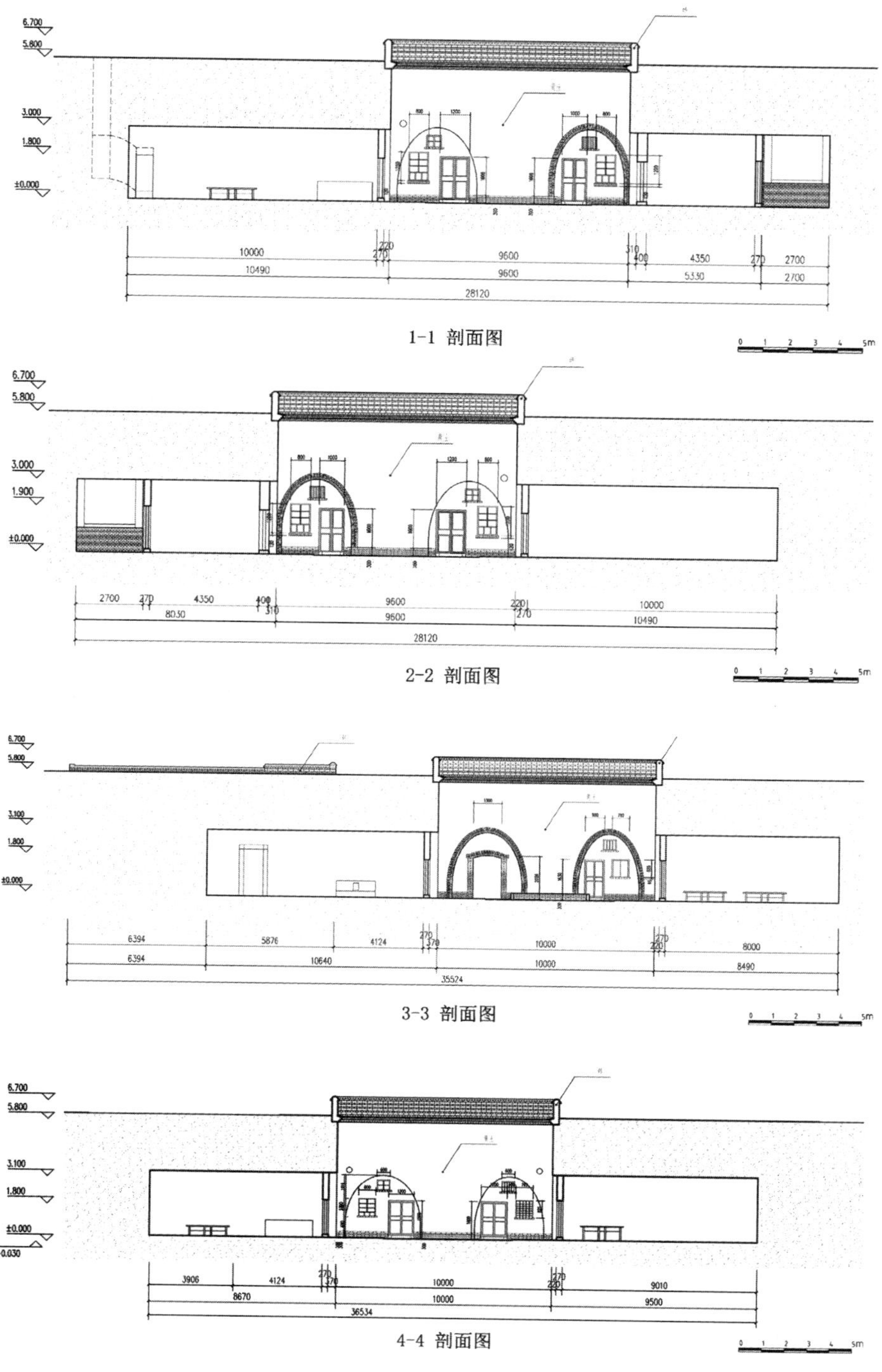

图 2.70 窑洞剖面图

测绘人：梁仕秋　李川　樊先祺

绘图人：李川

（4）8-23 号窑洞详细测绘情况如下（表 2.40、图 2.71～图 2.73）：

8-23 号窑洞具体情况表 **表 2.40**

编号	评分	等级	建筑面积	人口数	房间数	建造年代	通气孔数
8-23	90	A	240m^2	2	8	1970	5
	洗浴构造及设施		有独立卫生间				
	厨房状况		使用土灶，通风良好				
	生活给水方式		地面上打自来水				
	卫生间给排水		连接地上水管				
	供暖燃料方式		柴火，保温靠墙体自身				
由于调研条件有限，其余资料不详							
区位图			空间格局				

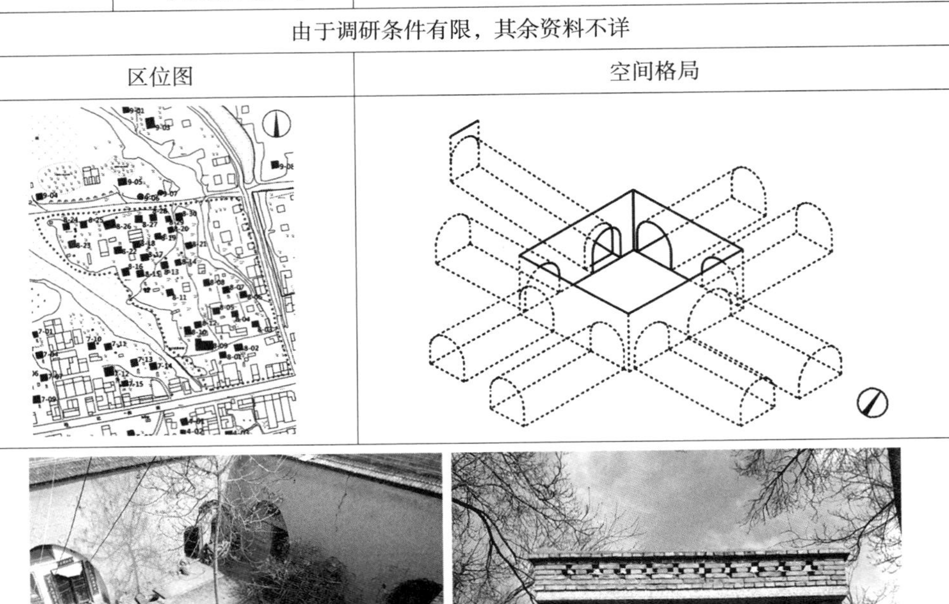

图表来源：韩楚燕 绘 / 摄

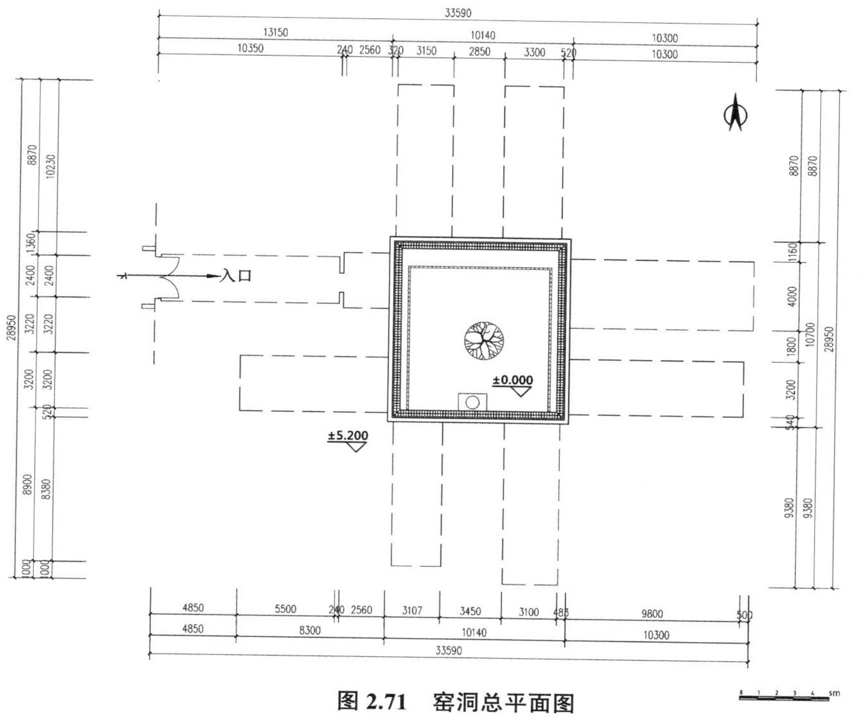

图 2.71　窑洞总平面图

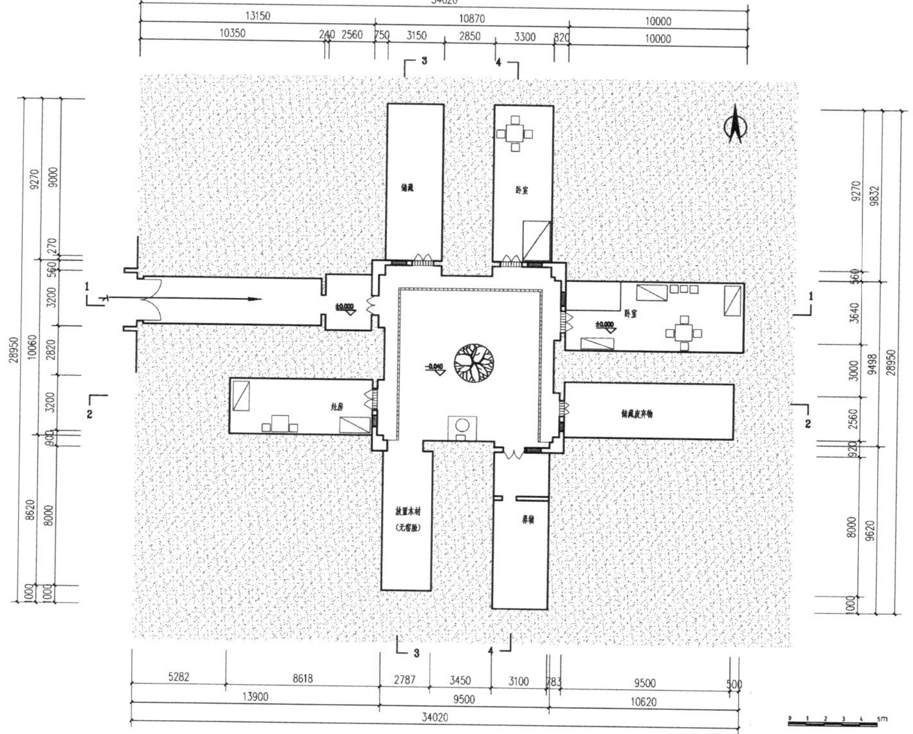

图 2.72　窑洞平面图

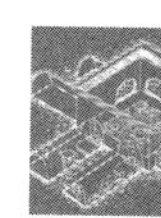

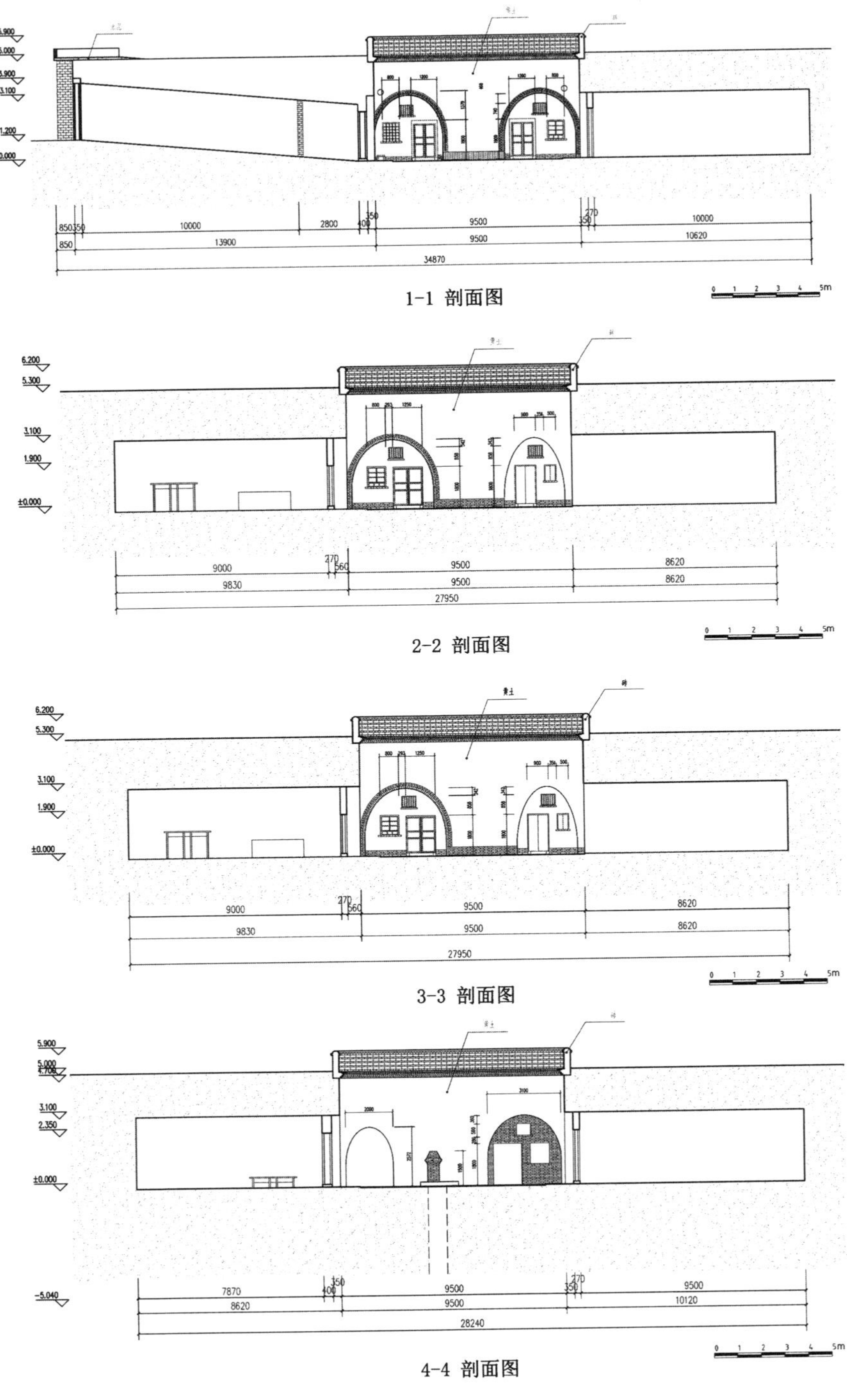

图 2.73　窑洞剖面图

测绘人：李川　樊先祺　梁仕秋

绘图人：李川

（5）8-31 号窑洞详细测绘情况如下（表 2.41、图 2.74～图 2.76）：

8-31 号窑洞具体情况表 **表 2.41**

	评分	等级	建筑面积	人口数	房间数	建造年代	通气孔数
8-31	95	A	240m²	2	8	1950	/
	洗浴构造及设施		有地面卫生间				
	厨房状况		使用电磁炉、土灶，通风良好				
	生活给水方式		地面上打自来水				
	卫生间给排水		简易排水				
	供暖燃料方式		土炕烧秸秆，保温靠墙体自身				
由于调研条件有限，其余资料不详							
区位图			空间格局				

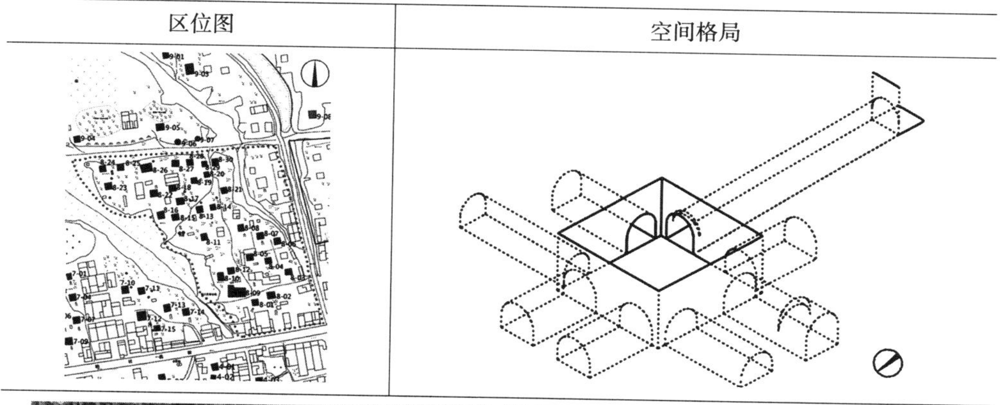

图表来源：韩楚燕 绘 / 摄

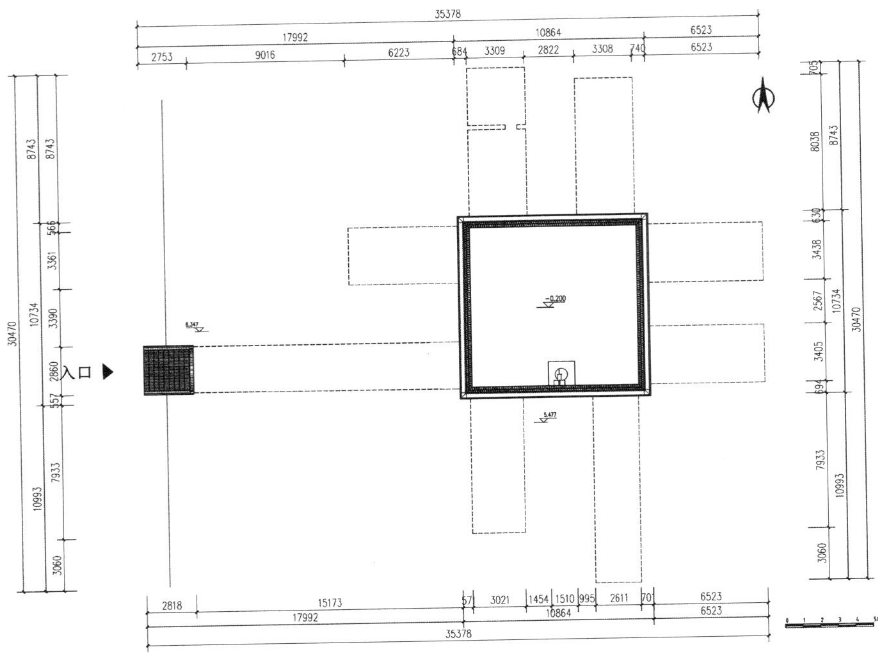

图 2.74　窑洞总平面图

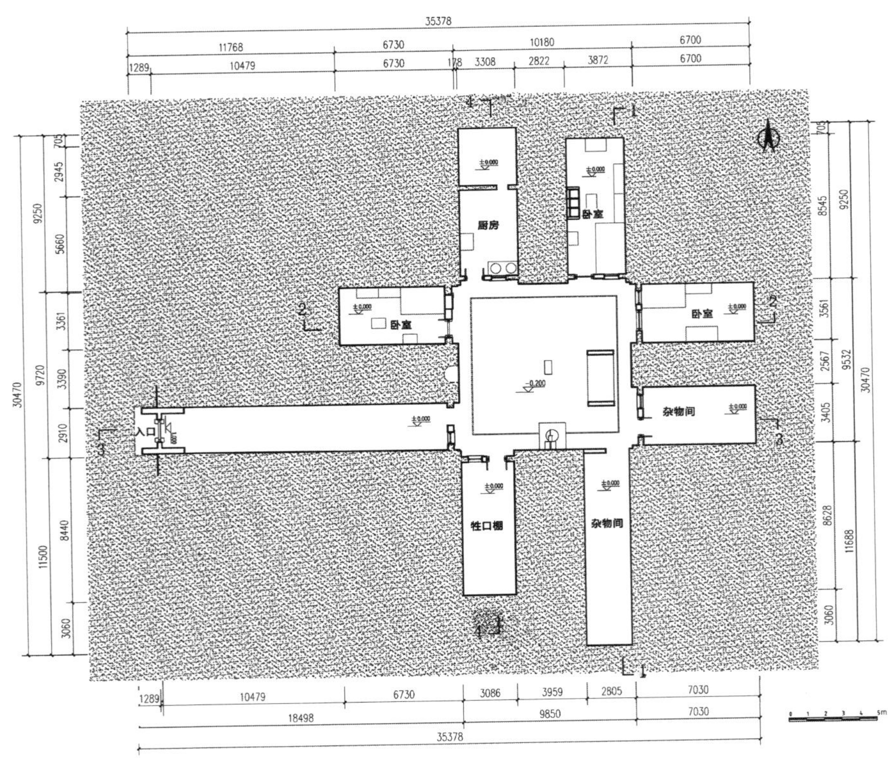

图 2.75　窑洞平面图

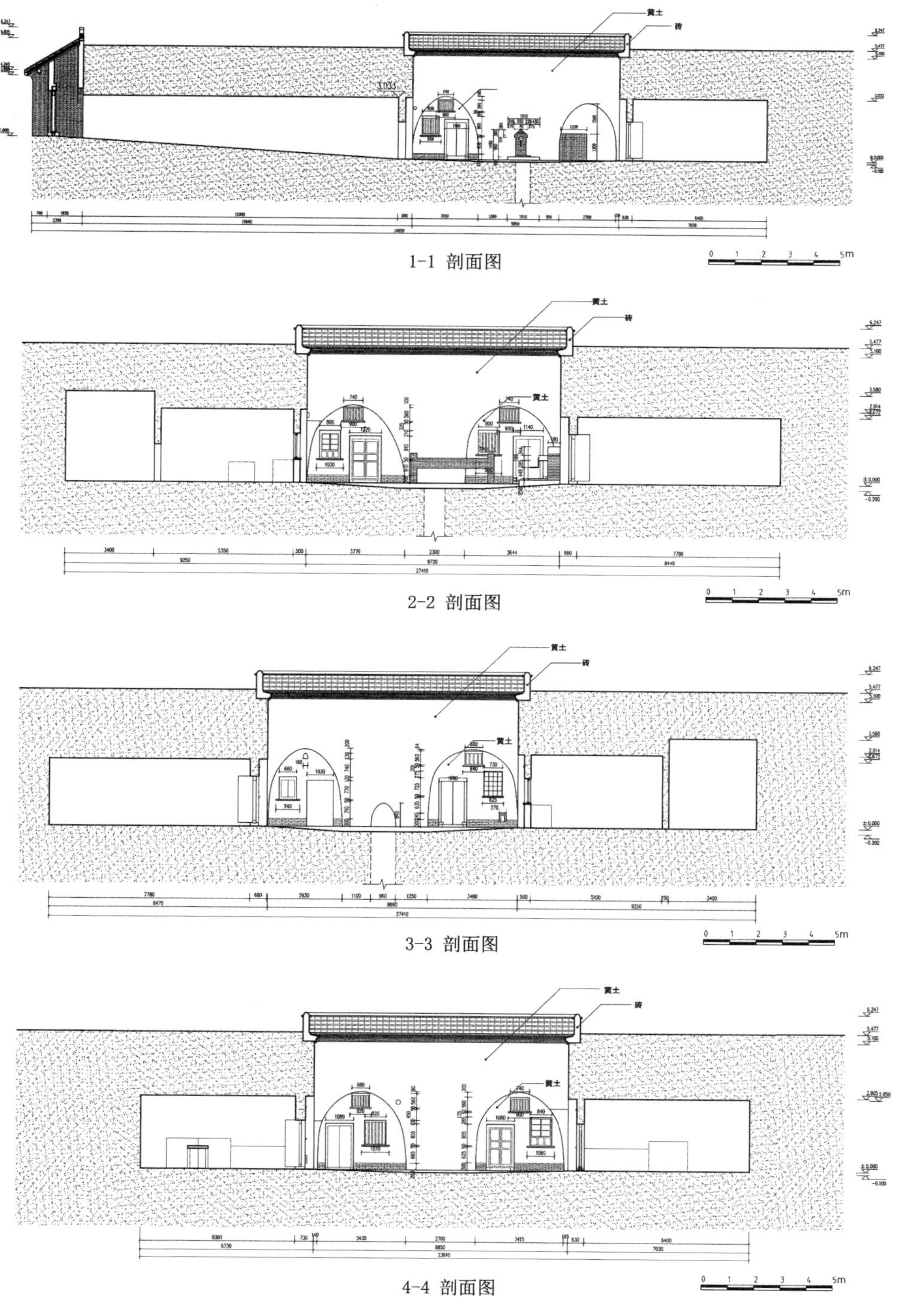

图 2.76　窑洞剖面图

测绘人：梁仕秋　樊先祺　李川
绘图人：樊先祺

（6）8-33 号窑洞详细测绘情况如下（表 2.42、图 2.77～图 2.79）：

8-33 号窑洞具体情况表 **表 2.42**

	评分	等级	建筑面积	人口数	房间数	建造年代	通气孔数
8-33	85	A	300m^2	2	8	1970	/
	洗浴构造及设施		无卫生间				
	厨房状况		使用土灶，通风良好				
	生活给水方式		地面上打自来水				
	卫生间给排水		未知				
	供暖燃料方式		土炕烧秸秆，保温靠墙体自身				

由于调研条件有限，其余资料不详

区位图	空间格局

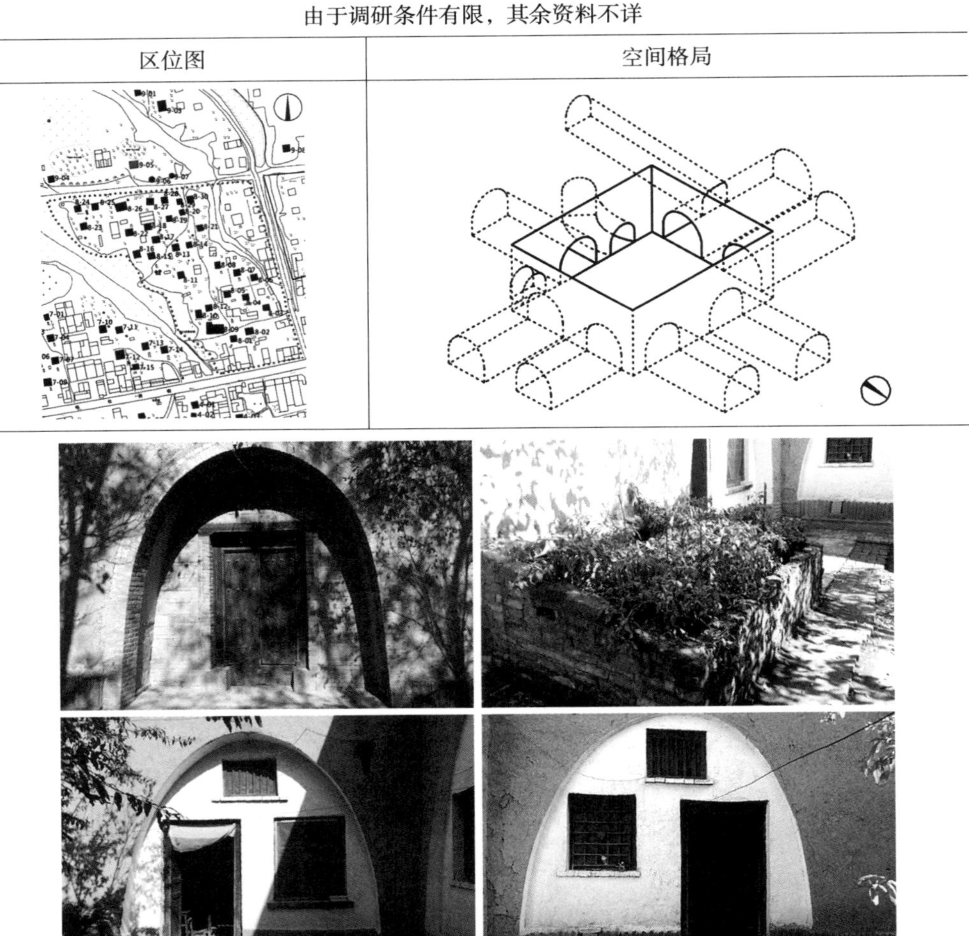

图表来源：韩楚燕 绘 / 摄

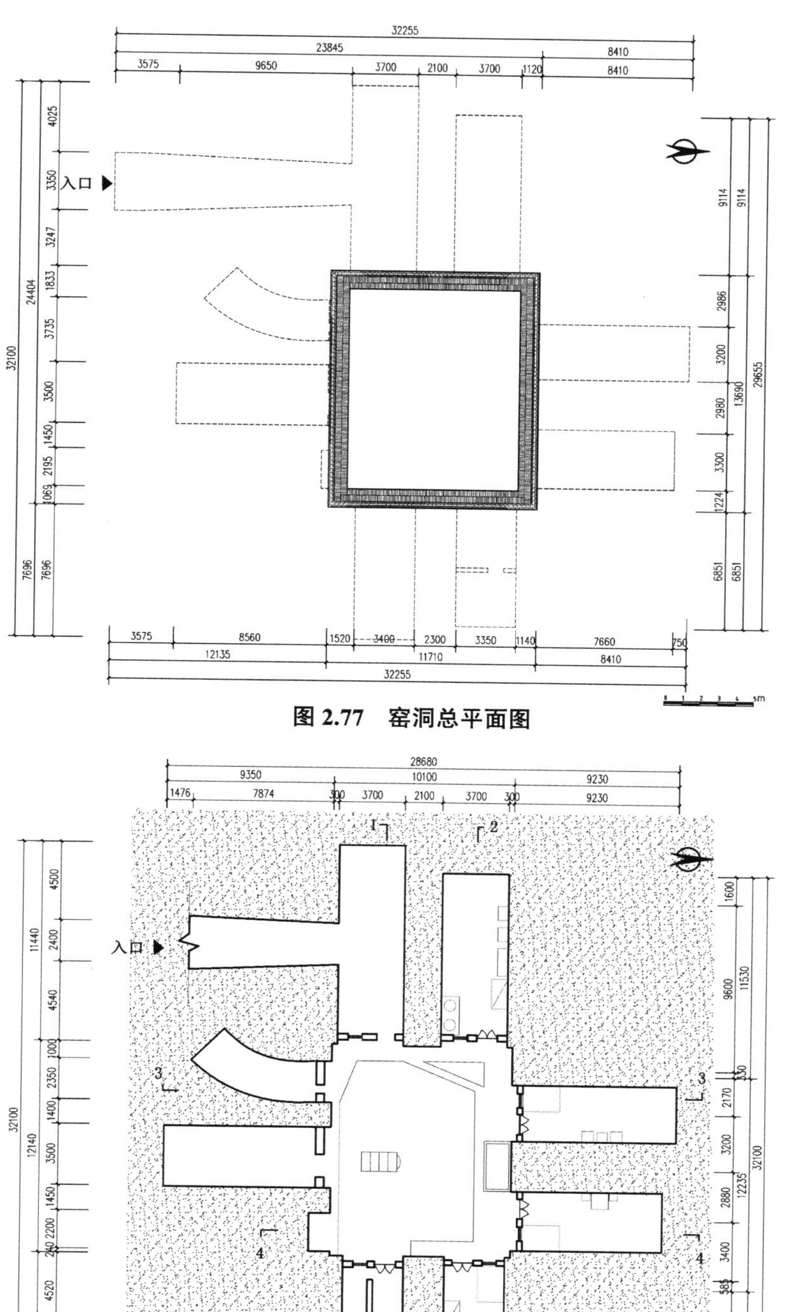

图 2.77　窑洞总平面图

图 2.78　窑洞平面图

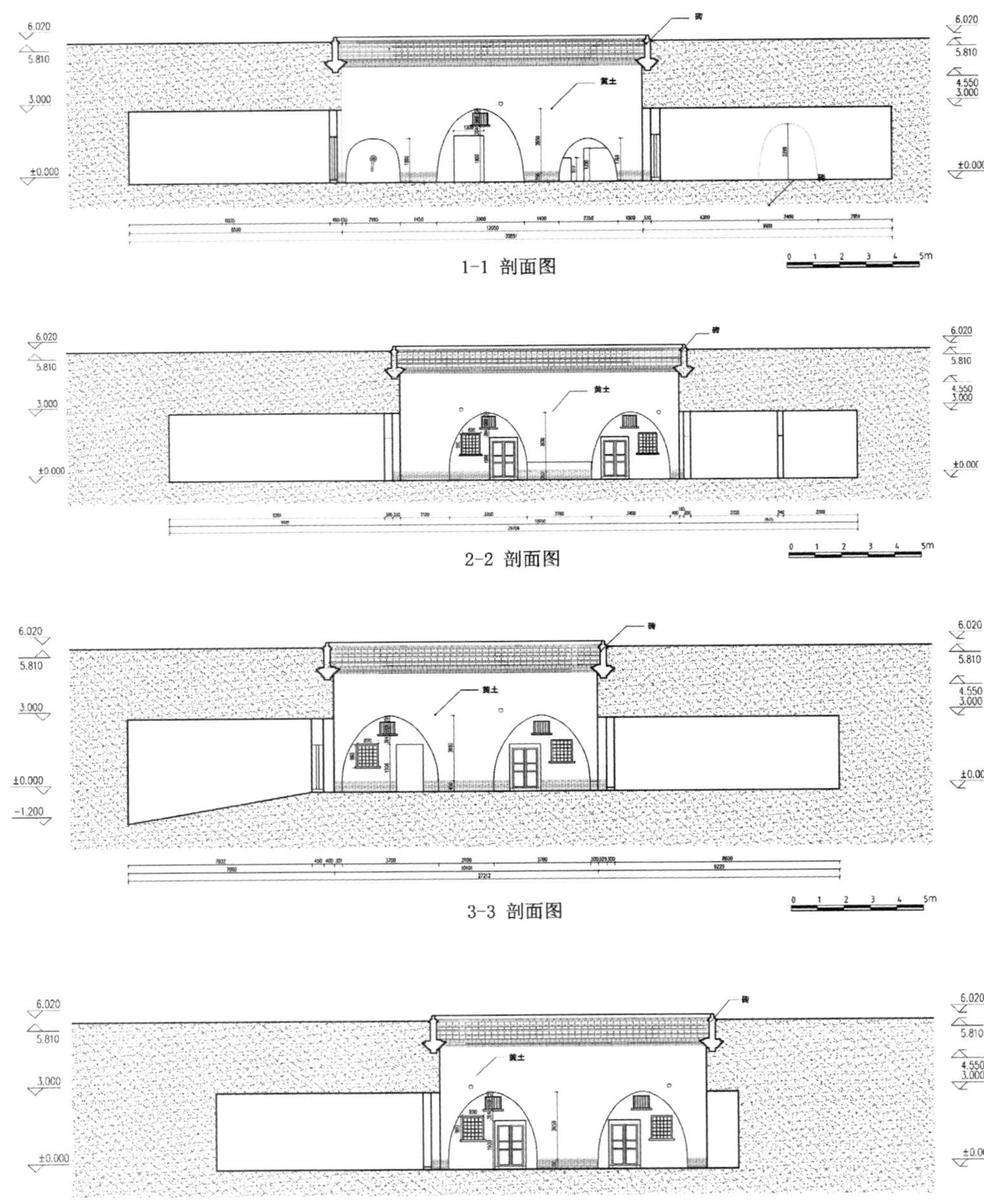

图 2.79　窑洞剖面图

测绘人：梁仕秋　樊先祺　李川
绘图人：梁仕秋

2. 其余窑洞

由于其余窑洞很多已无人居住，且有一定程度破损，因此未进行详细测绘，仅进行编号和拍照（表 2.43）。

地坑窑八区其余窑洞情况表　　表 2.43

窑洞编号	评分	等级	窑院面积	现状照片
8-01	30	C	100m^2	
8-02	55	B	100m^2	
8-03	45	B	100m^2	
8-04	50	B	100m^2	
8-05	45	B	100m^2	

续表

窑洞编号	评分	等级	窑院面积	现状照片
8-06	30	C	$100m^2$	
8-07	45	B	$100m^2$	
8-08	30	C	$100m^2$	
8-09	45	B	$100m^2$	
8-11	80	A	$200m^2$	
8-12	30	C	$100m^2$	

续表

窑洞编号	评分	等级	窑院面积	现状照片
8-13	60	B	100m^2	
8-15	30	C	200m^2	
8-16	30	B	100m^2	
8-18	100	A	100m^2	
8-19	30	C	100m^2	
8-20	30	C	200m^2	

续表

窑洞编号	评分	等级	窑院面积	现状照片
8-21	30	C	150m^2	
8-22	50	C	100m^2	
8-24	60	B	100m^2	
8-25	80	B	100m^2	
8-26	60	C	100m^2	
8-27	45	C	100m^2	

续表

窑洞编号	评分	等级	窑院面积	现状照片
8-28	60	B	100m^2	
8-29	45	C	100m^2	
8-30	60	B	100m^2	
8-32	55	B	100m^2	

表格来源：地坑窑 studio 小组提供

3 柏社村地坑窑居空间分析

3.1 柏社村地坑窑居空间形式分类

3.1.1 柏社村地坑窑空间形式的分类

地坑窑是劳动人民因地制宜、改造自然、利用自然的产物。地坑窑开挖成什么样的空间形式、采用什么材料、朝向如何安排均与当地的地形地貌有关。柏社村地坑窑的空间形式主要可归纳为两种，分别是常规型窑院和特殊型窑院。

常规型窑院具有以下特征：

（1）窑院基本呈正方形，各边上窑室数量相同（含入口；多为每边两窑室）；

（2）所有使用空间均为地下建造，入口通过甬道与地上相连接；

（3）因地形地势的不同而呈现整体空间大小和方位的差异性。

而特殊型地坑窑则是根据柏社村具体营建地形地势的特点，因地制宜进行开挖，因而在空间形态上与常规型窑院有一定的差异性。这种地坑窑又包括有矩形（相邻边上窑室数量不同，含入口）、嵌套型、靠崖窑与地坑窑结合型、地上地下建筑结合型等形式。其中，长矩形地坑窑的开挖往往是受到宅基地或者植被影响而产生；嵌套型地坑窑则往往是受到血缘关系的影响，使一大家人组合起来，反映出地坑窑居住者的人口结构；靠崖窑与地坑窑结合的方式更是受到营建地形地貌的影响，一侧靠崖兴建，巧妙利用地势；地上地下建筑结合的方式是基于用地范围良好的黄土结构，是当地村民纵向拓展居住空间的大胆尝试。

柏社村地坑窑空间形式的分类统计见表 3.1。

3.1.2 柏社村常规型地坑窑院空间构成

在柏社村，常规型地坑窑院居多，共计 147 院。以典型窑院五区 5-20 为例，

柏社村地坑窑空间形式分类统计表 **表 3.1**

空间形式		空间示意图	空间特征	主要尺寸	窑院数（院）		所占比（%）	
常规型		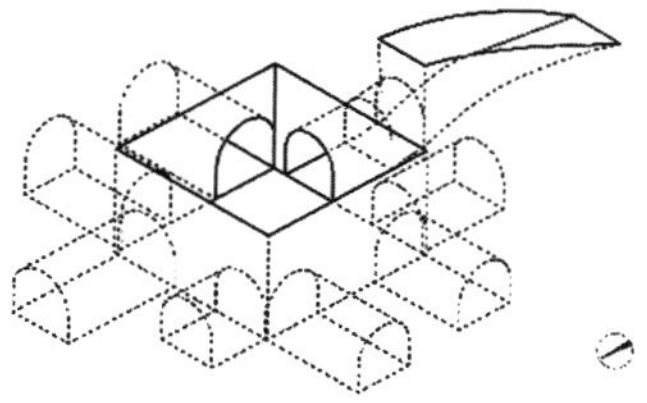	窑院基本呈正方形，各边窑室数量（含入口）相同	院落边长 8～10m，院落深度 5～6m	147		88.6	
特殊型	长矩形	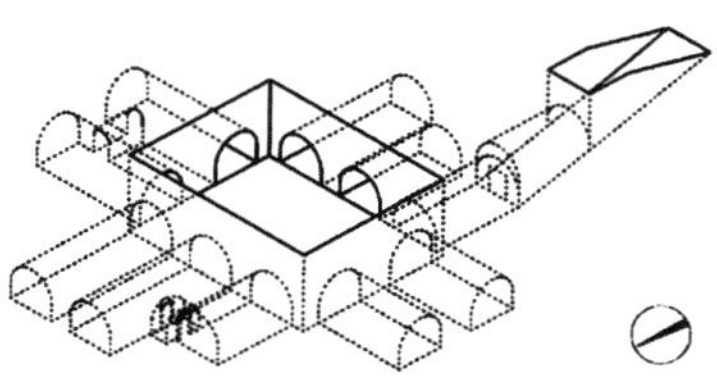	窑院呈长矩形，相邻边上窑室数量（含入口）不同	院落边长 12～18m，院落深度 5～7m	7	19	4.2	11.4
	嵌套型	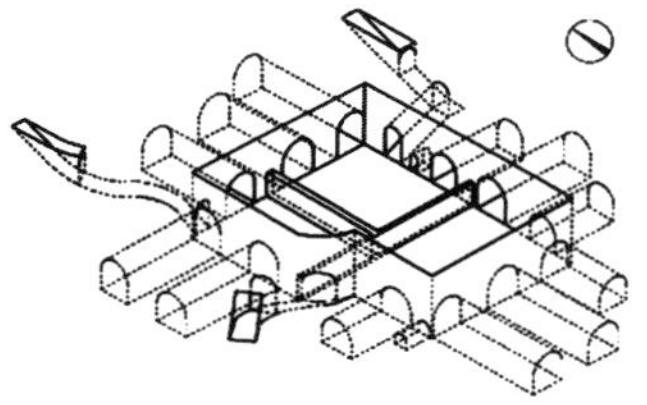	几个矩形窑院嵌套组合，或者横向连接	主院边长 8～15m，院落深度 5～7m	3		1.8	
	靠崖窑与地坑窑结合型	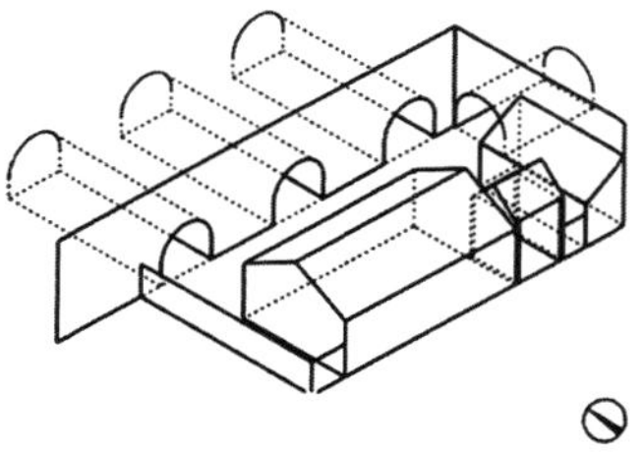	窑院一侧利用靠崖窑，其余部分为常规地坑窑	院落边长 8～10m，院落深度 5～6m	5		3.0	
	地上地下建筑结合型	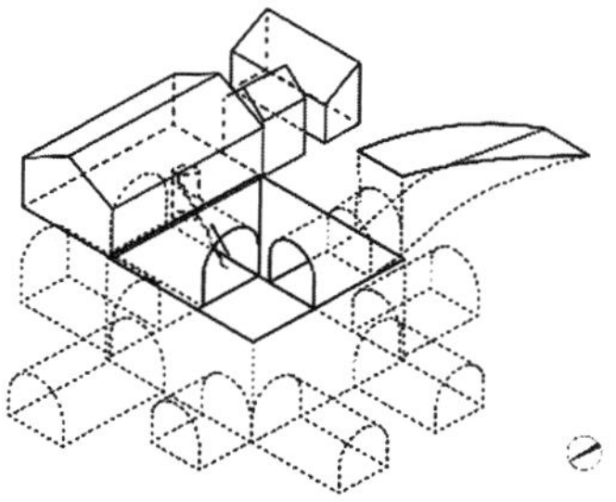	在窑室上方室外地面上加建建筑	加建部分层数 1～2 层，层高 2.5～3.3m	4		2.4	

资料来源：李强绘制

该院边长 9.4 米，院落深度 5.6 米。因家中人口不多，开凿时便选择了常规形制，每边开凿 2 孔窑洞（含入口）。目前保存良好，但主人已搬至地上建筑。该窑院调研资料见表 3.2。

柏社村五区 5-20 窑院调研资料　　表 3.2

<table>
<tr><td rowspan="7">窑洞编号
5-20</td><td>评分</td><td>等级</td><td>建筑面积</td><td>人口数</td><td>房间数</td><td>建造年代</td><td>通气孔数</td></tr>
<tr><td>90</td><td>A</td><td>185m²</td><td>2</td><td>8</td><td>1970</td><td>0</td></tr>
<tr><td colspan="2">洗浴构造及设施</td><td colspan="5">无独立卫生间</td></tr>
<tr><td colspan="2">厨房状况</td><td colspan="5">使用电磁炉、土灶，通风良好</td></tr>
<tr><td colspan="2">生活给水方式</td><td colspan="5">地面上打自来水</td></tr>
<tr><td colspan="2">卫生间给排水</td><td colspan="5">旱厕手工清理</td></tr>
<tr><td colspan="2">供暖燃料方式</td><td colspan="5">土炕烧秸秆，保温靠墙体自身</td></tr>
<tr><td colspan="8">该窑院为典型的常规型地坑窑，窑院目前无人居住，主人已搬去主街的地上房屋</td></tr>
<tr><td colspan="3">区位图</td><td colspan="5">空间格局</td></tr>
<tr><td colspan="8">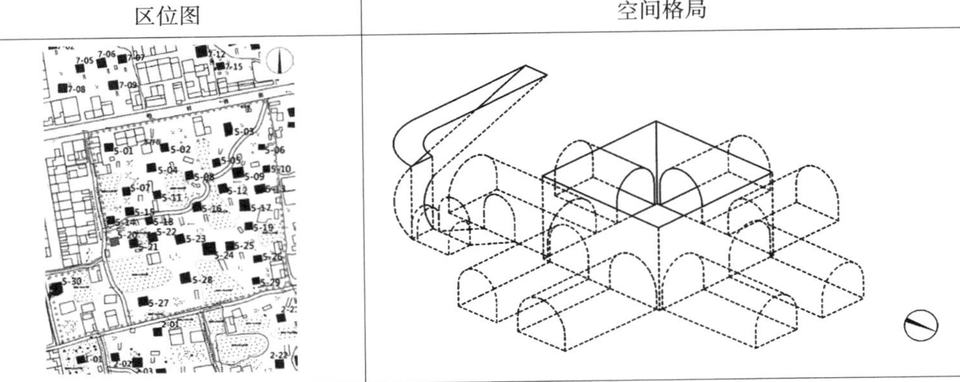</td></tr>
<tr><td colspan="8">现状照片</td></tr>
<tr><td colspan="4"></td><td colspan="4"></td></tr>
</table>

资料来源：李强绘制

3.1.3 柏社村特殊型地坑窑院的空间构成

柏社村特殊型地坑窑的形成与宅基地方位、大小、形状以及村民地缘血缘关系有关，是先人利用自然、改造自然、因地制宜的典范。在柏社村中，这种类型的地坑窑较少，共有 19 院，总占比 11.4%。

其中，长矩形受到宅基地和地形限制，或者受家庭人口影响，边长 12 ～ 18 米，院落深度 5 ～ 7 米，典型地坑窑如五区 5-27 窑院（表 3.3），该窑院为展示型地坑窑，位于五区西侧位置，目前无人居住，建筑面积约 400 平方米。

柏社村五区 5-27 窑院调研资料 **表 3.3**

窑洞编号	评分	等级	建筑面积	人口数	房间数	建造年代	通气孔数
5-27	90	A	400m^2	0	10	1970	3
	洗浴构造及设施		无				
	厨房状况		未知				
	生活给水方式		未知				
	卫生间给排水		无				
	供暖燃料方式		未知				

该窑院为长矩形，曾为关中特委地下交通站，革命家习仲勋曾在此居住；该院已于 2010 年进行了翻修加固，现作为革命纪念馆对外开放展览

区位图	空间格局

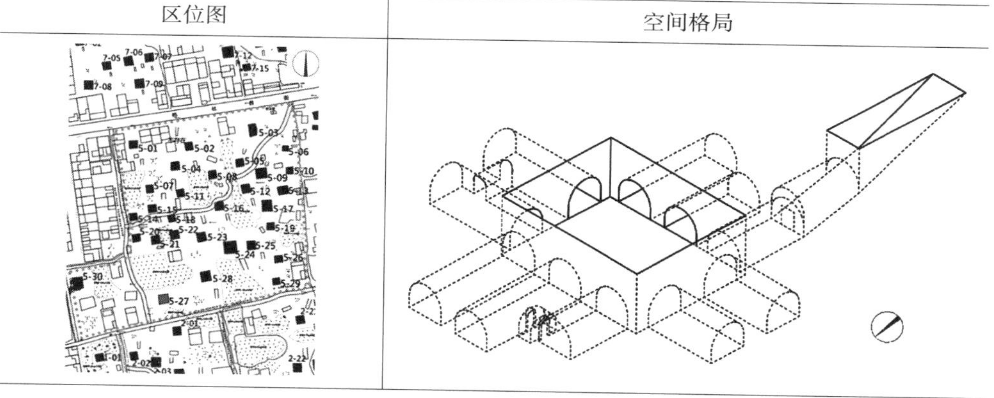

现状照片

资料来源：李强绘制

嵌套型窑院通常为几口常规型窑院相连通或者组合状态，以三区 3-33 地坑窑为例，该地坑窑的主人是一个大家庭，兄弟几人一人一院，多院相连相通，因此形成这种特殊形式的窑院。该窑院的空间可看作是三个常规大小的窑院相互嵌套组合得到，见表 3.4。

柏社村三区 3-33 窑院调研资料 **表 3.4**

<table>
<tr><td rowspan="7">窑洞编号
3-33</td><td>评分</td><td>等级</td><td>建筑面积</td><td>人口数</td><td>房间数</td><td>建造年代</td><td>通气孔数</td></tr>
<tr><td>25</td><td>C</td><td>360m²</td><td>0</td><td>14</td><td>1960</td><td>0</td></tr>
<tr><td colspan="2">洗浴构造及设施</td><td colspan="5">有独立卫生间</td></tr>
<tr><td colspan="2">厨房状况</td><td colspan="5">已经废弃</td></tr>
<tr><td colspan="2">生活给水方式</td><td colspan="5">未知</td></tr>
<tr><td colspan="2">卫生间给排水</td><td colspan="5">未知</td></tr>
<tr><td colspan="2">供暖燃料方式</td><td colspan="5">土炕烧秸秆，保温靠墙体自身</td></tr>
<tr><td colspan="8">该窑院为典型的嵌套型窑院，窑院内目前无人居住</td></tr>
<tr><td colspan="3">区位图</td><td colspan="5">空间格局</td></tr>
<tr><td colspan="8">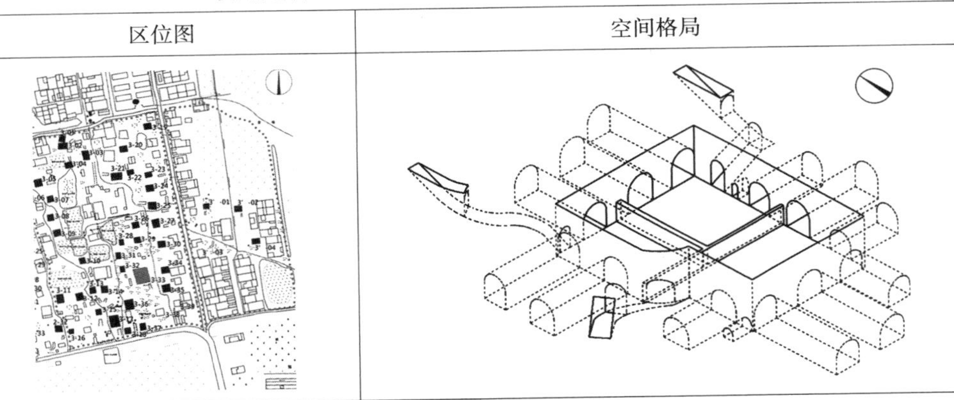</td></tr>
<tr><td colspan="8">现状照片</td></tr>
<tr><td colspan="3"></td><td colspan="5"></td></tr>
</table>

资料来源：李强绘制

靠崖窑与地坑窑结合型是由于这种窑洞所处地理区位的高差及地形地势的复杂而形成的。这种类型的窑院兼具了靠崖窑与地坑窑的特点，如八区 8-10 窑洞（表 3.5）。该窑洞入口一侧利用高差建造，而院内仍呈现出地坑窑院的特色。

柏社村八区 8-10 窑院调研资料 **表 3.5**

<table>
<tr><td rowspan="7">窑洞编号
8-10</td><td>评分</td><td>等级</td><td>建筑面积</td><td>人口数</td><td>房间数</td><td>建造年代</td><td>通气孔数</td></tr>
<tr><td>85</td><td>A</td><td>300m²</td><td>2</td><td>7</td><td>1970</td><td>/</td></tr>
<tr><td colspan="2">洗浴构造及设施</td><td colspan="5">无卫生间</td></tr>
<tr><td colspan="2">厨房状况</td><td colspan="5">使用土灶，通风良好</td></tr>
<tr><td colspan="2">生活给水方式</td><td colspan="5">地面上打自来水</td></tr>
<tr><td colspan="2">卫生间给排水</td><td colspan="5">无</td></tr>
<tr><td colspan="2">供暖燃料方式</td><td colspan="5">土炕烧秸秆，保温靠墙体自身</td></tr>
<tr><td colspan="8">该窑院为靠崖窑与地坑窑结合型，兼具了靠崖窑与地坑窑的特点</td></tr>
<tr><td colspan="3">区位图</td><td colspan="5">空间格局</td></tr>
<tr><td colspan="8">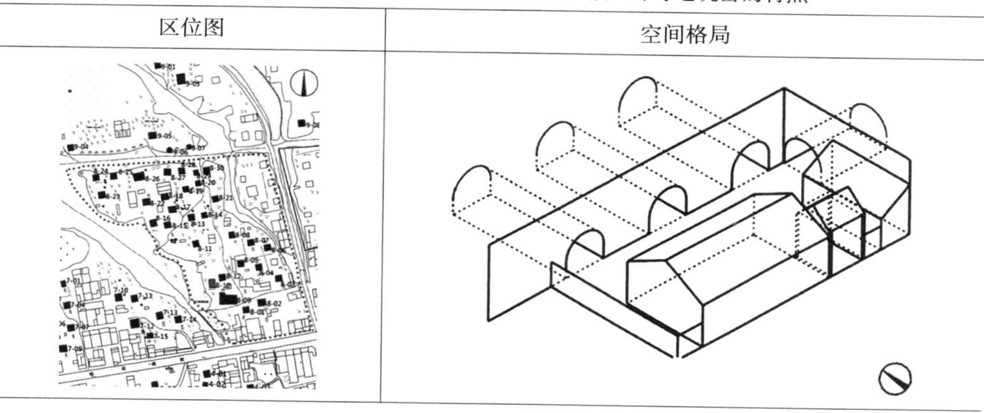</td></tr>
<tr><td colspan="8">现状照片</td></tr>
<tr><td colspan="4"></td><td colspan="4"></td></tr>
</table>

资料来源：李强绘制

地上地下建筑结合型的产生跟村民为拓展居住空间、逐步由地下居住转向地上居住有关，通常做法是在地上加建建筑，有些加建在门头上，如3-26窑洞，有些直接加建在窑洞顶部，如5-06窑洞，还有一些可使上边加建部分与下方窑洞连通，如5-08窑洞，该窑洞的主人将地上加建了一层的住宅，并且开挖洞穴使得上下连通，方便了居住者在两层之间垂直交通上的联系（表3.6）。

柏社村五区 5-08 窑院调研资料 **表 3.6**

<table>
<tr><td rowspan="7">窑洞编号
5-08</td><td>评分</td><td>等级</td><td>建筑面积</td><td>人口数</td><td>房间数</td><td>建造年代</td><td>通气孔数</td></tr>
<tr><td>60</td><td>B</td><td>120m²</td><td>5</td><td>8</td><td>1970</td><td>0</td></tr>
<tr><td>洗浴构造及设施</td><td colspan="6">无独立卫生间</td></tr>
<tr><td>厨房状况</td><td colspan="6">使用土灶，通风良好</td></tr>
<tr><td>生活给水方式</td><td colspan="6">地面上打自来水</td></tr>
<tr><td>卫生间给排水</td><td colspan="6">旱厕手工清理</td></tr>
<tr><td>供暖燃料方式</td><td colspan="6">土炕烧秸秆，保温靠墙体自身</td></tr>
<tr><td colspan="8">该窑院为地上地下建筑结合型，目前无人居住，主人已迁至附近地上房屋</td></tr>
<tr><td colspan="3">区位图</td><td colspan="5">空间格局</td></tr>
<tr><td colspan="8">现状照片</td></tr>
</table>

资料来源：李强绘制

3.2 柏社村地坑窑室空间特点

3.2.1 柏社村地坑窑院空间规格

挖掘地坑窑院时，需合理考虑洞口与墙面的大小比例关系，在保证建筑安全稳定的前提下满足生活需求。经过对柏社村内保存完好的 24 个地坑院的测绘统计，得到表 3.7 的数据。通常，地坑院的深度 5.5 ~ 7.3 米，院落边长 9 ~ 15 米，院落壁面为一个长宽比 1.36 ~ 2.57 的矩形。窑洞的洞口高度 2.4 ~ 3.6 米，宽度 2.5 ~ 4.3 米，内部进深约 4 ~ 12 米，洞口立面的长宽比为 0.70 ~ 1.17，室内平面的长宽比为 1.60 ~ 4.00。门的长度 1.9 ~ 2.3 米，宽 0.9 ~ 1.1 米，长宽比为 1.72 ~ 2.56。窗的长度 0.80 ~ 1.20 米，宽 0.6 ~ 1.00 米，长宽比为 1.01 ~ 1.50。此外，同一壁面上洞口之间的间隔 1.5 ~ 6 米，窑洞的覆土高度约 2 ~ 5 米。

柏社村窑洞空间比例表　　表 3.7

长宽比（s/m）	窑壁	窑室立面	窑室平面	门	窗
最小值	1.36	0.07	1.60	1.72	1.01
最大值	2.57	1.17	4.00	2.56	1.50
平均值	1.76	0.92	2.18	2.08	1.26
示意图					

资料来源：徐子琪 绘

3.2.2 窑院空间

常规的地坑窑院为类似正方形的院子，此外根据地形和使用功能，还有窄长方形或两个嵌套方形的院落。柏社村的地坑窑院落大多边长 8 ~ 12 米，深约 6 ~ 7 米，每个壁面上开凿 2 ~ 3 个洞口。

窑院比起窑洞，光照更加充足，是白天主要的生活空间。通常，院落沿四边铺就一圈环形步道，用于交通，用青砖砌筑或直接用黄土夯实，宽约 1.5 ~ 2 米，向院心坡度约为 2%。中间院心可进行种植，通常栽种树木，既可以夏天遮阴乘凉，又可以在较远距离就起到警示作用，防止行人跌落。院内树种主要为核桃树、石榴树、杏树等果树，意为“多子多福”。此外，有的住户还会在院内种菜、栽花，实用又美观，富有生活情趣。院心内有时设置十字形砖铺步道，便于来往通行（图 3.1）。

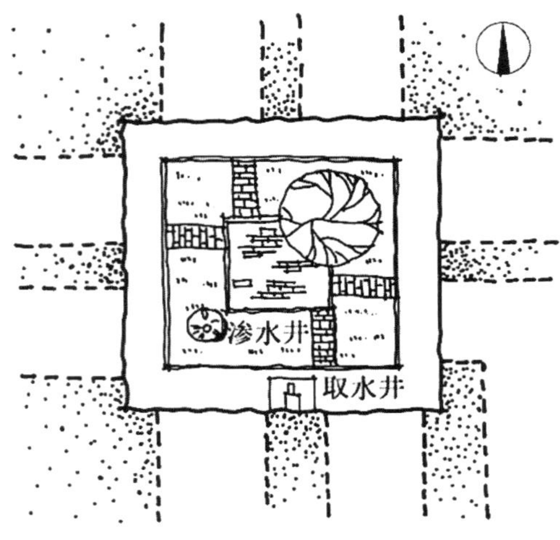

图 3.1　典型窑院平面布置图

图片来源：徐子琪 绘

以往，院内会在贴近壁面的位置设置取水井，以供日常生活和饮用。如今大部分取水井已废弃，代之为地面上打自来水。为了及时排走雨水以及生活污水，窑院内在院心某角设有渗水井，直径 1 米左右，一般在厕所窑前。渗水井口上盖上中间有孔洞的磨盘或石板，阻挡泥土流入，在雨大时可以揭开盖子加快排放（图 3.2、图 3.3）。

图 3.2　窑院照片

图片来源：李强 摄

图 3.3　取水井与渗水井

图片来源：徐子琪 摄

3.2.3　窑居空间

窑洞根据各地区土质条件和实用功能的不同，尺寸有所不同。窑洞一般宽 3 米，进深 6 ～ 12 米，高 3 ～ 4 米，覆土厚度 3 ～ 4 米。

地坑窑居的室内空间按照使用功能主要分为主窑、次窑、厨窑、牲口窑、柴火窑、入口窑等。主窑为家中长辈居住的窑洞，通常坐北朝南，居住体验最好。然而在决定主窑方位时，居住舒适度并不是唯一考虑因素，还涉及传统的建筑文化知识，挖筑窑洞前要查看定向。根据主窑的方位，按左上右下即古代昭穆制度规定依次排定其他家庭成员居住的次窑。厕所窑和牲口窑通常设置在距离主窑最远的对角方位，即院落南侧，厨窑邻近入口窑设置。

从窑洞的室内采光来看，由于其下沉且单侧采光的建筑形式限定，靠近窗口的地方采光较好且温度舒适，在这里布置床或火炕。中部放置桌、椅、沙发、矮柜、面盆架等家具。接近底部的位置光照条件很差，往往用来做储藏空间，并放置镜子、玻璃柜等反光材料家具增加亮度，部分住户会用土墙分隔出一间内室专门用来储物。墙上悬挂的手工饰物、张贴的革命画报装饰了光秃秃的土壁，室内具有强烈的乡土特色。至于家具，根据经济条件不同各户有所差别，但主窑的主要功能为基本日常起居，因此家具种类区别不大，陈设也较为简单。炕头是最基本的家具，贴近窗边设置，是室内采光取暖的佳处。其他家具，有钱人家多用条凳、八仙桌、太师椅、沙发；没钱人家仅使用方桌、柜桌、矮凳替代。此外，还有大衣柜、橱柜、矮柜等储物空间，通常设置在窑底附近（图 3.4）。

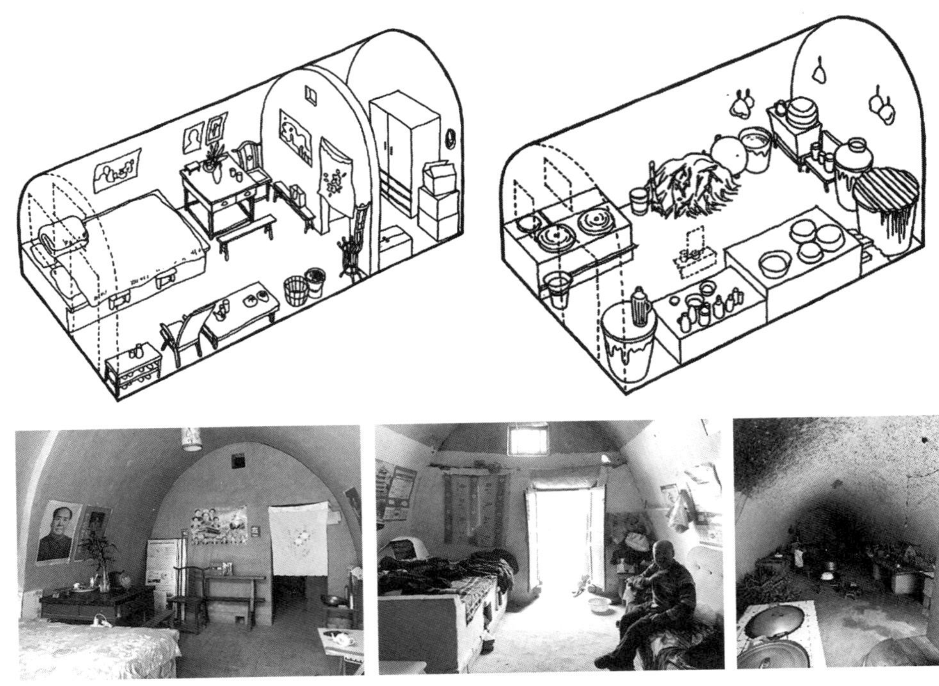

图 3.4　典型窑洞室内布置

图表来源：徐子琪 绘 / 摄

3.2.4 入口甬道

地坑窑院的入口以坡道的形式和地面相连，根据其入口与内院的高差，可分为全下沉型、半下沉型和平地型三种（图 3.5）。半下沉型和平地型窑洞都是在利用原有高差的基础上因地制宜形成的，入口坡度较为平缓，且提高了院落的水平高度，有利于排水。在柏社村内，由于地形的多样，三种地坑窑形式均存在，其中全下沉型占多数。

分型	全下沉型	半下沉型	平地型
下沉式窑洞			

图 3.5　下沉式窑洞类型

图片来源：吴瑞 改绘自《中国窑洞》

入口的形态需考虑与周边住户以及院内洞口的关系，此外还讲究传统建筑文化知识，这些综合因素导致地坑窑居的入口形态十分丰富。在平面布置上，可分为直进型、曲尺型、回转型和雁行型四种（图 3.6）。根据入口甬道和天井院的位置关系，还可分为院外型、跨院型和院内型三种。

	s	直进型			曲尺型			回转型			雁行型		
u	t v	全下沉型	半下沉型	平地型	全下沉型	半下沉型	平地型	全下沉型	半下沉型	平地型	全下沉型	半下沉型	平地型
院外型	沟道型												
	穿洞型												
跨院型	沟道型												
	穿洞型												
院内型	沟道型												

图 3.6　下沉式窑洞入口类型

图片来源：吴瑞 改绘自《中国窑洞》

目前柏社村的窑洞主要为全下沉穿洞院外式入口，平面布置上直进型和曲尺形占多数。入口甬道一般宽 2.5 ～ 3 米，有的在坡道一侧设有 0.7 ～ 1 米宽的台阶，方便行人上下。部分窑洞在甬道的入口门洞处，三边围合 30 ～ 50 厘米高的拦马墙，防止行人跌落。村内部分窑洞已荒废，从入口甬道的两面土壁上长出垂直向上的细长树枝，也起到了标识位置和防范跌落的作用（表 3.8）。拦马墙多为砖砌，有砌实的，也有镂空图案的，做法多样。在拦马墙以下与土墙接触

柏社村地坑窑入口类型　　　　**表 3.8**

有拦马墙	无拦马墙	已废弃

图表来源：徐子琪 绘 / 摄

的部位，通常会设置以瓦片和青砖铺就的檐口，防止雨水冲刷从而保护墙体（表3.9）。在入口甬道接近底部的位置，设置入户大门，部分门洞在黄土挖筑的基础上以砖拱承重，并将大门所在壁面及坡道侧壁用青砖包砌，做法与内院窑脸类似。

入口甬道拦马墙及檐口样式 **表 3.9**

图表来源：徐子琪 绘 / 摄

生长在黄土地上，靠黄土地生活，土地神在村民心中的地位很高，有“土中生白玉，地内产黄金”的说法。通常，土地神供奉在入口坡道进门后的转弯处，在右手边的黄土墙上向内挖一小口做神龛，这也是入口的主要标志物（图 3.7）。

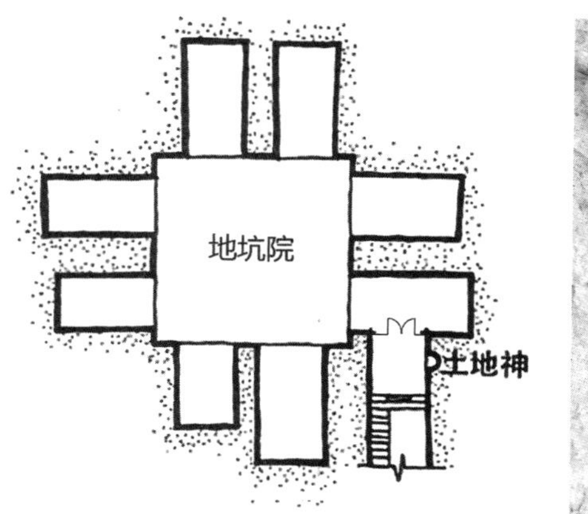

图 3.7　地坑窑入口处神龛

图片来源：徐子琪 绘 / 摄

3.3 柏社村地坑窑居细部做法

3.3.1 窑脸做法

根据窑院的边长，每一侧设置 2 ～ 3 孔窑洞。窑脸通常高 3 米，宽 3 米。根据窑脸的拱券形态，可分为圆券窑和尖券窑，“其中三门峡地区以尖券窑为主，洛阳、晋南等地区以圆券窑为主”，[①] 柏社村的窑脸几乎均为圆券型和抛物线型（图 3.8）。

圆券型窑脸

抛物线型窑脸

图 3.8　地坑窑脸形式

图片来源：徐子琪 摄

① 王徽等 . 窑洞地坑院营造技艺 [M]. 合肥：安徽科学技术出版社，2013.

窑脸是窑洞的门面，在砌筑上十分讲究。柏社村窑洞窑脸从砌筑材料上可划分为三类：完全夯土窑脸、砖券夯土窑脸、完全砖砌窑脸（图 3.10）。完全夯土窑脸的拱券多呈抛物线形式，符合窑洞受力规律的同时更具有自然生长气息。砖券夯土窑脸多呈圆券形式，起拱部分由砖砌筑而成，可增加窑脸受力强度的同时延长窑脸寿命。而完全砖砌窑脸也多呈圆券形式，窑脸一般向内退半米，防止雨水对壁面的冲刷和破坏。同时会沿着周边的一圈轮廓用青砖包砌拱，更为坚固美观。窑脸的下部设有勒脚，大多由灰砖砌筑而成，防止雨水对墙面浸泡，保护窑腿（图 3.9）。窑脸墙体的材料有用麦秸泥糊的，也有用白灰抹平的，还有用青砖铺就的（图 3.10）。

图 3.9　窑脸勒脚

图片来源：徐子琪 摄

完全夯土窑脸
（白灰抹面夯土墙）

砖券夯土窑脸
（麦秸泥抹面夯土墙）

完全砖券窑脸
（砖砌墙体）

图 3.10　窑脸类型及材料

图片来源：徐子琪 摄

窑脸的布置通常为一门两窗，即一个侧窗和一个高窗。部分地区会将主窑布置为一门三窗，即位于门两边对称的两个侧窗和顶部一个高窗（图 3.11、图 3.12）。因为窑洞内部光照条件差，高窗是十分必要的，可增大采光面积。门窗主要为木质框架，上有镂空雕花，允许光线透过的同时展示着当地民间艺术。门高 2 米，宽 0.9 ～ 1.2 米。侧窗顶部与门同高，底部距离院子地坪 0.8 ～ 1.2 米，宽度基本与门同宽。高窗有的在窑脸顶部中央挖一方形小窗，有的则呈半圆形，占据门以上的全部壁面。

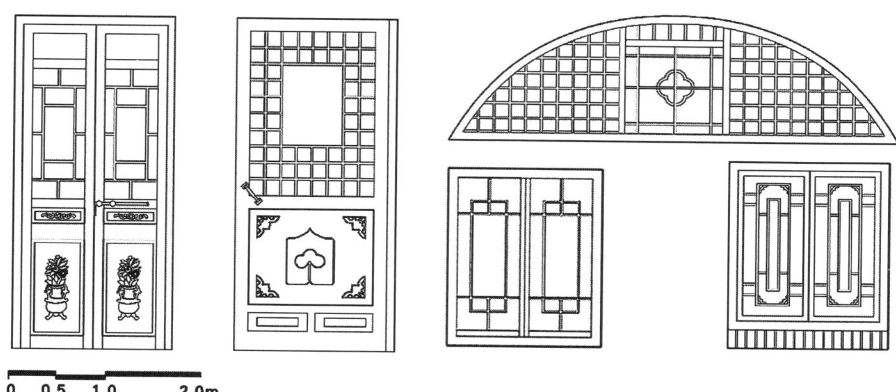

图 3.11　门窗细部纹样图

图片来源：地坑窑 studio 小组 绘

图 3.12　窑脸细部图

图片来源：地坑窑 studio 小组 绘

3.3.2 窑顶及檐口做法

窑顶可作为晾晒的场地，平整密实。通常将窑顶压实以防止植物生长，避免窑洞结构被根系破坏。窑顶做成由院落向外略微倾斜的坡面，将窑顶落雨排向四周空地，坡度约为 2% ～ 5%。

窑洞顶部处理根据居民的建造经济实力不同可分为拦马墙、雨水檐、无处理三种（图 3.13）。雨水檐沿着贴近窑顶的壁面一圈上设置，主要作用是防止雨水浸泡崖面而使崖面遭到破坏，通常为青砖青瓦砌筑，柏社村内的檐口做法较为统一，体现了民间营造技艺的成熟。拦马墙通常高 40 ～ 90 厘米以防止雨水倒灌和行人跌落，最简单的拦马墙为敦厚的石垛形，大部分拦马墙通常有砖砌的精美花样，体现着主人对门脸的重视和审美情趣（图 3.14）。

拦马墙

雨水檐

无处理

图 3.13 窑顶形态

图片来源：地坑窑 studio 小组 摄

图 3.14 拦马墙样式

图片来源：地坑窑 studio 小组 摄

3.4 地坑窑居技术措施

3.4.1 排水防水

1. 排水

院内生活污水和雨水主要通过渗水井排入，井口上盖石磨或石板以防止泥沙流入，同时中间设一小孔方便雨水排出，在积水量多时掀开盖子可快速排水。此外，在入口甬道的大门附近也常设渗水井，并沿一侧设置排水沟，防止雨水沿坡道灌入内院（图 3.15、图 3.16）。

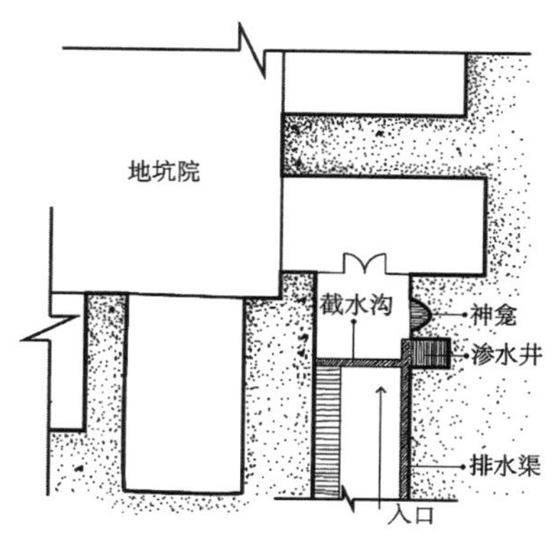

图 3.15　入口排水示意图

图片来源：吴瑞 绘

图 3.16　排水井、排水沟

图片来源：徐子琪 摄

2. 防水

防水措施有二：①通过窑顶三合土夯实并向四周找坡，可以有效引导雨水向四周流走，减少雨水的下渗，防止对地坑窑的侵蚀（图 3.17）；②入口甬道进入院落的地方设置凸起的门槛，阻止雨水倒灌地坑窑院（图 3.18）。

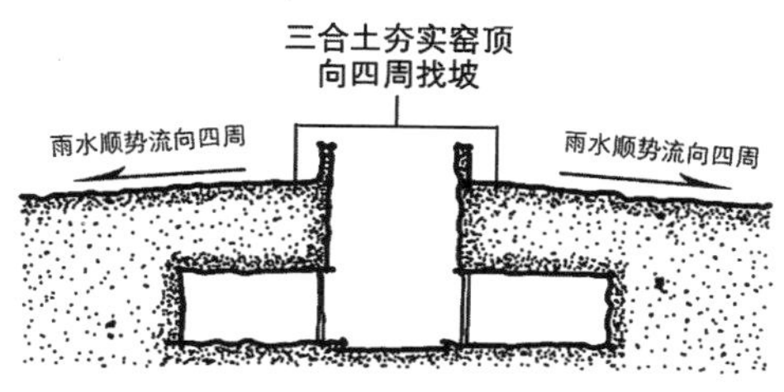

图 3.17　地坑窑三合土夯实

图片来源：吴瑞、李强 绘

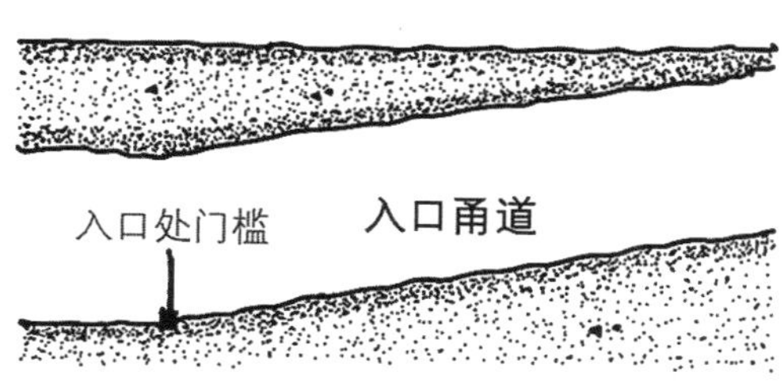

图 3.18　窑洞入口处门槛设置

图片来源：吴瑞、李强 绘

3.4.2 通风防风

关中地区夏季炎热、冬季寒冷，为此加强夏季通风和冬季防风尤为重要。

通风口主要设在厨窑和主窑，位于窑洞靠近底部的位置，垂直通向地面，利用热压通风原理让窑洞室内空气流通，并降低湿度。对地面上的洞口进行适当围合，以起到保护洞口和防止落物的作用，柏社村的地上通风孔大都用砖石进行保护，与窑院拦马墙的风格统一，古朴美观（图 3.19）。

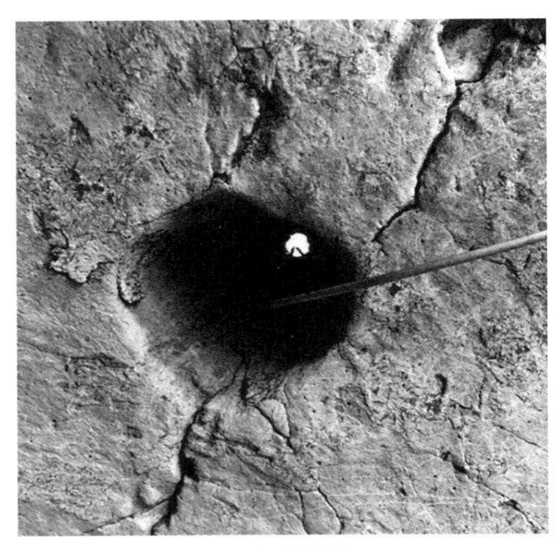

室内通风口

室外通风口

图 3.19　地坑窑通风口照片

图片来源：李强 摄

地坑窑的入口甬道往往会设计成弧线形或折线形，这样有利于院内的防风，避免院外风直接吹入地坑窑院内（图 3.20）。

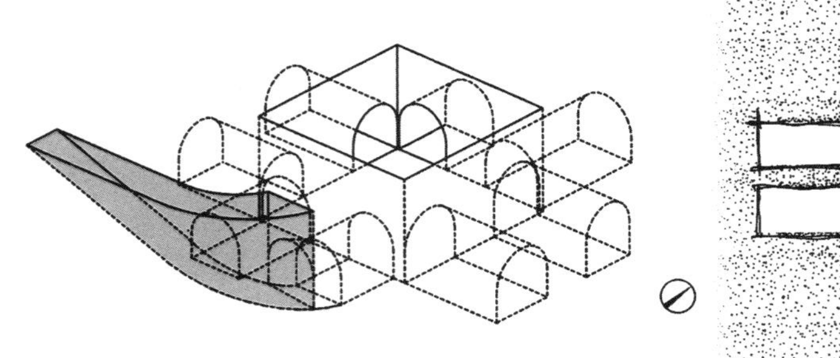

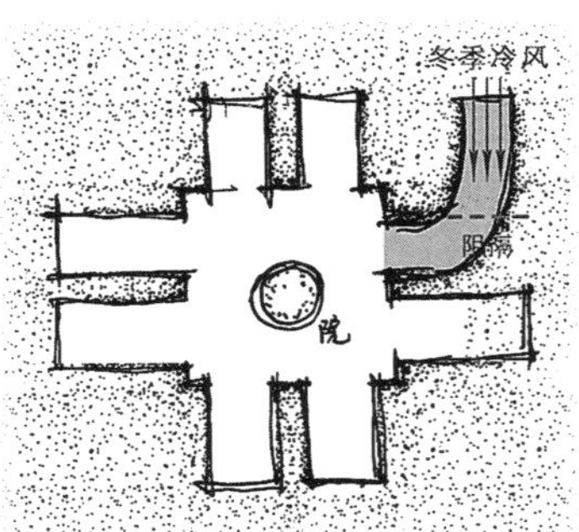

图 3.20　地坑窑入口甬道设计

图片来源：李强 绘

3.4.3 烟道设计

地坑窑通风不畅，除通风口外，做饭时还需利用烟道排气。在厨窑靠窗一侧砌筑灶台，并在外部贴着窑脸的侧边设置烟道与之相连，以便排烟，烟道通常为青砖砌筑的方柱形。烟可以通过土炕，利用厨房的余热对土炕进行加热（图 3.21）。

图 3.21　厨窑烟道照片

图片来源：地坑窑 studio 摄

3.5 柏社村地坑窑居物理环境分析

柏社村位于三原县最北端的黄土台塬地区。三原县为温带大陆性季风半干旱气候，夏季高温多雨，冬季寒冷干燥，四季分明。年降水量 543 毫米，年均气温 13.4℃，最高温度 42.2℃，最低气温 -18.7℃。

为研究地坑窑的物理环境，我们对所选五区 5-28 地坑窑在不同时节的物理环境进行测定，测量时间分别为 2019 年 3 月 30 日至 31 日、8 月 28 日至 29 日，2019 年 11 月 1 日至 2 日、2020 年 1 月 14 日至 15 日，测量持续时间 24 小时。测量内容主要为空气温度、相对湿度、光照强度，在室外的窑顶、院内以及室内的四个方位窑洞均有布置仪器，高度距离地面 1.5 米。

3.5.1 温湿度测定

空气温度及相对湿度测点室内 11 个，室外 2 个，如图 3.22 所示。布置室内测点时，在东南西北四个方位各选区一间窑室，沿纵深方向中轴线进行布置，高度距离地面 1.5 米。北、南、东部窑洞分别在入口处、中部及底部安装仪器，西部由于地坑窑中部有墙阻隔，仅在入口处和中部安装仪器。室外在院内靠近中部及窑院东北方向的窑顶均有布置测点。测量时长为 24 小时，每间隔 10 分钟读数一次。测定数据统计见表 3.10。

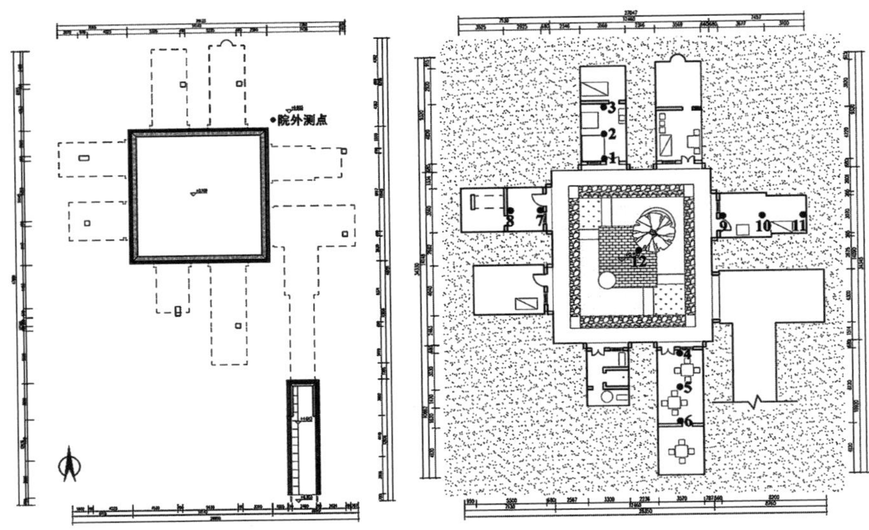

图 3.22　地坑窑温湿度测点布置平面图

图片来源：地坑窑 studio 绘

地坑窑温湿度测定表　　**表 3.10**

日期	位置	温度（℃）				相对湿度（%）			
		平均	最高	最低	差值	平均	最高	最低	差值
2019 年 3 月 30 日—31 日	室外（窑顶）	12.7	22.3	5.6	16.7	21.2	29.7	12.8	16.9
	室外（院内）	12.2	25.3	5.4	19.9	23.0	31.0	11.1	19.9
	北窑	13.0	14.6	12.0	2.6	41.7	47.0	35.0	12.0
	南窑	10.8	13.2	8.8	4.4	28.9	35.3	24.5	10.8
	西窑	11.9	12.9	11.2	1.7	40.5	45.0	34.9	10.1
	东窑	12.3	16.1	9.7	6.4	32.5	44.2	26.8	17.4

续表

日期	位置	温度（℃）				相对湿度（%）			
		平均	最高	最低	差值	平均	最高	最低	差值
2019 年 8 月 28 日—29 日	室外（窑顶）	24.2	36.6	18.5	18.1	72.8	93.4	29.3	64.1
	室外（院内）	22.3	32.4	16.9	15.5	80.9	94.6	40.8	53.8
	北窑	23.0	24.1	22.2	1.9	82.0	87.7	72.3	15.4
	南窑	22.2	25.3	20.3	5.0	80.2	88.3	65.4	22.9
	西窑	22.3	23.0	21.9	1.1	81.7	85.2	76.5	8.7
	东窑	22.0	23.8	20.1	3.7	81.5	89.1	63.7	25.4
2019 年 11 月 1 日—2 日	室外（窑顶）	9.4	17.9	5.7	12.2	93.9	99.6	62.0	37.6
	室外（院内）	9.7	15.8	6.9	8.9	95.4	99.5	79.8	19.7
	北窑	15.2	17.0	14.0	3.0	73.4	78.5	69.6	8.9
	南窑	13.7	14.6	12.1	2.5	74.0	78.8	69.0	9.8
	西窑	14.6	15.2	13.6	1.6	76.7	80.0	73.4	6.6
	东窑	14.3	15.1	13.1	2.0	73.9	77.7	70.1	7.6
2020 年 1 月 14 日—15 日	院外（窑顶）	-0.3	3.3	-2.0	5.3	67.5	97.5	40.0	57.5
	室外（院内）	-0.2	3.4	-2.1	5.5	66.5	96.4	38.0	58.4
	北窑	7.1	8.2	4.9	3.3	57.2	67.3	38.0	29.3
	南窑	5.3	6.7	2.7	4.0	62.9	73.7	52.4	21.3
	西窑	5.7	6.8	4.8	2.0	64.0	70.3	55.4	14.9
	东窑	12.6	16.3	8.9	7.4	61.0	77.6	52.6	25.0

资料来源：徐子琪，李强，吴瑞绘制 调研时间：2019-2020 年

由上表可得五区 5-28 号地坑窑温湿度变化图，如图 3.23 所示。

由此可见，就温度而言，在 2019 年春季地坑窑的室外温差为 16.7℃，室内温差为 1.7 ～ 6.4℃，2019 年夏季室外温度差为 18.1℃，室内温差为 1.1 ～ 5.0℃，表明室外空气温度变化对于窑洞内空气温度影响很小；同时，2019 年春季的室外最高温度为 22.3℃，而北窑的最高温度为 14.6℃，室外最低温度为 5.6℃，而北窑的最低温度为 12℃，这表明地坑窑有着很好的隔热保温性能；在 2019 年春季，地坑窑的室内空气日平均相对湿度约比室外高出 15%，最低相对湿度高出 12% ～ 22%，这说明地坑窑内普遍通风不畅，湿度较大。东窑的最大温度为 16.1℃，高于其余三个方向的地坑窑，但日温差较大，为 6.4℃。此外，北窑的平均温度最高，为 13.0℃，且变化趋势较为平缓。由此得出北窑更适合居住，东窑次之的结论。除背光的南窑外，其余窑室门口处的空气温度均明显高于内部，

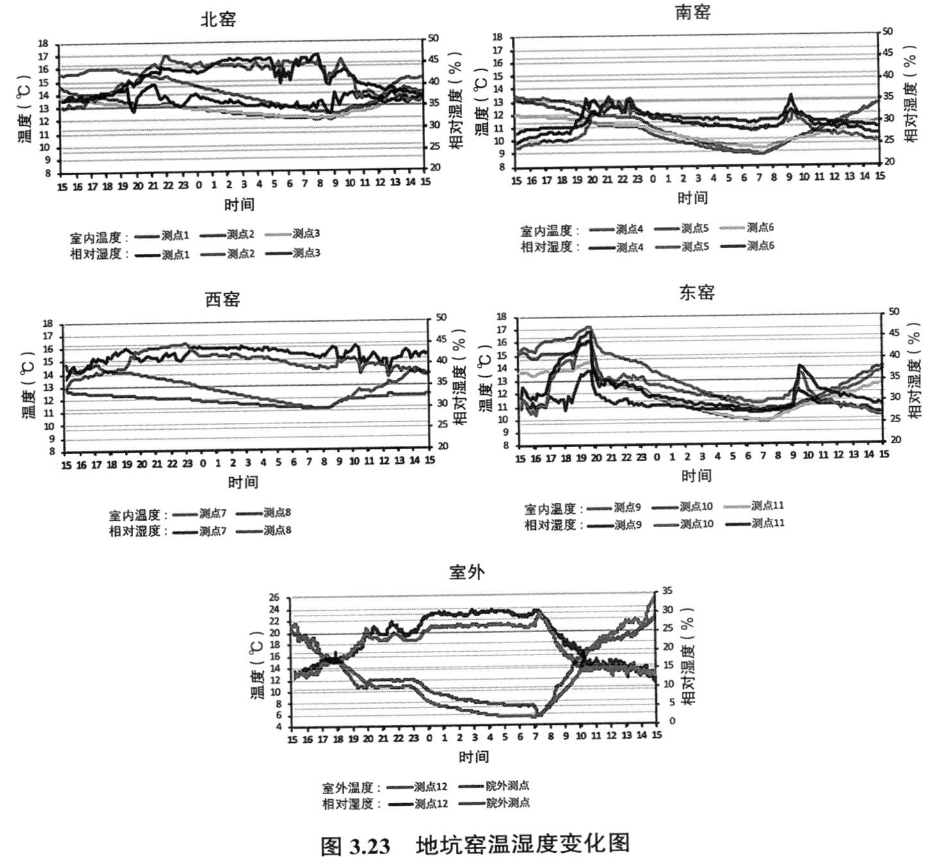

图 3.23　地坑窑温湿度变化图

图片来源：徐子琪、李强 绘制

日落后开始大幅下降至和内部温度相近，日出时又开始快速攀升。这说明门口处空气温度变化较大，得热和散热都很快，但通常不会低过内部温度。从夜晚至日出，靠近墙体的底部空气温度基本和中部空气温度数值一致，甚至高于后者，这个现象表明窑洞室内的空气温度主要由墙体的温度控制。至于室外空气温度，日落后院内温度较院外下降更慢，日出后经过 3 小时上升速度超过院外，这说明地坑窑本身具有一定的蓄热保暖功能。

从湿度数据来看，北窑、西窑相对湿度较高，最大湿度可达 47.0%，南窑最低，最大湿度为 35.3%。室外（院外）相对湿度最大为 29.7%，最小为 12.8%，均低于室内。值得注意的是，北窑室内相对湿度较室外（院外）约高出了 20%。对于北窑来说，窑底的空气相对湿度较入口处更高，在夜晚更加明显。其他方位的窑洞室内不同位置的相对湿度无明显差距。通过对迁至地上平房的住户进行采访，地坑窑内空气湿度大是他们搬出去的原因之一。尽管如此，地坑窑内相对湿度仍处在人体舒适区内，留在地坑窑内的住户大多没有不适感。

3.5.2 采光与日照测定

室内光照强度测点有 22 个，分别沿门和窗的中点进行测量（图 3.24）。除进深较小的西部窑室外，在其余三个方位窑室的入口、中部和底部都进行了测量，高度距离地面 1.5 米，测量时间分别为 2019 年 3 月 31 日的正午 12 时和下午 3 时 30 分。地坑窑的门窗为木质镂空玻璃门窗，门高 2.2 米，宽 1 米；窗高 1 米，距离地面 1 米，宽 1 米，测量时开门不开窗，以贴近日常使用状态。地坑窑光照强度测量数据见表 3.11、表 3.12。

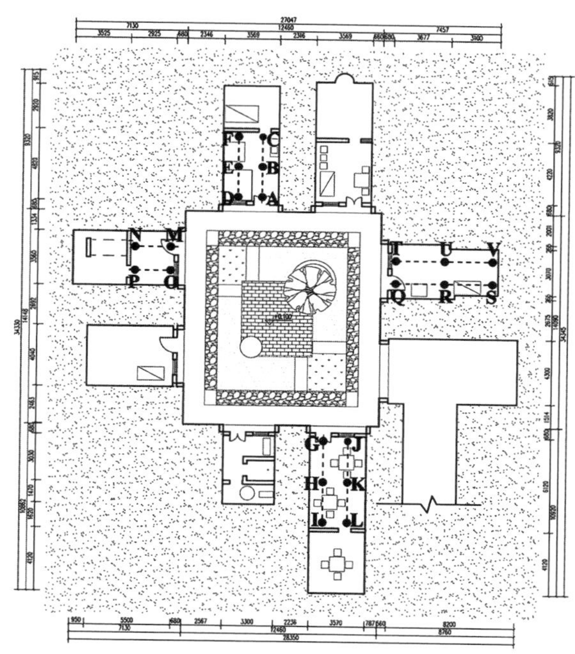

图 3.24　测试窑洞照度测点布置平面图

图片来源：徐子琪 绘

地坑窑春季室内照度测定表　　**表 3.11**

北窑						
时间	室内照度（单位：lux）					
	A	B	C	D	E	F
正午 12 时	5310	1572	327	2970	752	291
下午 3 时 30 分	28500	322	109	10870	288	114

续表

南窑						
时间	室内照度（单位：lux）					
	G	H	I	J	K	L
正午 12 时	2350	411	113	1288	366	110
下午 3 时 30 分	4790	395	114	2100	210	70
西窑						
时间	室内照度（单位：lux）					
	M	N	O	P		
正午 12 时	5020	444	1632	400		
下午 3 时 30 分	2950	343	1251	185		
东窑						
时间	室内照度（单位：lux）					
	Q	R	S	T	U	V
正午 12 时	3810	303	90	1324	235	80
下午 3 时 30 分	70400	457	102	17840	313	111

资料来源：徐子琪、李强绘制 调研时间：2019 年 3 月 31 日

地坑窑秋季室内照度测定表 **表 3.12**

北窑						
时间	室内照度（单位：lux）					
	A	B	C	D	E	F
正午 12 时	630	57.3	12	296	47.7	13.5
下午 3 时 30 分	1113	37.9	11.5	225	34.2	14
南窑						
时间	室内照度（单位：lux）					
	G	H	I	J	K	L
正午 12 时	820	26.5	3.3	347	15.2	3.2
下午 3 时 30 分	1835	24.6	4.6	339	11.4	3.2
西窑						
时间	室内照度（单位：lux）					
	M	N	O	P		
正午 12 时	875	14.6	321	9.6		
下午 3 时 30 分	1209	17.4	207	12.9		

续表

东窑						
时间	室内照度（单位：lux）					
	Q	R	S	T	U	V
正午 12 时	598	23.5	3.1	191.4	11.6	1.9
下午 3 时 30 分	749	16.3	1.1	442	7.2	1.4

资料来源：吴瑞、李强绘制 调研时间：2019 年 11 月 1 日

经过以上数据统计可知，正午 12 时北窑的入口处照度最强，门口及窗口处分别为 5310 和 2970lux，西窑次之，门窗处照度分别为 5020 和 1632lux，南窑最低，仅为 2350 和 1288lux，不及北窑的 1/2。下午 3 时 30 分东窑照度最强，门口及窗口处分别为 70400 和 17840lux，北窑次之，门窗处照度分别为 28500 和 10870lux，西窑最低，仅为 2950 和 1251lux。这些数据表明南窑和北窑的照度最适合居住。

通常而言，门口比窗旁的照度更强，且随着进深加大，照度逐渐衰减。对于主卧室（北窑），正午 12 时在距离入口处水平 2.4 米处的照度约为入口处的 25% ～ 30%，距离入口处水平 4.8 米时照度约为入口处的 6% ～ 10%，由此可知，进深 2.4 米以内适合作为起居空间，2.4 米以外的光线过于昏暗，不宜使用。至于南、西、东方位的窑室，内部照度相似，中部为 235 ～ 444lux，底部为 80 ～ 113lux。北窑的中部照度为 752 ～ 1572lux，底部为 291 ～ 327lux，均远大于其余窑室，这也说明其他方位窑室的使用空间更加有限。为了增加受光面积，往往在窑脸上部开高窗，根据光照来划分生活空间，在窑室窗边布置火炕或床，在窑室更深处做储藏用途（图 3.25）。

图 3.25 测试窑洞室内采光实景

图片来源：徐子琪 摄

4 地坑窑居的保护、更新与改造

柏社村的建村历史可追溯至晋代，至今已有1600多年的发展历史。自2008年开始，三原县政府就对柏社村的地坑窑分布区域进行了测绘记录，并由县志专家赵德锁对柏社村的历史遗迹和民俗文化等进行了记录，形成了《柏社史话》这一文字材料。2010年，第四届全国环境艺术设计论坛在柏社村设置分会场。由政府投资150万元，中央美术学院、北京服装学院、西安美术学院、太原理工学院四所高校对部分地坑窑院进行了设计改造，建筑得到了保护和更新，自此柏社村名声渐大，逐渐引起多方关注。2013年，西安建筑科技大学城市规划设计研究院以柏社村的保护发展为课题，编制出版了《陕西省三原县柏社历史文化名村保护规划》。2013年8月，住房城乡建设部、文化部、国家文物局把柏社村列入第二批中国传统村落。半年后，柏社村又被住房城乡建设部和国家文物局评选为第六批中国历史文化名村，是陕西省唯一上榜的村落。2015年，三原张家窑地窑民俗村建设项目被列为年度文化产业发展省市重点项目。近几年，当地政府争取了大量资金投入到地坑窑院的修缮保护，未来的柏社村，将成为一个集文化观光与民俗体验等特色于一体的古村落旅游区。

4.1 柏社历史文化名村保护规划

2013年，西安建大城市规划设计研究院，周庆华教授带领团队编制出版了《陕西省三原县柏社历史文化名村保护规划》(以下简称为《规划》)，对柏社村的总体规划和保护框架都做出了规定与指导，本文摘录其中部分内容，以对当地地坑窑院的更新设计形成指导。

4.1.1 区域总体规划

三原县柏社村位于新兴镇北部，北临耀州区，耕地面积 6858 亩，有效灌溉面积 4327 亩；人口总数为 3756 人，辖 15 个村民小组，6 个自然村，农村经济收入 947.91 万元，畜牧业经济收入 118 万元，运输业收入 285 万元，农民人均收入 2927 元。近年来，苹果、畜牧业在政府的大力支持下不断发展，市场不断扩大，成为该村的支柱产业（图 4.1）。

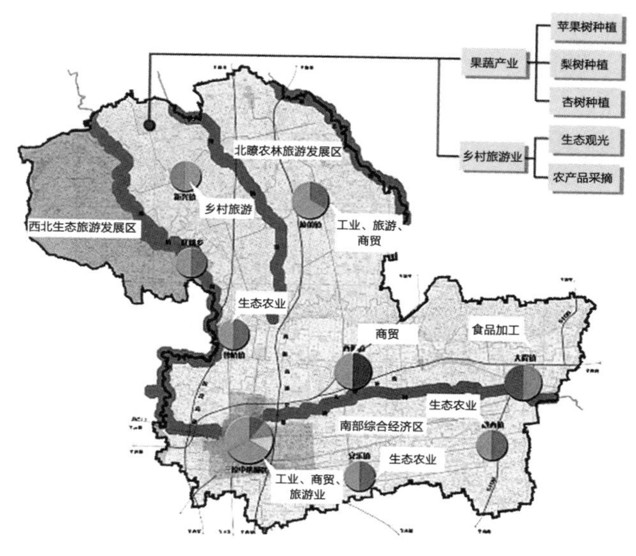

图 4.1　区域经济规划图

图片来源：陕西省三原县柏社历史文化名村保护规划

三原县地势西北高东南低，境内西有孟厚原，中有丰原，东有白鹿原。南北以四十里原坡为界，西部有清峪河东西相隔，自然分割成三个差异明显的地貌区，即南部平原、北部台塬和西北山原。柏社村处于三原县北部台塬之上。浊峪河自北而南穿过台塬腹地，柏社村位于河西。由此，从地貌上看，柏社村位于三原县北部台塬西北方向，海拔 700 ～ 900 米，东西各有河流浊峪河与清峪河。村落周边为典型的关中北部台塬区自然景象，果树林木繁茂，地势北高南低，毗邻浊峪河、清峪河、嵯峨山等自然风景区，小气候温和，空气清新。村落南部有数条自然冲沟洼地嵌入，基本为平坦的塬地地形。村落内部环境优美静谧，5000 余株高大繁茂的楸树遮天蔽日，形成了十分封闭幽静的村落空间环境，整个村子隐匿于中，显得古老而神秘。内部环境自然朴实充满生机，80% 的地坑院落里都有种植，或艳丽的桃花，或秀气的杏花，或挺拔的核桃树。

《规划》将周边自然环境分为四个区域：生态敏感区、生态保育区、生态开敞区和生态恢复区，柏社村位于规划内的生态保育区，即发挥生态协调和环境净化作用的区域（图 4.2）。

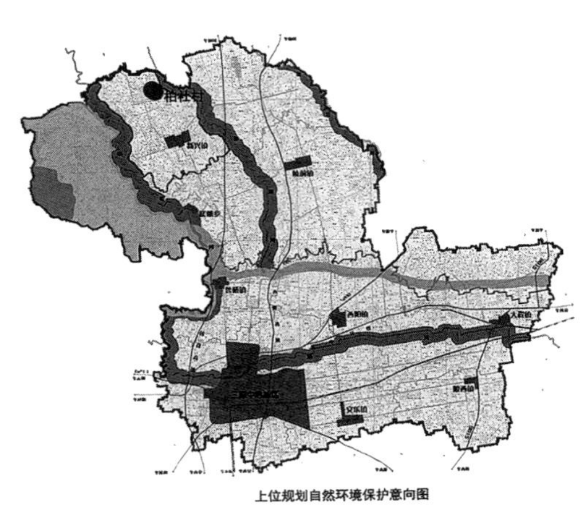

图 4.2　上位规划自然环境保护意向图

图片来源：陕西省三原县柏社历史文化名村保护规划

4.1.2 村落保护及发展规划

为了延续柏社村历史文化内涵，《规划》内主要保护内容有柏社村传统村落格局、村落传统建筑形式、地坑窑周边环境、有历史价值的建筑及古树、传统民俗文化、楸树林自然生态景观。

根据这些内容对柏社村进行了区域划分，分别为核心保护区、建设控制区和景观协调区（图 4.3）：核心保护区为窑院建筑集中分布区，并包含部分历史建筑和历史遗存。规划要求严格保护村落风貌及构成风貌的各种组成要素，严格保护建筑群体环境及传统文化，严格禁止地面建设，保护村落原生空间环境；建设控制区是柏社古村风貌区边界的主要缓冲地带，可安排一定发展需要建设的项目，但需控制建设项目规模，对需要新建、改建、扩建的建筑须保持风格统一，要与传统建筑风格相协调；景观协调区内的山体、植被、水系和农田是古村落赖以生存的基础，采取严格的管理措施，限制各类建设。

其中，一条由中部贯穿村落南北的主要轴线作为地坑窑居建筑保护轴线，一条由村落中部贯穿东西的次要轴线作为历史街区保护轴线，另一条位于村落西南部的南北向次要轴线为生态林地绿化保护轴。8 个保护节点分别为崖窑、习仲勋地坑窑、四孔连窑、中央美院改造的地坑窑、横向连窑、竖向连窑、衚衕古道两侧地坑窑、最大地坑窑保护节点。这些保护节点主要分布在村落南部，也是目前保存状况较好的区域（图 4.4）。

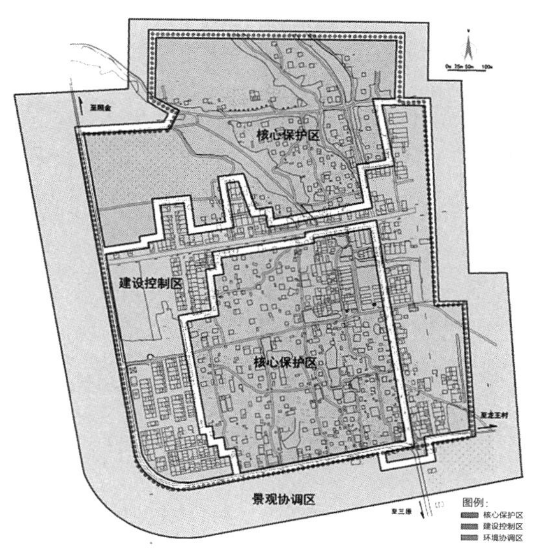

图 4.3　村落规划保护区

图片来源：陕西省三原县柏社历史文化名村保护规划

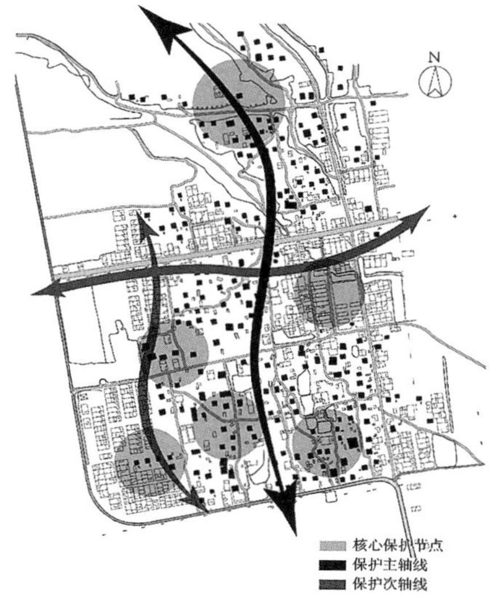

图 4.4　村落保护规划

图片来源：改绘自陕西省三原县柏社历史文化名村保护规划

以纵贯古村落的历史演化轴线为游憩及景观主轴，向北部的山地丘陵景观及东西侧的农田景观辐射延伸，构成以古村落为核心，包括古村落外围的农田景观、果林景观等为一体的综合性乡村聚落景观系统。以全方位展示柏社古村落传统文化为基本理念，形成一脉两片五区的总体构架：一脉，贯穿各主要古遗迹的传统文化脉络。两片，古村落文化区、果林风光区。五大旅游区，东门旅游接待服务中心区、民俗风情体验区、地坑窑院建筑保护区、自然风光休闲区、特色历史小吃及商品展示区（图 4.5）。

4.1.3 建筑保护规划

由于窑洞本身在占地、采光、防潮等方面存在的先天不足，《规划》所强调的建筑保护不完全等同于一般古村落对民居建筑的保护方式，而是一种基于必要改造基础上的保护，即立足于采取适当技术措施以克服窑洞的使用缺陷，使其在保持固有建造方式、空间格局、生态及文化特性的基础上还能满足现代人们日益提高的物质生活需求，使古老的人居方式在当今及长远的未来依然充满生活活力。与此同时，《规划》选择个别废弃窑院加以原样保护，以展示不同历史时期窑洞演

图 4.5　发展利用规划

图片来源：陕西省三原县柏社历史文化名村保护规划

化发展轨迹，并对村落中具有一定历史价值的其他古建筑进行修缮和保护。

对于柏社村内的地坑窑居，根据其历史价值和现存情况主要分为四类：重点建筑保护、建筑修缮和保护、新建建筑改造、破旧拆除建筑。其中，重点建筑保护要求保护其外观，在窑洞立面、建筑色彩等方面延续历史风貌，使其内部可进行新的改造，创造良好的生活环境。建筑修缮保护要求在不改变结构的前提下，改造其外观，使窑洞立面、建筑色彩等方面延续历史风貌，同时改造其内部环境。新建建筑改造要求重点改造其外观，使窑洞立面、建筑色彩等方面延续历史风貌。破旧拆除建筑则要求将已经坍塌的存在安全隐患的建筑拆除（图 4.6）。

图 4.6 建筑保护区

图片来源：陕西省三原县柏社历史文化名村保护规划

4.1.4 窑洞及街区保护措施

针对窑洞的具体保护措施（图 4.7）：

（1）使用功能：改造为商业及展示性建筑。

（2）内部设施：引入现代卫生设备，提高居住舒适度。

（3）空间形式：利用衕衕古道的空间特色，形成街窑形式。

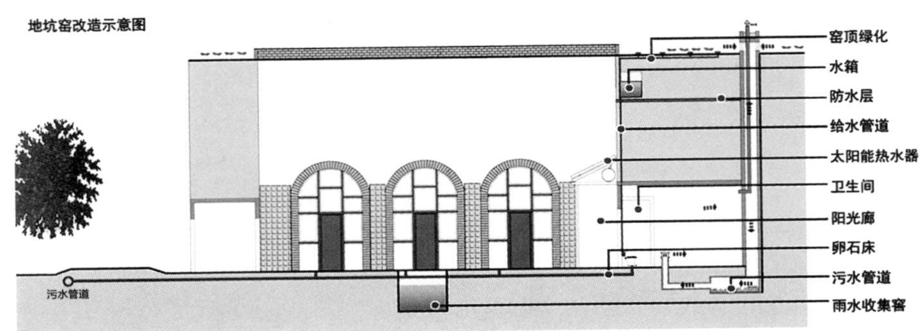

图 4.7　地坑窑改造示意图

图片来源：陕西省三原县柏社历史文化名村保护规划

（4）通风设施：用掩土自然空调太阳房，以改善窑洞通风环境。

（5）建筑外观：地面保留建筑外观立面进行整体改造，与传统村落空间协调；窑洞外观修缮改造，满足安全及功能需要。

（6）防水设施：设置水平防水层，以节省耕地和防止坍塌。通过设置水平防水层，使窑洞顶部渗水问题得以解决，窑顶即可种植蔬菜等农作物，而下沉式院落内种植果树，这又成为土地"零支出型"的建筑。窑脸采用砖贴作为防水层，防止窑脸被雨水冲刷坍落。

（7）采光设施：采用较大面积的窗户，以改善自然采光，冬季利用太阳能直接得热供暖。

柏社村内历史遗迹丰富，其中重点保护街区为明清老街和衚衕古道。明清老街位于柏社村北堡遗址处，部分城墙尚有保留，药铺、当铺、烧鸡店位置明确。留有明清年间的商业街一条，民居街三条，高等级明清古建筑民宅四院。衚衕古道位于柏社村北部，横贯东西。"衚衕"二字意为窄街长巷，在古时深约 6 ～ 10 米，窄而狭长、弯曲不直，长约 4.5 公里。衚衕古道成为"一夫当关，万夫莫开"的军事咽喉要地。现今，村民在衚衕两侧修建窑洞居住。

针对街区的具体保护措施：

（1）保护质量较好的历史建筑和传统民居。

（2）修缮、加固破败的历史建筑和传统民居，完善内部功能设施。

（3）保护原有的街巷格局，美化道路环境。

（4）以传统的建筑构件作为街道家具，营造具有历史感的街巷空间。

（5）控制新建建筑的高度、体量和风貌，改造并加固砖石承重构件，墙边加散水。外墙增设窗户，改善排水、通风和采光等问题，并与经营活动相结合。

4.1.5 重点窑洞保护

重点窑洞保护情况见表 4.1。

重点窑洞保护导则 **表 4.1**

编号	项目	内容	所在位置	
编号 8-29 窑洞	窑洞概况	民国时期的窑洞，至今六七十年，墙面孔洞保存完好，院内景观良好，洞口四周砖墙垒砌。有人居住	所在位置	
	保护要求	有人居住的窑洞，保护窑院的真实性与完整性，只做基本的修缮工作。做好日常清理		
编号 8-30 窑洞	窑洞概况	民国时期的窑洞，至今六七十年，时间久远。窑洞保存较完整，为 8 孔窑院。由于时间久，院内墙面洞口虽成型却面目不整，孔洞清晰，院内整洁有人居住	所在位置	
	保护要求	为老旧窑洞，保护窑院的真实性与完整性，提升窑洞的整体面貌，清除杂草；砖墙垒砌洞口四周；局部原材质修缮墙体、门窗；整理院落环境		
编号 8-20 窑洞	窑洞概况	解放初期的窑洞，至今六七十年，时间久远。窑洞保存较完整，为 8 孔窑院。院内墙体部分脱落，孔洞清晰，洞口四周有杂草，内院植被较多，无人居住	所在位置	
	保护要求	为老旧窑洞，保护窑院的真实性与完整性，只做基本的修缮工作。清除杂草；砖墙垒砌洞口四周；局部原材质修缮墙体、门窗；整理院落环境		
编号 5-27 窑洞	窑洞概况	院内墙体完整且经整修，孔洞清晰，洞口四周经砖墙加固，为十孔窑洞。院内较为整洁，植被较多美观，经修整。整体经改造，做展览馆用	所在位置	
	保护要求	经过修缮后为展览馆用，代表性明显，保护窑院的真实性与完整性，只做基本的修缮工作。清除杂草；局部原材质修缮墙体、门窗；整理院落环境		
编号 4-03 窑洞	窑洞概况	清末时期的窑洞，至今 100 多年，时间久远。窑洞保存较完整，为 7 孔窑院。院内墙体部分脱落，孔洞清晰，洞口四周有杂草，内院植被较多，无人居住	所在位置	
	保护要求	为年代久远的代表性窑洞，保护窑院的真实性与完整性，只做基本的修缮工作。清除杂草；砖墙垒砌洞口四周；局部原材质修缮墙体、门窗；整理院落环境		

续表

编号 3-11 窑洞	窑洞概况	属于改造过项目窑洞，院内墙体完整且经整修，孔洞清晰，洞口四周经砖墙加固。院内较为整洁，植被小而美观，经修整。中央美院、北京服装学院，太原理工大学、西安美院教学实习基地	所在位置	
	保护要求	此为经改造项目，其本身代表性很强，当继续保持其窑洞完整性，适当进行开发		
编号 8-24 窑洞	窑洞概况	这两孔窑洞均为崖窑，在历史遗址衚衕古道一侧。窑脸清晰、女儿墙和勒脚经砖石加固，墙面完整、保存质量较好，两孔窑洞均有人居住	所在位置	
	保护要求	崖窑是柏社村里比较典型、稀缺的窑洞类型，建议原状保护。在衚衕古道进行修缮时，重点对地面进行美化改造		
编号 3-33 窑洞	窑洞概况	20 世纪 50～60 年代的窑洞，窑洞保存较完整，为 14 孔窑院，是柏社村孔数最多的窑洞。墙面保存完整，孔洞清晰，院内植被丰富。有人居住	所在位置	
	保护要求	具有代表性窑洞，保护窑院的真实性与完整性，只做基本的修缮工作。清除杂草；砖墙垒砌洞口四周；局部原材质修缮墙体、门窗；整理院落环境		
编号 3-14 窑洞	窑洞概况	窑洞保存较完整，为 8 孔窑洞，墙面经过加固，一侧墙面脱落，孔洞清晰，院内地面较为整洁，入口部分经过加固。有人居住	所在位置	
	保护要求	恢复窑院的原貌，修缮脱落墙面，清除杂草，设计院内绿化，种植树木；局部原材质修缮墙体、门窗；整理院落环境；对地面进行硬化处理		

注：以上表格窑洞编号与本书测绘编号一致。

表格来源：陕西省三原县柏社历史文化名村保护规划

4.1.6 村落文化保护

悠久的历史孕育了柏社村。明末，柏社秦腔班社唱响关中北部，村内建有当时村镇少有的大戏楼（“文革”时被毁），现存戏楼为“文革”后所建。社火、唢呐、手工刺绣、剪纸、面花、纸扎等民间文化习俗均在柏社有长久的历史和影响力，特别是木雕制作工艺，至今为人所称道。柏社村的饮食也独具特色，主要以面食为主，扯面、饸饹、蘸水面等远近驰名。此外，柏社民风淳朴，村民勤于农耕，崇尚节俭，加之地坑窑院特殊的乡村聚落方式，更是投射出一份独有的文化魅力。

《规划》为保护柏社特有的传统聚落格局与窑院人居方式，首先需要保护柏社在历史演化、建筑形式等方面所蕴含的文化。此外，在强调对村落整体物质空间保护的同时，提出进一步挖掘和整理传统民间文化，通过节庆、演艺等多种途径使其与村落建设发展相结合，形成既具特色又富有内涵的历史文化色彩。保护措施具体包括：

（1）窑洞窗户及居室内贴剪纸、窗花，生动展示本地区民俗文化；

（2）传统生活方式展示，利用乡土元素，显示浓郁的乡村生活范围；

（3）窑院中栽植果树，提升景观的同时体验农家情调；

（4）制作当地文化宣传片，宣传当地特色的传统文化；

（5）定期举办节庆活动，使当地居民和游客共同体验当地风俗；

（6）保护村落整体格局，控制新建建筑形式和高度，维护村庄整体风貌。

4.1.7 社会生态环境整治

历史文化名村的社会环境整治，指导思想是以保护历史遗迹为出发点，避免村落的发展对历史资源产生影响，逐步改善村内居民的生产、生活环境，加强基础设施建设，通过社会环境治理为历史文化名村的保护创造条件，使区内居民的生产、生活对历史文化氛围的影响降至最低。对于重点保护区，应该加强对该地区周边的建设活动管理，并营造良好的旅游环境。一般保护区，在旅游开发的同时注意保持整体风貌与古村落历史风貌的一致性。

（1）生态环境：保护原有自然生态特征，清理周边与村落环境不协调的各类因素，净化村落景观环境。禁止占用林地果园，对地表景观进行保存和保护。

（2）人文环境：保护传统人居与民俗文化精髓，营造古朴浓郁的乡野人文环境。

（3）建筑环境：通过对地面建筑的整体风貌改造以及民居窑洞的修缮改造，形成统一的建筑环境风貌。

（4）交通环境：改造道路，集中设置停车场，外围形成车行环线，内部为步行交通系统。

（5）卫生环境：集中设立垃圾投放点，保证村落环境卫生整洁。

（6）水体环境：有组织排水，防止污水和雨水任意排放，保证涝池的水环境。

（7）空气环境：禁止秋冬季节秸秆和其他垃圾的焚烧，保障良好的空气环境。

4.2 柏社村地坑窑居中现代技术的应用

4.2.1 专家学者对地坑窑研究的梳理

1. 国内外相关研究

在科学技术发达、经济快速发展的今天，人们对于节能环保的认识更加深刻，由此引发了学者们对于窑洞的研究。目前国内对于通过现代技术应用改善传统窑居环境品质研究的学者主要有侯继尧、刘加平、童丽萍、王军、杨柳、周若祁等人。

通过有关文献的整理发现，目前对传统地坑窑居中运用现代技术改善环境品质的研究，主要集中在改善室内采光、改善室内热环境、改善通风、利用窑顶、置入现代生活功能等几方面。地坑窑居的室内光照差是由其单面采光的建筑形式导致的，吴蔚等人在对河南陕县大坪村地坑窑居的改造中运用 Radiance 软件进行采光模拟后，得出扩大侧采光口等方法不能完全改善天然采光，需要在后期通过安装人工辅助照明设备和在窑底设置浅色家具等方法解决照度差的问题[①]。杨柳、刘加平在对窑居进行建筑热稳定性定量化测试后，得出传统窑居在夏季和冬季均存在温度分布不均匀的问题，但通过被动式阳光间的设置可以有效改善室内热环境[②]。童丽萍等人[③]在对地坑窑进行实测分析后，发现夏季阴雨天、冬季、初春、深秋均不能满足室内舒适度要求，室内通风不畅，湿度大，被子潮湿发霉现象严重。在此前，西安建筑科技大学的李恩等人提出过通过通风口的设置运用热压形成自然通风[④]。在此基础上，任玲玲、刘源、童丽萍提出了一种置换式通风系统[⑤]，以弥补自然通风的不足。由于地坑窑位于地下且占地通常较大，如何提高土地利用率也是一个问题。唐丽和李光在对陕县地坑窑进行调研后发现，1 座地坑院占地一般为 0.067 ～ 0.101hm^2，相当于现在农户宅基地的 3 ～ 5 倍，利用窑顶种植可弥补地坑院大量占用耕地的缺点，同时保护了地表肥沃的土

① 吴蔚，王军，吴农. 下沉式窑居的可持续改造研究——建设河南陕县大坪村下沉式窑居示范项的启示 [J]. 南方建筑，2010(05).

② 杨柳，刘加平. 利用被动式太阳能改善窑居建筑室内热环境 [J]. 太阳能学报，2003(05).

③ 童丽萍，许春霞. 生土地坑窑民居夏季室内外热环境监测与评价 [J]. 建筑科学，2015(02).

④ 李恩，何梅，杨柳. 下沉式窑居夏季室内热环境 [J]. 工业建筑，2007(S1).

⑤ 任玲玲，刘源，童丽萍. 置换通风系统对生土地坑窑舒适度的影响 [J]. 建筑科学，2017(02).

壤[①]。刘启波、周若祁在对延安市枣园乡枣园村的建设中进行了新型窑居的建筑设计，提出营造方式的改变和技术上的进步，使窑洞建为多层成为可能[②]，有效地提高了窑洞的使用功能。

2. 研究学者对窑洞的研究情况

具体情况见表 4.2。

研究学者对窑洞的研究情况 **表 4.2**

研究者	研究对象	具体内容	现代技术应用 / 研究理论	出处	时间
侯继尧，李亦锋，李滇	兰州“白塔山庄”、兰州市区南北两山掩土住宅、靠山式掩土小学设计	为了控制人口、珍惜土地、节约能源和保护环境，从生态建筑的角度，发展新型民用掩土建筑	通过多实例及方案分析得出以下设计方式：（1）采用被动式南向大玻璃窗直接受益。（2）地热能的利用。（3）综合开发设想的提出	《中国新型掩土建筑的应用与发展》[J]. 地下空间	1994
王怡，赵群，何梅，杨柳，刘加平	黄土高原靠山式砖石混合结构的旧窑洞、靠山式两层新窑洞和带阳光间的独立式新窑洞	对传统和新型窑居室内物理环境进行调查研究来对窑洞的室内物理环境做出定量化的研究以及通过新旧窑洞的对比对新型窑洞是否能成为黄土高原可持续发展住区模式做出评价	新型窑居具有保留和发扬传统窑洞的优点和对其缺点进行改进的特点，室内物理环境在保留就要动室内气候特点的同时，室内热环境明显优于旧窑、光环境明显改善，空气品质良好，但声环境有不足，在今后的设计中值得注意。综上所述，新型窑洞为黄土高原的可持续发展的住区形式提供了良好模式，也为传统民居的再生做了积极而有效的尝试	《传统与新型窑居建筑的室内环境研究》[J]. 西安建筑科技大学学报（自然科学版）	2001
刘启波、周若祁	黄土高原绿色建筑体系与基本聚居单位住区模式研究：延安市枣园乡枣园村	以“绿色”思想为主导，以适应中国特色的“适宜技术”进行了新窑居住区的建筑设计；并提出具体建议	（1）运用自然通风空调系统，设置通风口，改善冬夏室内温度与湿度。（2）利用日光增加冬季室内温度，如设置日光间。（3）设计上合理引导，改进习惯上的尺度和构造，使得多层窑洞的建造成为可能。（4）在更新中辅以钢筋混凝土或其他现代建材构件，使窑洞的分隔更灵活，防震抗灾能力增强。（5）加强窑顶利用，如设置防水层进行窑顶种植，设置太阳能热水器等	《生态环境条件约束下的窑居住区居住模式更新》[J]. 环境保护	2003

① 唐丽，李光 . 生态学视角下地坑院节能改造技术探讨——以三门峡为例 [J]. 建筑科学，2011（02）.

② 刘启波，周若祁 . 生态环境条件约束下的窑居住区居住模式更新 [J]. 环境保护，2003（03）.

续表

研究者	研究对象	具体内容	现代技术应用 / 研究理论	出处	时间
杨柳，钟珂	范村陕北枣园村窑洞住区	通过对对现存窑洞居住环境进行了调查，有针对的提出改进措施，并进行热环境分析来证明其可行性	（1）保持传统窑洞厚重的围护结构及屋面被覆黄土的特征，创造冬暖夏凉的自然空调房间。（2）尊重使用者的要求，引入了现代城市的居住习惯，设计二层式窑洞，增加功能并明确功能分区。（3）设置附加阳光间，改善窑洞冬季热状况。（4）北向开小面积双玻窗，改善热工环境，同时改善窑洞采光和通风状况。（5）采用双层窗或单层窗夜间加保温，以提高门窗入口处的保温性。（6）南窗种植落叶乔木，使夏季有阴凉	《新型窑居太阳房设计与热环境分析》[J]. 西安建筑科技大学学报（自然科学版）	2003
杨柳，刘加平	陕北地区靠山式窑洞民居	经过问卷调查和实验测试，提出改善其室内热环境的“窑居太阳房的概念”，通过对新型窑居太阳房热环境的简单分析，论证方案思路是可行的	（1）通过设置太阳房可以有效改善靠山窑室内热环境，平均温升达到13.8℃以上。（2）太阳房，自然通风和夏季遮阳相结合，不仅提高窑居冬季室内自然温度，同时能有效的改善夏季潮湿的问题。（3）如果进一步提高阳光间的夜间保温和窑居门窗的密闭性，可使阳光间式窑居太阳房成为零辅助能耗建筑（基础温度设为14℃）。（4）新型窑居太阳房将成为陕北黄土高原地区民居建筑发展的一种基本形态	《利用被动式太阳能改善窑居建筑室内热环境》[J]. 太阳能学报	2003
李恩，何梅，杨柳	豫西地区陕县西张村镇庙上村下沉式窑居	通过对下沉式窑居的夏季室内热环境各要素的现场测试和住户的主观反映调查，用详细的数据描述其夏季热工环境，并给出结论以及改良措施和方法	（1）在房间的进深方向最深处顶端设一个拔风井，同时在入口外墙底部设置通风口，形成风力循环。（2）将拔风井顶部涂成黑色或者其他深色来吸收日照，形成“烟囱效应”加强室内空气对流。（3）冬季时将外墙通风口和拔风井的出风口闭合即可保温	《下沉式窑居夏季室内热环境》[J]. 工业建筑	2007
刘加平，何泉，杨柳，闫增峰	适合黄土高原乡村地区现代生产生活方式的新型绿色窑居建筑体系：延安市枣园村	通过对传统窑洞民居的生态建筑经验进行研究，创作出一种建立在黄土高原地区社会、经济、文化发展水平与自然环境基础之上，适合黄土高原乡村地区现代生产生活方式的新型绿色窑居建筑体系	（1）传统窑洞民居生态建筑技术体系；（2）新型绿色窑居建筑设计理论和方法；（3）新型窑居太阳房动态设计理论和方法；（4）零辅助能耗窑居太阳房设计理论和方法（5）新型窑居建筑绿色性能与物理环境评价指标体系；（6）新型绿色窑居示范工程	《黄土高原新型窑居建筑》[J]. 建筑与文化	2007

续表

研究者	研究对象	具体内容	现代技术应用 / 研究理论	出处	时间
吴蔚、王军、吴农	河南省陕县大坪村建设下沉式窑居示范项目	通过Radiance软件对下沉式窑洞内的照度进行模拟，通过对参数的多次调整，并与实际测量进行对比改正，进行验证研究。接着对门窗洞口的布局方式及尺寸大小进行更新改造，从而提高室内采光情况	（1）通过软件模拟所应用的技术有扩大侧采光口、加大侧高窗面积、提高室内反射系数等。然而，由于窑洞单侧采光的建筑形式限制，无法完全改善天然采光。（2）在后期，通过安装一定人工辅助照明设备，并在窑底设置浅色或大面积反射材料家具，提高窑洞中部及底部照度，从整体上改善室内采光质量	《下沉式窑居的可持续改造研究——建设河南陕县大坪村下沉式窑居示范项目的启示》[J]. 南方建筑	2010
唐丽，李光	陕县地坑窑	通过对陕县地坑窑进行调查研究，指出了当前存在的问题:（1）塌顶和占地面积大;（2）潮湿;（3）采光通风不良；并提出将传统建筑优势与现代建筑功能相结合的解决方案，对生态建筑进行了探索	（1）窑顶绿化种植。依据当地农作物状况、不同种类植物所需最小土层厚度、植物种类以及适当的排水措施，结合屋顶覆土层厚度、造价成本以及村民日常生活需要食用的频率，选用蔬菜类或蔓生类水果。屋面构造在种植层下做好防水层。（2）自然通风改造。在窑后设置通风口利用热压改善自然通风，同时设置风机进行辅助机械通风。（3）利用太阳能以减少碳排放。在窑顶朝向正南设置太阳能热水器，与下部浴室水管相连	《生态学视角下地坑院节能改造技术探讨——以三门峡为例》[J]. 建筑科学	2011
张献梅，郭兆儒，王晓艳	豫西地坑院	豫西地坑院是北方的“地下四合院”，通过分析当前地坑院存在阴暗潮湿、通风不畅、基础设施较差、容易塌顶的缺陷，提出了地坑院建筑技术可持续发展的构想	（1）以在保持黄土热惰性优势的前提下，采用砖箍拱券结构代替原有黄土拱券承重结构，在地坑院顶端的黄土层中设置防水层，减缓和阻止雨水下渗速度和总量，保护窑洞安全、防止地坑院塌陷。（2）通过扩大侧采光口、加大侧高窗面积、提高室内反射系数，保证前室自然光线充足。在不能满足采光要求的条件下，辅以人工照明，进一步改善室内光环境。（3）在室内地面、墙面、顶棚增设防水砂浆或做防潮层，增加墙体的黏合度和防潮性，可采用置换通风的方式来加强地坑窑的通风换气效果。（4）在地坑院内安装自来水；在厨房水池下修建有组织排水管沟，在门洞口增设雨水排水槽、院内设置雨水排水管，用抽水泵抽到院外实现有组织排水	豫西地坑院建筑及再生技术研究[J]. 工业建筑	2014

续表

研究者	研究对象	具体内容	现代技术应用 / 研究理论	出处	时间
李芳	陕西三原县张家窑地坑院聚落	通过分析张家窑传统地坑窑聚落的自然环境、民俗民风、聚落形态、聚落景观、道路与窑洞单体建筑特点等，结合对张家窑地坑窑洞聚落的了解，针对其现状，对张家窑传统的窑洞生态聚落保护与再生利用提出行之有效的具体措施	（1）整体性和连续性原则。对传统窑洞聚落的保护与利用不仅要针对窑洞本身，还要充分体现聚落整体的环境面貌。连续性包括整体面貌的连续与新旧关系的连续性。（2）多方协作的原则。应充分调动政府、学术研究和当地村民多方力量的参与。（3）可持续性原则。包括传统聚落发展的可持续性和经济发展的可持续性。采用行之有效的经济与商业手段，将传统窑洞中包含的生态和传统优势用作经济发展的助力，这样为地坑聚落的保护奠定了经济基础，形成良性循环。（4）由“点”到“线”再到“面”保护步骤。“点”即有价值的地坑窑洞院落和窑洞单体，其保护包括空间形态、窑洞立面、室内布局、装饰以及材料、色彩、技术等方面。“线”即道路系统，对传统街巷、道路进行有取舍的设计，使传统窑洞聚落的风貌特征得以完整的保留。包括传统街巷、公共设施、生态植被等方面。“面”即整体环境、聚落路网和地坑窑窑洞院落形成的组团、与周边环境、周边聚落形成的区域，其本质是指针对张家窑地坑窑聚落组团片区的保护	《传统窑洞民居聚落保护与再生利用设计研究》[D]. 西安美术学院	2016
黄瑜潇	柏社村传统民居地坑窑院	通过对柏社村地坑窑院的现状调研，分析其存在的现状问题，针对这些问题，结合国内外生态低技术相关内容研究，找到合理有效的现代应用设计的方法，从生态低技术的角度提出柏社村地坑窑院建筑的保护改造方案	（1）采用静型夯筑墙体设备提高夯筑墙体的施工效率与精度。（2）将原基础进行整体浇筑，改用金属结构及金属拉结筋以提高生土墙的整体性和稳定性。在生土材料中加入添加剂夯实，形成表面光滑、高强度、高质量的夯土墙体。（3）在窑洞后部加设半透明金属瓦片天窗采光及通风竖井通风。（4）场地找坡防水，建筑结构节点设置干铺油毡、塑料布防水，或在土壤层下加设夹砂层减缓土壤水分下移过程。（5）场地找坡并于最低处加设渗水井。（6）与地面设置表面经过特殊设计及防水处理的生态卫生间。（7）采用适用于夯土墙的钢管采光通风窗、带有磨砂玻璃的采光铁管和带有防止雨水冲刷不见的预埋钢管夯土墙	《柏社村地坑窑院建筑的现代应用设计及其生态低技术研究》[D]. 西安建筑科技大学	2017

续表

研究者	研究对象	具体内容	现代技术应用 / 研究理论	出处	时间
任玲玲，刘源，童丽萍	河南三门峡庙上村某地坑窑	通过定量计算研究对象所需通风量，提出一种置换式通风系统，与自然通风效果进行对比分析。建立 ANSYS 有限元分析模型，比较了置换通风和自然通风对结构性能的影响，从而解决地坑窑通风不畅、室内潮湿发霉等问题	这种置换通风系统借助空气热浮力的作用采用机械通风模式。其原理是空气以比较小的速度和温差被送入人员活动空间下部，在送风和热浮力组成的上升气流的双重作用下，将空间内浑浊空气由空间顶部排出。主要由窑隔低位进气口和窑室进深窑底排风装置两部分组成。窑隔低位进气口位于门槛部位，将门槛开洞或者做成镂空即可。窑底排风装置位于窑室进深距离底部 0.5m 处，从拱顶向上延伸至地面，由管道式换气扇、U-PVC 通风管、地面防雨罩三部分组成	《置换通风系统对生土地坑窑舒适度的影响》[J]. 建筑科学	2017

资料来源：作者根据文献资料整理

4.2.2 地坑窑居更新改造技术策略

通过对前人研究成果的梳理总结以及我们进一步的研究，得出一些地坑窑改造的技术策略。这里我们试将柏社村地坑窑再利用中的技术策略归纳总结为以下几类：地坑窑结构加固、地坑窑自然采光与室内通风状况的提升、地坑窑室内热环境的改善、地坑窑的排水措施、地坑窑的窑顶利用等，如表 4.3 所示。

地坑窑改造技术策略 **表 4.3**

编号	技术策略	示意图	策略描述
1	结构加固		1. 利用砖券加固窑体结构； 2. 砌筑檐口以保护窑体墙壁； 3. 增加勒脚、散水，窑顶增加防水； 4. 使用现代新型门窗材料
2	通风采光提升		1. 设置通风采光井、通风管、导光管等； 2. 室内粉刷处理以增强反射能力； 3. 在窗户玻璃上增加反射膜

续表

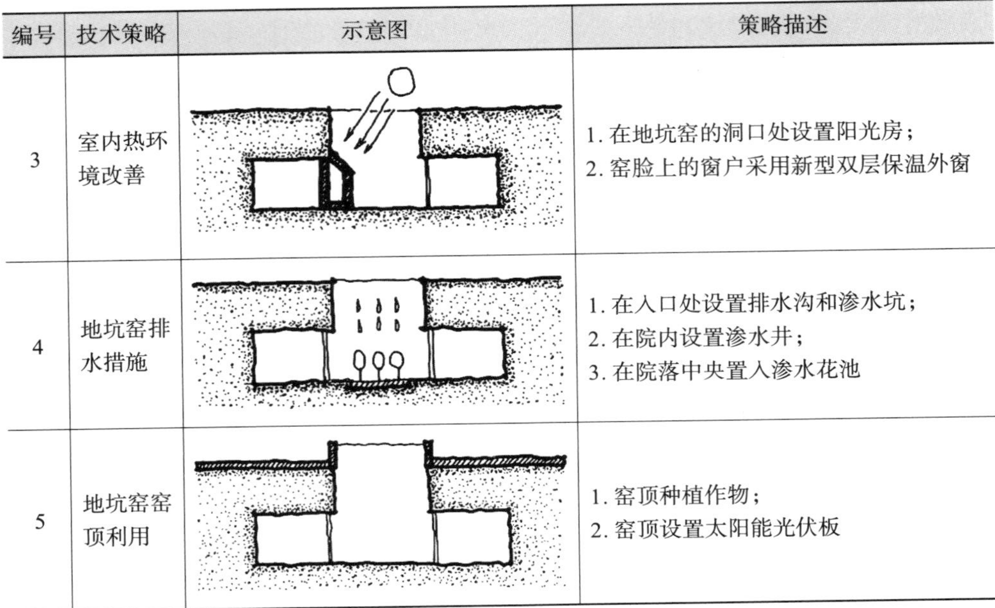

编号	技术策略	示意图	策略描述
3	室内热环境改善		1. 在地坑窑的洞口处设置阳光房； 2. 窑脸上的窗户采用新型双层保温外窗
4	地坑窑排水措施		1. 在入口处设置排水沟和渗水坑； 2. 在院内设置渗水井； 3. 在院落中央置入渗水花池
5	地坑窑窑顶利用		1. 窑顶种植作物； 2. 窑顶设置太阳能光伏板

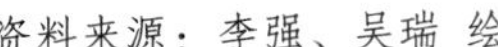

资料来源：李强、吴瑞 绘

1. 地坑窑的结构加固

地坑窑的结构加固是最基础、最常见、最易实施的一项技术策略。结构加固使用的材料为青砖、砂浆、水泥及新材料等，材料成本在村民可接收的范围内。

地坑窑结构加固的做法有以下几点：

a. 利用砖券加固窑体结构——通过在窑室内及窑脸处砌筑青砖拱券可有效增加窑体结构强度，防止地坑窑的塌陷，延长建筑使用寿命；

b. 砌筑檐口以保护窑体墙壁，起到防水作用——青砖及灰瓦配合砌筑的拦马墙及檐口可使雨水远离窑身的崖面，防止对地坑窑体的侵蚀；

c. 增加勒脚、散水，窑顶增加防水——利用青砖、水泥砂浆铺设散水，增加勒脚及窑顶防水的目的都在于疏导雨水远离窑体，减少侵蚀、延长使用寿命，同时减少外力对地坑窑的破坏作用，若使改造更为有效，也可以对窑脸甚至崖面进行全方位的处理，这样可以大大减少风雨对地坑窑身的侵蚀，延长使用寿命；

d. 使用现代新型门窗材料——对于地坑窑的门窗部分，可以使用新材料让其更加实用、坚固、美观，同时也可改善墙体的热工性能。

事实证明，地坑窑如果无人居住，很快就会废弃；倘若有人居住则会保存良好。这正是由于居住者会将自家窑院进行定期修缮维护和结构加固，使其保持整体的完好（图 4.8）。居住者利用青砖、灰瓦、砂浆、水泥等材料对地坑窑进行结

图 4.8　青砖修缮加固结构的地坑窑

图片来源：李强 摄

构加固后，地坑窑在更加坚固美观的同时还提高了自身的抗侵蚀能力。这种技术策略可以保护地坑窑的建筑结构，大大减少受外力破坏的可能。

图 4.9、图 4.10 为地坑窑结构加固（青砖灰瓦砌筑拦马墙及檐口、青砖加固勒脚、散水，使用新型门窗）的具体做法。

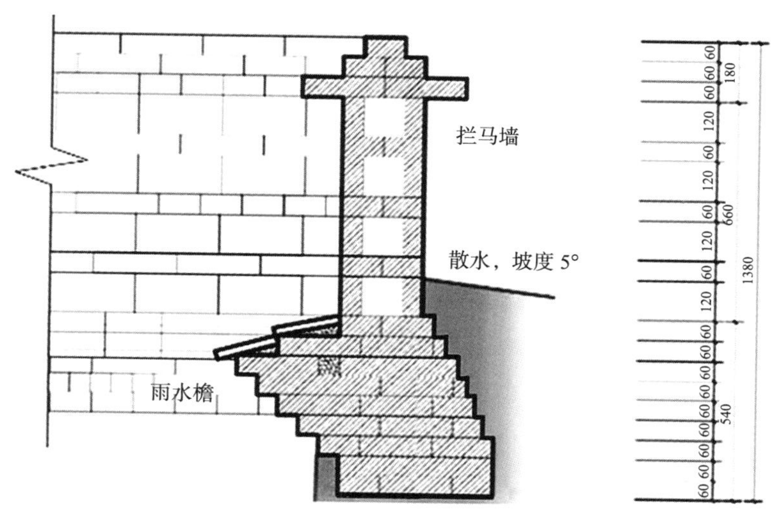

图 4.9　青砖灰瓦砌筑拦马墙及檐口

图片来源：李强 绘

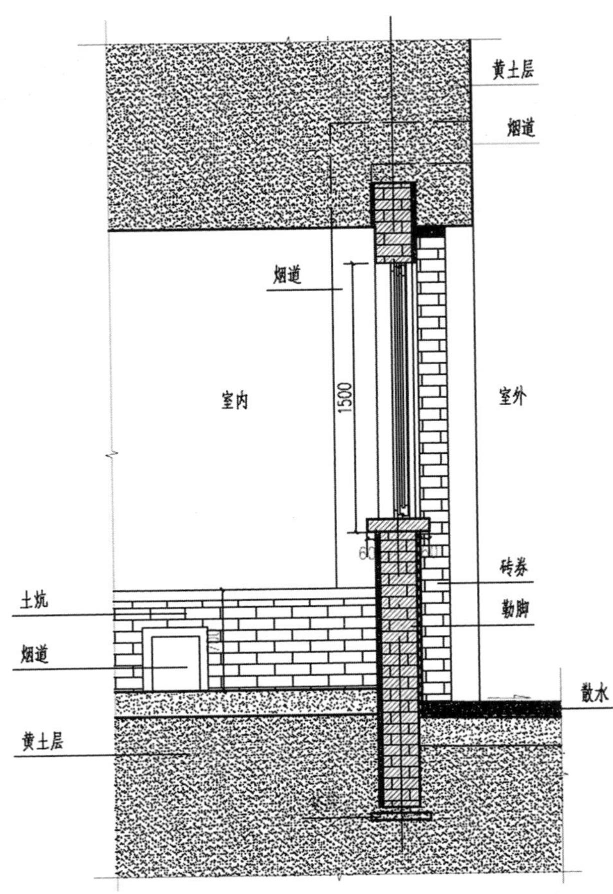

图 4.10　青砖加固勒脚、散水以及使用新型门窗

图片来源：李强 绘

2. 地坑窑自然采光与通风改进

众所周知，传统窑居建筑为单侧（窑院侧）采光和通风，往往会存在光照不足、光照不均、通风较差、夏季潮湿等问题，这些问题大大影响了窑洞的舒适性。当今的民居建筑要想满足现代人们的生活要求，首先就要解决这些问题。

地坑窑室内自然采光状况的改善措施有：在地坑窑窑室后侧加建通风采光天井、在窑室顶部设置导光管、在窗户玻璃上增加反射膜、对窑室内墙体进行粉刷以增强其反光能力等。

地坑窑室内通风状况的改善措施有：在地坑窑窑室后侧加建通风采光天井、在窑室顶部设置通风管等。

图 4.11、图 4.12 为地坑窑加建通风采光井的具体做法及原理。在通风采光井的井道上部设计了透光排烟天窗和百叶，雨天可以阻挡雨水的进入，日间自然

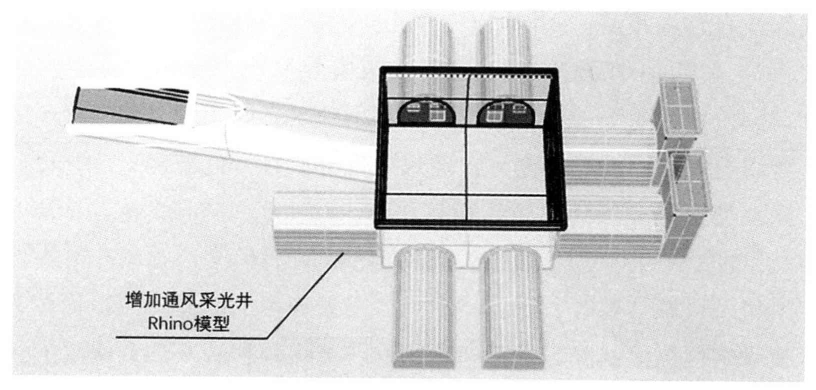

图 4.11　地坑窑加建通风采光井模型

图片来源：李强 绘

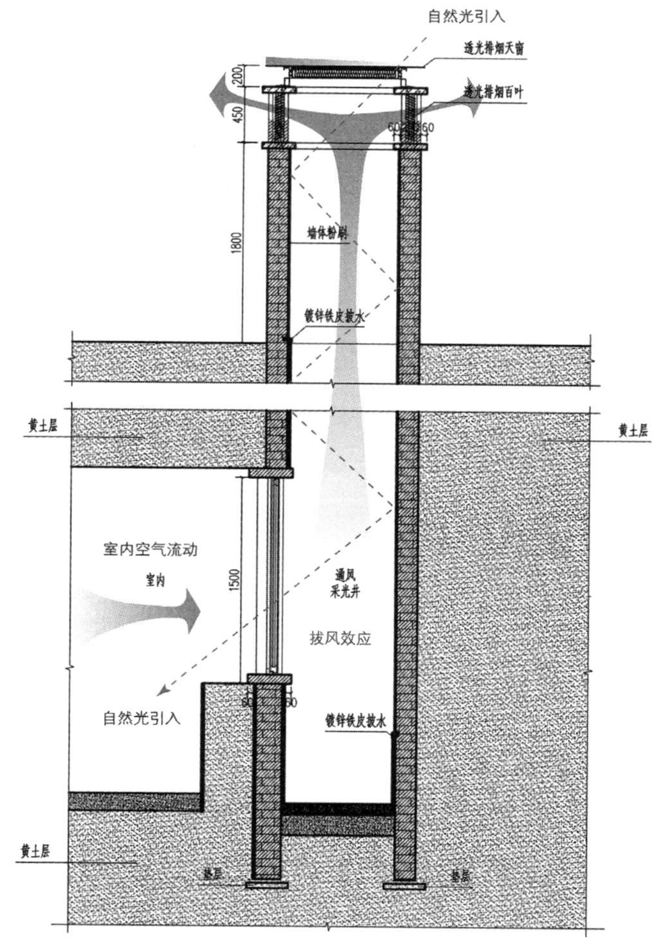

图 4.12　地坑窑通风采光井设计详图

图片来源：李强 绘

光可以透过，直射入井道，并通过漫反射进入室内，与此同时通过抹灰刷墙等来提高采光井以及室内的反射能力、通过人工安装照明设备来改善室内的采光状况。夏季窑洞内部的潮湿主要是由于窑居室内缺乏良好的通风而引起。通过设置通风口，可以形成室内的风力循环；通风井顶部设置深色玻璃，这样可以吸收日照加热，从而使通风井顶部的局部温度升高，带动室内空气的流动而形成“拔风效应”，以此加强室内空气对流、改善窑居内部潮湿状况；通风井露出地面部分还设计了风机及可调节百叶，到了夏季或者需要通风的时候，可以设置为打开状态，改善夏季室内潮湿状况，到了寒冷的季节可将其闭合来达到保温的目的。

在地坑窑的窑室顶部设置通风管的技术策略适用于进深不大的窑室。这种地坑窑室内自然采光基本满足日常需求，只需再在窑室后侧加建通风管即可解决室内通风差的问题，且具有造价低廉的优点，如图 4.13 所示。

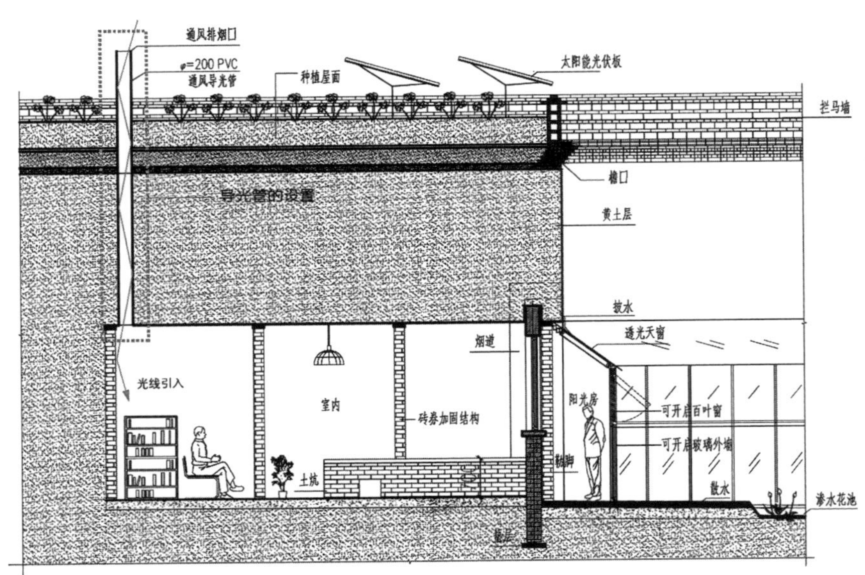

图 4.13　地坑窑通风管设置

图片来源：李强 绘

3. 地坑窑室内热环境改善

众所周知，窑洞本身具有冬暖夏凉的特性。但是地坑窑的窑室中存在着温度分布不均匀的问题，尤其在冬季的时候，窑口处温度会明显降低。为此，可以在地坑窑的洞口处设置阳光房（图 4.14），通过储热而提高冬季室内温度，并使空气膨胀加强窑居内的气体对流；窑脸上的窗户采用新型双层保温外窗，可以提高窑室入口处及窑室内部的保温性能。具体做法如图 4.15 所示。

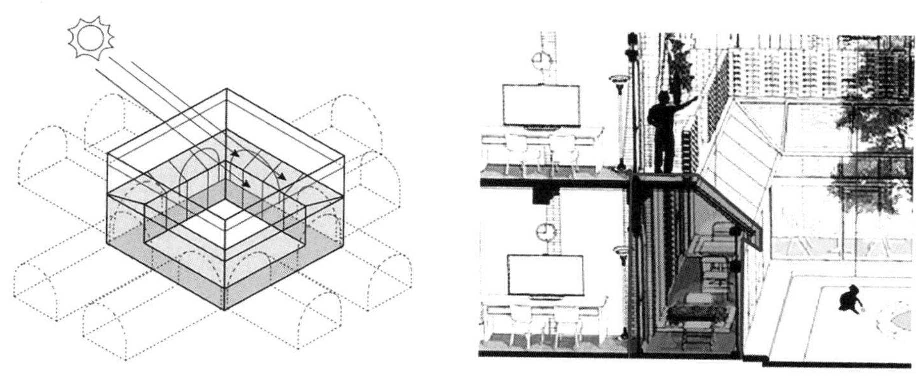

图 4.14　地坑窑阳光房设计

图片来源：李强 绘

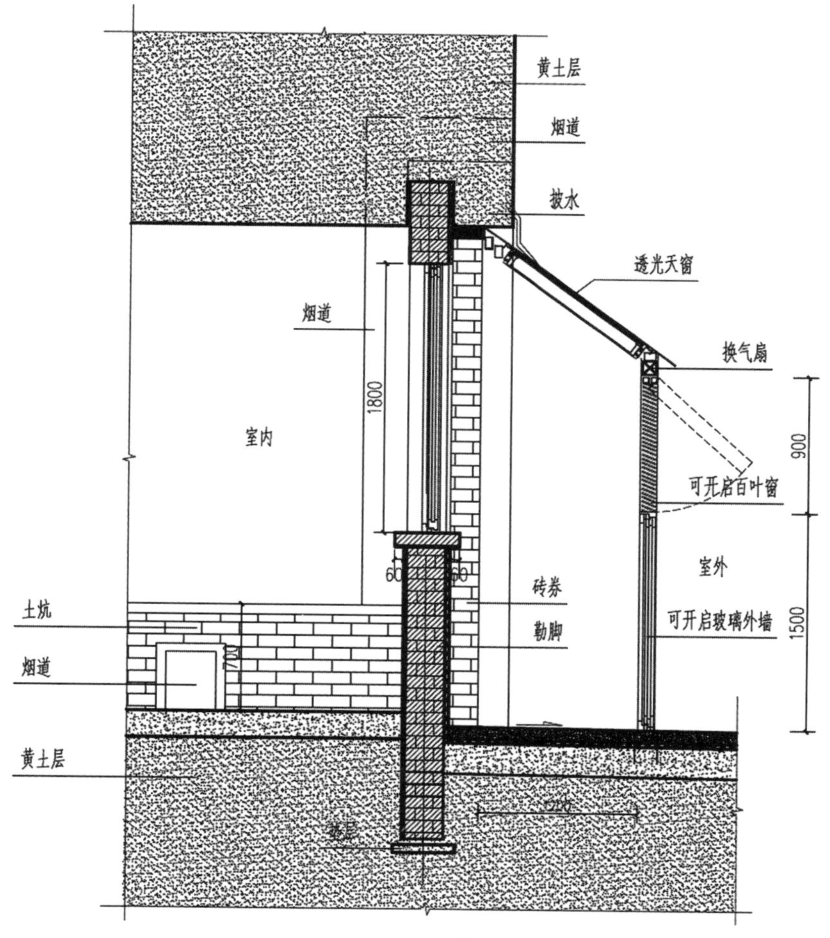

图 4.15　窑居太阳房构造详图

图片来源：李强 绘

4. 地坑窑的排水措施

地坑窑排水措施主要针对院落及地上广场空间。

对于院落而言，排水措施有：在入口处设置排水沟将雨水引导至门外渗水坑；在院内设置渗水井；在院落中央置入生态景观以及渗水花池并通过硬质铺地和坡度、高差对雨水进行合理引导。这些措施可以有效回收利用雨水及排水。

在入口处设置排水沟并用青砖、水泥砂浆硬化表面，可以将雨水引流到院门口的渗水坑内从而避免从入口甬道流下的雨水进入院落；在院内设置渗水井可以将院内的雨水引导流入，进而被土壤吸收或收集雨水再次利用（图 4.16）。

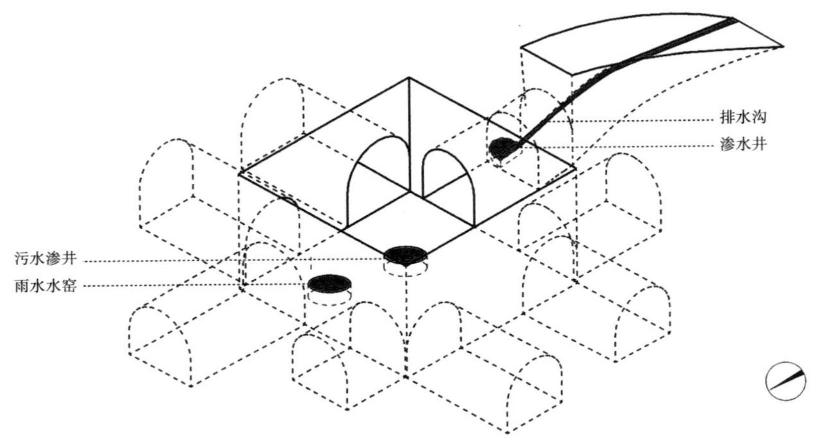

图 4.16　地坑窑排水沟与渗水井

图片来源：李强 绘

在地坑窑院的渗水花池中加入生态景观，可以丰富地坑窑院落的空间层次，改善院中及窑洞室内的微气候（图 4.17、图 4.18）。柏社村地坑窑院的中央大多设置有水井，村民们会在窑院的土质铺地上种植植物，这种做法在满足院落空间美观的同时还兼具了防雨水侵蚀窑身的功能——渗水花池通过四周的吸水土壤让雨水迅速地下渗到黄土层，并对土壤与窑洞抄手走廊交接的地方进行硬化和防水处理，从而让雨水远离窑室，以此减少对地坑窑土层的破坏，延长了地坑窑的使用寿命。渗水花池中的土壤还具有集水作用，可以保持适度的水分，满足庭院中植物生长的需求。[①]

此外，对于地坑窑内如厕不便的现状，可在地坑窑院内置入生态厕所。旱厕

① 黄瑜潇．柏社村地坑窑院建筑的现代应用设计及其生态低技术研究 [D]. 西安建筑科技大学，2017：49.

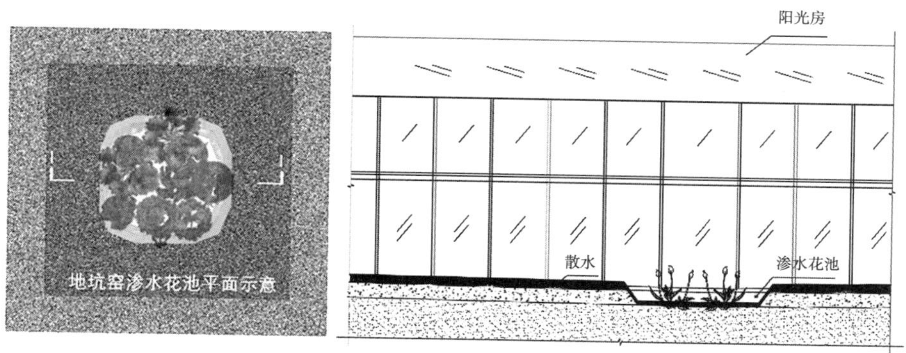

图 4.17　地坑窑渗水花池设计

图片来源：李强 绘

图 4.18　地坑窑院内生态景观

图片来源：李强 摄

改造应该与粪污处理同步解决，黑龙江省鸿盛建筑科学研究院林国海教授研制出的粪污净化处理罐可有效解决以上问题（图 4.19）。改造时以每户为一个独立单位，将马桶、盥洗、厨房的生活粪便和污水集中排放到一个地下生物降解粪污净化处理罐内，粪污通过罐体内的耐低温生物菌群净化处理后，污水自动从罐体内溢出，再经罐体外周边带有净化菌群的回填土二次净化处理后，达到国家规定一级 B 的污水排放标准。正常使用 1-2 年内不需要清掏或维护。罐体容积为 1.0 立方米，日处理生活粪污 0.5 吨。

对于窑顶的地上空间，可以将窑顶黄土夯实或者在窑顶铺设防水卷材，并通过坡度与高差引导和收集雨水，从而保护地坑窑不受侵蚀。①

① 李蔓，崔陇鹏，孙鸽，吕育慧 . 乡土聚落的重生——陕西省三原县柏社村地坑窑改造示范[J]. 建筑与文化，2017（12）：13-17.

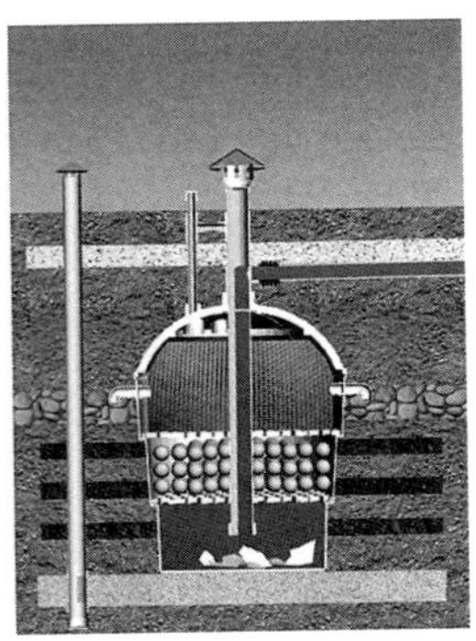

图 4.19　粪污净化处理罐安装及工作原理图

图片来源：林国海教授团队

5. 地坑窑的窑顶利用

我国黄土高原的土质均匀，且分布连续而延展，地表的覆盖层完整统一。对于柏社村的地坑窑居来说，平整的窑顶空间也可以通过窑顶种植而加以利用。种植的作物可以依据柏社村的农作物状况、所需最小土层厚度、造价成本、屋顶覆土层厚度而进行选择，做法成熟的话在满足村民日常自给自足需求的基础上还可以提高经济效益。这种做法需要在窑顶设置防水层，以防止种植灌溉时对窑洞的黄土结构造成损害。

除此之外，可以在窑顶设置太阳能光伏板。通过在窑顶设置与窑洞内部的电缆相互连通的太阳能光伏板，可以满足居住者日常的用电需求，节约电和煤的使用，有利于减少碳排放，具有节能、环保、安全的优点（图 4.20）。

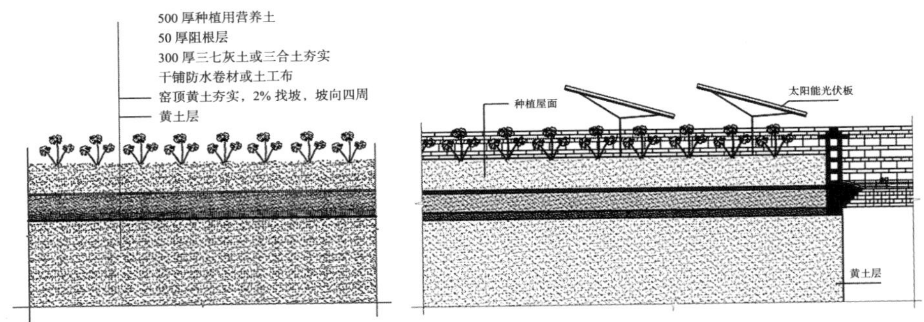

图 4.20　窑顶种植屋面与太阳能光伏板

图片来源：李强　绘

4.2.3 地坑窑改造有效性的模拟验证

如上文所述，柏社村地坑窑再利用中有众多的空间改造模式和技术策略，而这些改造的有效性有待验证。本次研究选取了 Ladybug 和 Honeybee 软件并配合 PHOENICS 对改造前后的全年自然采光、总舒适时长、温湿度及通风状况等指标进行模拟对比。利用以上软件对改造前后的地坑窑进行模拟，通过对比模拟结果来验证这些改造技术策略的合理性。

1. 模拟软件的选取

本研究选取了 Ladybug 和 Honeybee 软件并配合 PHOENICS 进行地坑窑改造前后的全年自然采光、总舒适时长、温湿度及通风状况等指标的模拟对比。

Ladybug + Honeybee 是如今将参数化设计与建筑的物理性能、环境状况模拟等整合的综合开发软件代表。通过这套工具可以进行有效的环境分析、建筑自身性能模拟等众多功能，并且实现了耦合多种因素分析的模拟算法；Ladybug + Honeybee 工具作为一款集建筑设计与性能模拟分析为一体的综合性参数化设计平台，展示出参数化在未来建筑设计与模拟领域的巨大潜力。

如表 4.4 所示，该工具以 Ladybug 和 Honeybee 为核心、以多项工具相结合辅助配合。Ladybug 可以针对气候情况进行分析和处理，并可提供多元化条件信息及决策界面，可以对气候数据读取分析并生成对应的气候图及被动式设计策略，也能够分析太阳辐射、阴影遮挡等自然环境因素，甚至能够依据这些数据而生成一定的建筑形态。Honeybee 工具将美国能源部开发的能耗计算软件 Energy Plus 以及专业化的光模拟内核 Radiance 进行整合，从而具备了更为可靠的模拟性能，可以用其完成能耗的计算、光环境的模拟以及结构热桥分析等，Ladybug

Honeybee 和 Ladybug 工具架构与功能关系　　**表 4.4**

序号	工具名称	功能	性能分析	计算内核
1	Ladybug	环境分析 生物气候图计算	风向风速太阳辐射 太阳轨迹太阳罩 遮阳分析阴影分析 焓湿图 / 生物气候图 ……	Python
2	Honeybee	能耗模拟 日照及采光模拟 舒适度测算	能耗模拟计算 热舒适计算 软件热桥分析 可持续能源计算 眩光分析 / 日照分析 ……	EnergyPlus Radiance Daysim OpenStudio Python

资料来源：毕晓健，刘丛红．未来设计：基于 Ladybug+Honeybee 的参数化性能设计方法 [J]. 建筑师，2018(01)：131-136.

和 Honeybee 工具可以在建筑设计师在建筑性能设计的各个环节中使用。①

Ladybug 和 Honeybee 工具可以在相同的参数化模型中将自然采光、通风、太阳能产能和能耗模拟等因素进行耦合计算，具有很高的模拟精度。这款工具还可以因地制宜，依据我国或地方的节能设计规范要求，输入不同的参数，并以 Grasshopper 进化算法求解，可实现基于地域条件下节能目标的建筑形式自动寻求最优解，使建筑设计师从中解放出来而更加专注于建筑设计的本身，专注于以节约能耗为目标的设计创新。②

PHOENICS 是用于计算流体和传热学的一套商业软件，它广泛应用于建筑及暖通设计优化、航空航天、汽车、船舶、环境、化工、能源动力等多个领域，也是应用较为普遍的建筑风环境模拟软件，本文选用该软件进行地坑窑改造前后通风环境的模拟研究。

2. 改造前后软件模拟

为验证地坑窑空间层面上改造技术策略的有效性，以下模拟研究针对加建通风采光井及阳光房进行。在软件模拟之前，首先用 Rhino 建模软件对标准窑洞、加建阳光房、加建通风采光井、横向扩建及纵向扩建这几种情况进行建模，之后再利用 Ladybug 和 Honeybee 等软件，针对柏社村地坑窑改造前后全年自然采光、总舒适时间、温湿度及通风状况等几个方面进行模拟对比，如表 4.5 所示。

柏社村窑洞模拟对比指标 **表 4.5**

研究项	窑洞现况	采用软件	模拟目的
全年自然采光	窑洞室内昏暗、照度低	Ladybug	改造后是否改善室内昏暗的缺陷
总舒适时间	窑洞冬暖夏凉，热工性能良好	Ladybug Honeybee	改造后是否不丧失冬暖夏凉的特性
温湿度	窑洞室内潮湿	Ladybug Honeybee	改造后是否克服室内潮湿的缺陷
通风状况	窑洞室内通风差	Phoenics	改造后是否改善室内通风差的缺陷

资料来源：李强 绘

1）全年自然采光模拟

建筑的全年自然采光百分比（Daylight Autonomy，DA）充分考虑了建筑朝

① 毕晓健，刘丛红．未来设计：基于 Ladybug+Honeybee 的参数化性能设计方法 [J]. 建筑师，2018（01）：131-136.

② 毕晓健，刘丛红．基于 Ladybug+Honeybee 的参数化节能设计研究——以寒冷地区办公综合体为例 [J]. 建筑学报，2018（02）：44-49.

向、使用时间和全年中实际天气状况的影响，是一个全面和系统地评价全年有效自然采光的综合指标，它计算了在一年有效时间中（指使用该空间的小时数）空间内水平面上的点在仅有自然光照明情况下达到目标照度的时间百分比。而SDA（Spatial Daylight Autonomy）表述为SDA300/50%（IES推荐的衡量标准），用来表述空间所有水平照度计算点中有多少百分比的计算点在一年中（指空间占有时间，按一天10小时计）可以有超过50%的时间仅在自然光照射下就达到300lx。IES选择300lx是因为该值与IES的LEED等各个设计标准重合较多；50%则是许多研究表明50%的空间达到300lx时，人们对空间视觉舒适度与满意度较高。①

Rhino加上Ladybug的插件可模拟全年自然采光，它通过实测的数据（EPW文件）进行建模，并通过Radiance的光迹追踪计算对DA和SDA值进行模拟。

本次模拟目的在于测试加建通风采光井后室内自然采光是否比改造前有所改善。对标准地坑窑及加建通风采光井后的地坑窑进行Rhino建模，并将地坑窑各窑室编号（1-7号），选取柏社村当地太阳高度角和太阳轨迹（图4.21），并利用Ladybug软件模拟窑洞改造前后的DA值，模拟结果如图4.22所示。

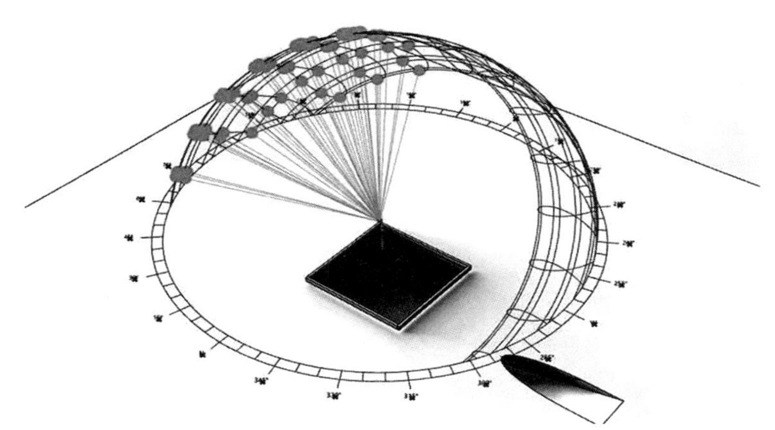

图4.21 选取当地太阳高度角和太阳轨迹

图片来源：李强 绘

之后，笔者将标准地坑窑和加建通风采光井后的地坑窑进行SDA值的模拟并将模拟结果对比，整理如表4.6所示（窑室编号同测试DA时图中编号）。

① 中国建筑科学研究院. GB 50033—2013 建筑采光设计标准[S]. 北京：中国建筑工业出版社，2012.

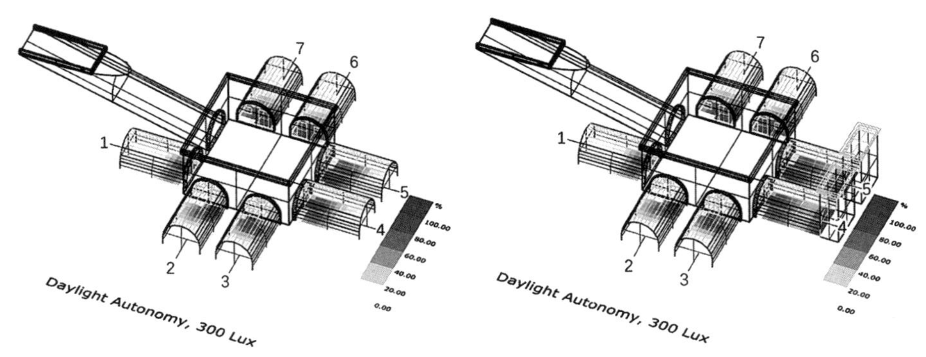

图 4.22　加建通风采光井前后地坑窑 DA 模拟结果

图片来源：李强 绘

加建通风采光井后的 SDA 值变化　　　　**表 4.6**

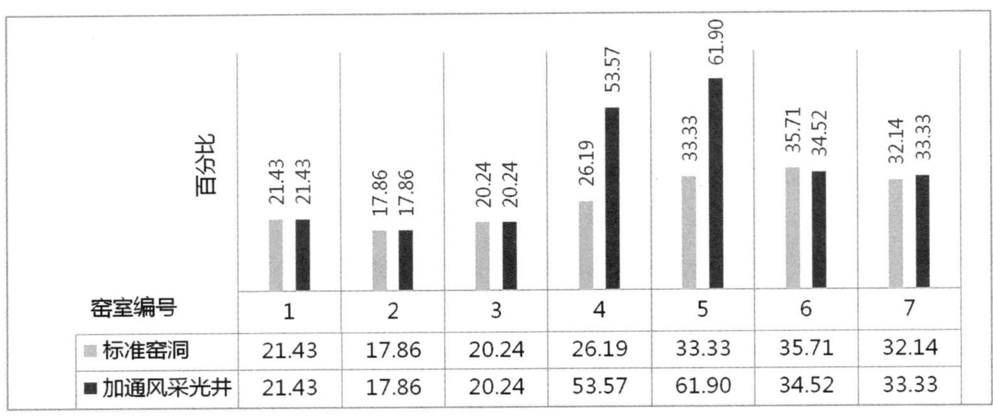

窑室编号	1	2	3	4	5	6	7
标准窑洞	21.43	17.86	20.24	26.19	33.33	35.71	32.14
加通风采光井	21.43	17.86	20.24	53.57	61.90	34.52	33.33

资料来源：李强 绘

基于以上模拟结果的对比，得出针对地坑窑空间形态改造模式的有效性及合理性分析评价，列于表 4.7。

全年自然采光模拟分析表　　　　**表 4.7**

改造策略	模拟指标	模拟结果对比	模拟结果分析
加建通风采光井（4、5 号窑室）	DA	红色区域明显增大，4、5 号窑室全年达到合理自然采光值的点几乎在窑洞内实现全覆盖	在 4、5 号窑室后侧增加通风采光井后，窑洞室内的全年自然采光达到合理值的时间百分比更高
	SDA	4 号窑室测试数值由 26.19% 提升至 53.57%；5 号窑洞测试数值由 33.33% 提升至 61.90%	在 4、5 号窑室后侧增加通风采光井后，窑洞室内的全年自然采光达到合理值的面积百分比更高

资料来源：李强 绘

通过模拟结果直观的对比以及与之前研究中采集的原始采光物理数据的比较，可以看出加建通风采光井后的地坑窑室内自然采光有了明显改善，窑室内采光均匀，基本满足了使用者全年的使用需求。

2）总舒适时长模拟

加建阳光房的主要目的是为了改善地坑窑冬季室内温度分布不均的状况。在冬季，阳光房可以储存热量并让空气膨胀，提升窑口温度，改善室内通风；夏季可以将阳光房上的遮阳百叶闭合，将玻璃打开以增加室内通风。

利用 Ladybug 和 Honeybee 软件对加建阳光房前后的地坑窑在冬季最冷的一周时间段进行模拟，得到总舒适时长百分比（Total Percentage of Comfort Time）、总舒适时长百分比 / 考虑泥土的蓄热功能（Total Percentage of Comfort Time/ With Thermal Mass），模拟结果如表 4.8 所示。

总舒适时长模拟分析表 **表 4.8**

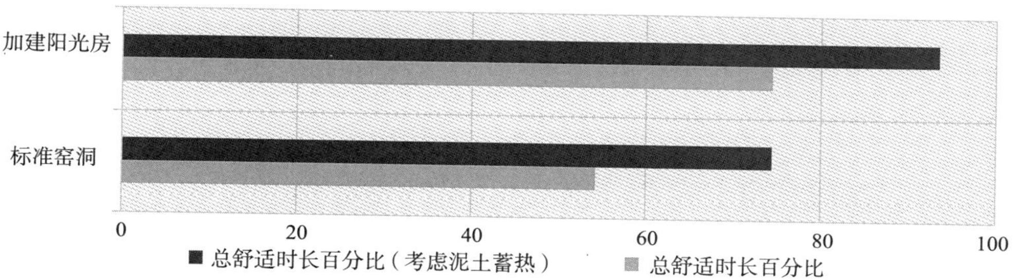

资料来源：李强 绘

从以上图表可直观看出，加建阳光房后的地坑窑室内总舒适时长显著增加，说明这种改造策略在客观上达到了的理想室内居住物理环境。如果有泥土蓄热，改造结果会更为有效——地坑窑的泥土蓄热功能使其在加建阳光房后窑室内总舒适时长达到 93.5%，极大地改善了冬季窑室内温度不均的情况。

3）温湿度模拟

根据之前的调研问卷，发现地坑窑存在很大的夏季潮湿问题。为验证加建通风采光井及阳光房后的地坑窑是否改善了夏季室内潮湿状况，本次模拟选取了夏季最热一周时间段进行，图 4.23 为标准地坑窑以及改造后的地坑窑室内温湿图（Psychrometric Chart）。图中横坐标表示干球温度（Dry Bulb Temperature），是从暴露于空气中而又不受太阳直接照射的干球温度表上所读取的数值；纵坐标为湿度比。模拟计算的图块结果在图中的红框范围内则表示能够达到适宜的室内温湿度。

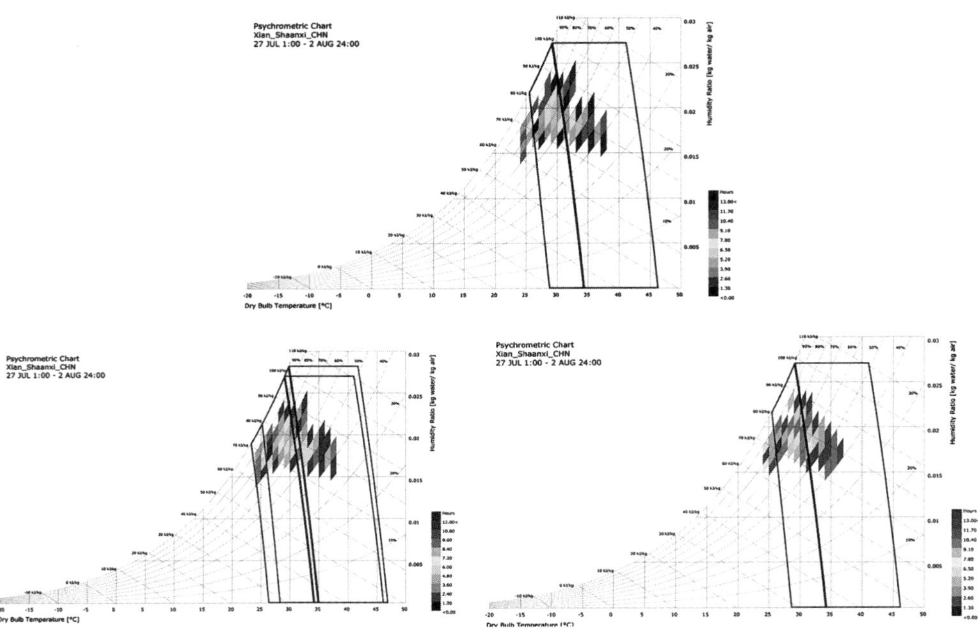

图 4.23　标准地坑窑、加建阳光房、加建通风采光井温湿图

图片来源：李强 绘

由以上温湿图结果与未改造前的地坑窑原始调研数据的对比，可以得知地坑窑加建阳光房及加建通风采光井后均可在一定程度上提升室内适宜温湿度时长所占比例，改善夏季窑室内的潮湿状况。

4）通风状况模拟

加建通风采光井的目的除了改善室内采光之外，还可改善室内通风状况。为验证改造的有效性，将标准地坑窑与加建通风采光井之后的地坑窑在 PHOENICS 软件中进行通风模拟。模拟选取湍流模型 RNGK-ε，打开能量方程选项。根据当地气候数据（图 4.24），选取东北风为主导风向并设置入口边界处梯度风速 v_0= 1.8m/s。

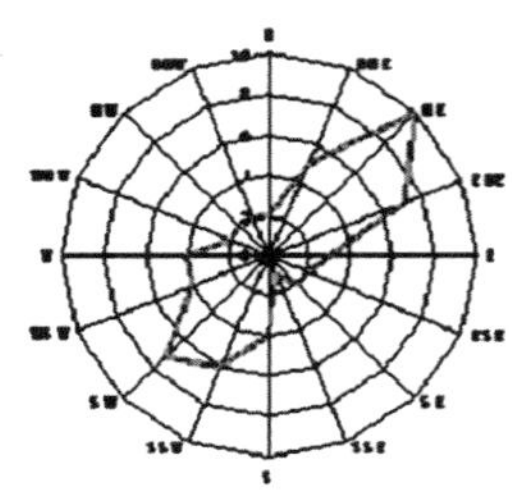

时段	平均风速（m/s）	静风频率（%）	主导风向
春季回暖期（4 月 1～30 日）	0.7–2.6	27.9	东北
初夏少雨期（5 月 1 日～6 月 20 日）	1.4–2.1	26.9	东北
初夏多雨期（6 月 21 日～7 月 20 日）	1.6–2.0	24.5	东北
盛夏伏旱期（7 月 21 日～8 月 20 日）	1.7–2.1	24.5	东北
初秋多雨期（8 月 21 日～10 月 10 日）	1.0–1.8	35.2	东北
秋季凉爽期（10 月 11～31 日）	1.0–1.8	38.8	东北

图 4.24　咸阳市风玫瑰及风环境数据

数据来源：陕西省气象局

图 4.25、图 4.26 为通风采光井加建前后地坑窑的室内风环境模拟结果。

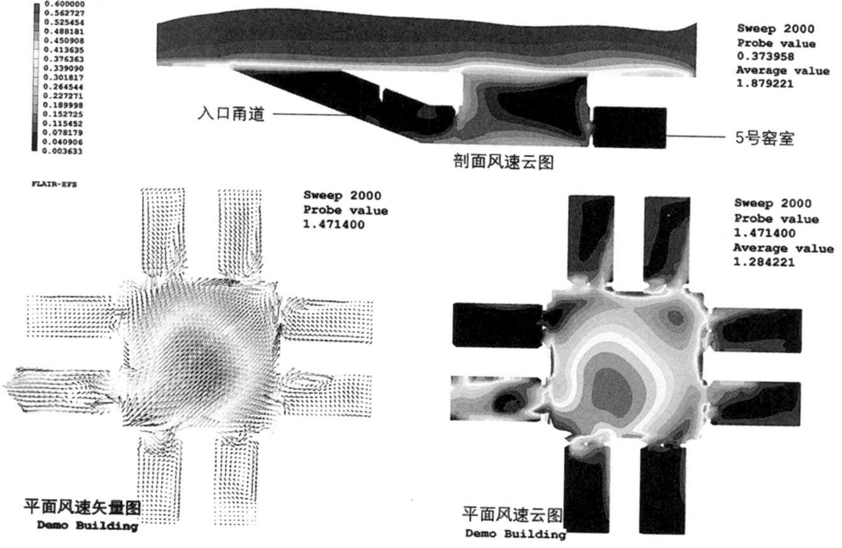

图 4.25　标准窑洞室内风环境

图片来源：李强 绘

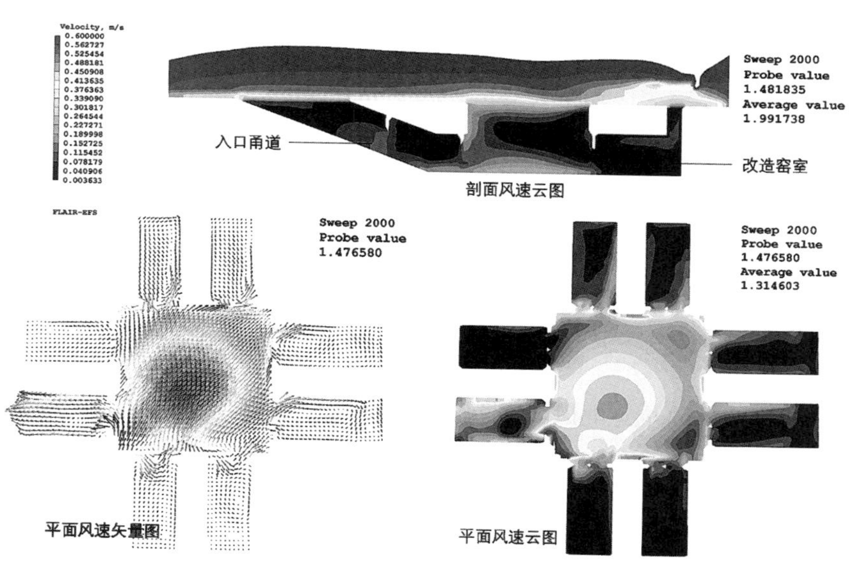

图 4.26　加建通风采光井后室内风环境

图片来源：李强 绘

由以上通风模拟图可看出，加建通风采光井之后的地坑窑通风更加理想。测试发现，通风井地面上部玻璃挡板朝风向侧适当倾斜（增大进入室内的空气量）会使室内通风状况具有更理想的改观，基本满足了人的日常生活需求。

3. 地坑窑改造技术策略有效性分析

上文经过 Ladybug 和 Honeybee、PHOENICS 软件工具的模拟，更为直观和精确地得到了地坑窑空间层面上的改造技术策略（加建阳光房、加建通风采光井）对地坑窑在全年自然采光、总舒适时长、温湿度及通风状况等几个方面的影响。通过对以上研究成果的整理，得到改造有效性的评价分析，并结合第三章中现代人的生活需求，尝试针对性地给出改造建议，列于表 4.9。

地坑窑改造技术策略有效性评估　　表 4.9

技术策略	软件模拟结果	综合评价建议
加建阳光房	自然采光和通风状况基本保持原状；总舒适时长有了明显提升，冬季室内受热不均情况得到解决，室内温湿度基本达到了理想效果	通过加建阳光房，窑洞室内的热环境及居住舒适性得到很大程度的改善，冬暖夏凉的特性更为加强；窑室外侧多出了一些公共空间；室内潮湿程度也有所改善；窑洞耐久性有适当提升，对于人们日常生活质量有所提升。 此种改造模式未能解决一些诸如上下便捷程度的基本生活需求，可结合该需求进行提升设计，如设置外挂电梯等。在后续的改造中，可以使室内空间分割更为灵活，配合其他技术策略一并进行改造以获得更佳的效果
加建通风采光井	自然采光情况有了明显提升；总舒适时长有了一定提升，室内通风状况有很大改观，室内温湿度有所改善，夏季潮湿状况得到了很大改善	加建通风采光井之后的地坑窑明显提升了窑洞的居住舒适性，尤其是改善了其自然采光及通风环境，夏季潮湿的问题得到了有效解决。但此种改造模式依然未回应上下便捷程度等生活基本问题。 之后的改造可以将通风采光井结合垂直交通进行再设计，甚至可以采用部分混凝土构造元素来提高多层窑洞的完整性和抗震性能，[①] 并且需在设计上合理引导，改进窑洞尺度和空间形式，建造合理设计后的多层窑洞

资料来源：作者自绘

4. 应用技术策略的地坑窑改造探索

从以上柏社村地坑窑空间改造技术策略的验证结果可以看出，如果将这些技术策略配合使用，便可将柏社村即将废弃的地坑窑更为有效地进行再利用。为此，我们尝试运用这些技术策略对地坑窑进行整体改造，图 4.27 为本次改造的模型及原理图。

该改造模型包括了以下几个方面的特征：

① Study on constructive system of green cave dwelling in Loess Plateau—Interpretation with the “regional gene” theory[J].Journal of Zhejiang University（Science A：An International Applied Physics & Engineering Journal），2007（11）：1754-1761.

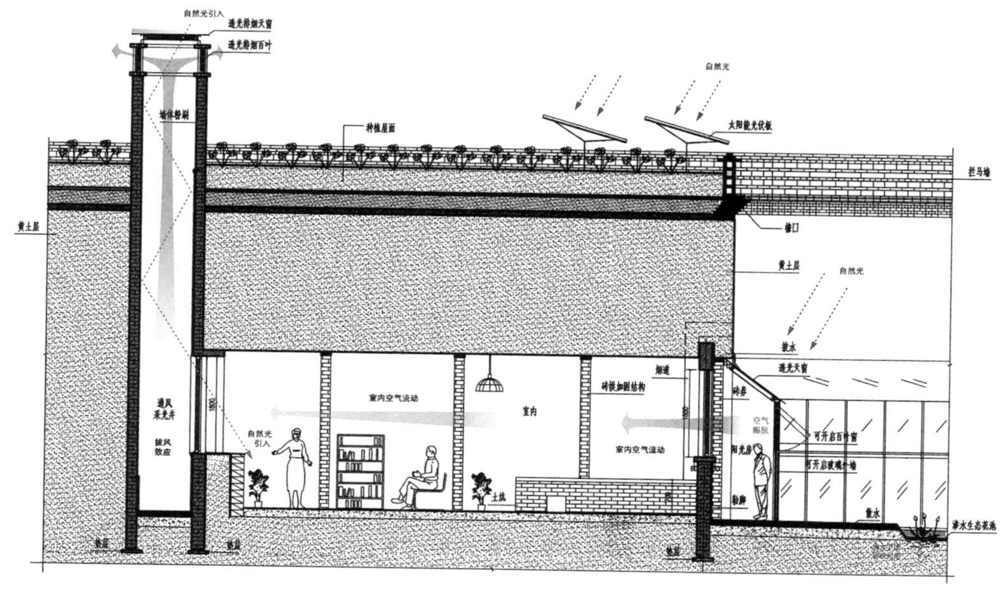

图 4.27　地坑窑单体建筑改造图示

图片来源：李强 绘

（1）利用青砖和抹灰修缮加固地坑窑的窑脸和踢脚、散水，并做好防水措施，有效增强地坑窑的坚固耐久性，在延长地坑窑的使用寿命的同时保留了地坑窑冬暖夏凉的特性；

（2）通过在窑居后部设置通风采光井，解决了地坑窑室内通风和采光差的问题，增强室内通风后也间接改善了室内潮湿的问题，使得窑居室内空间更利于现代生活状况，提高了居住者在室内的舒适性；

（3）在窑脸一侧加设阳光房，可以在冬季储热，改善室内温度不均的状况；阳光房顶部还设置有换气扇，结合阳光房自身属性（阳光房内的空气受热膨胀进入窑室内部）可有效增强室内空气的流通；阳光房的屋檐上设置可调节百叶，在有需要的时候可以通过调节百叶开合角度控制自然光射入量；

（4）屋顶设置的太阳能光伏板可以为建筑室内提供电能，减少煤炭和市政用电的消耗，有效降低建筑能耗，使地坑窑更加绿色环保；此外，在兼顾窑居建筑美观的同时，增设太阳能热水器还可以为居住者提供生活热水；

（5）窑脸上设置的保温玻璃外窗和保湿窗帘可以使得窑洞室内具有稳定舒适的热环境，减少窑洞室内热量的散失；

（6）通过改造窑顶防止雨水对黄土结构的破坏，并在此基础上使窑顶具备覆土种植功能，结合院内作物种植，可在满足村民自给自足的同时创造经济价值；

（7）在地上加建生土卫生间、在庭院设计生态景观池，有效利用回收的雨水，增强地坑窑居的绿色生态特性；庭院的植物还能对窑院内的太阳辐射与通风产生影响，调节窑院和窑室内的微气候。①

对地坑窑居进行以上再利用改造后，可以提升其物理性能以及室内舒适度，使居住者的居住质量和生活环境得到极大改善。

4.3 西安建筑科技大学地坑窑研究

2015 年秋季，由西安建筑科技大学李岳岩教授带队，13 位建筑系本科四年级学生在陕西三原县柏社村进行了为期一周的实地测绘调研（图 4.28、图 4.29），对地块内 221 座地坑窑院的使用情况、空间形态进行整理测绘。针对柏社村内窑院被大量废弃的现状，调研结束后，学生在教授指导下完成了各自对于柏社村地坑窑院的更新改造设计方案，以提高空间利用率并改善当地居民生活质量。方案主要分为客舍、自宅更新、村民活动中心、幼儿园、艺术家展览馆等几类改造（表 4.10）。本书选取其中 5 个具有代表性的方案进行介绍。

图 4.28　地坑窑 studio 参与师生

图片来源：地坑窑 studio 提供

① 周若祁等 . 绿色建筑体系与黄土高原基本聚居模式 [M]. 北京：中国建筑工业出版社，2007：207-208.

图 4.29　柏社村 studio 小组调研

图片来源：李岳岩 摄

地坑窑 studio 设计介绍　　表 4.10

设计者	改造类型	设计介绍
陈以健	窑洞博物馆	通过天井院的置入在废弃窑院内设计新的流线，改造成窑洞博物馆，以唤起人们对于日渐消逝的民居建筑的历史价值的重视
樊先祺	客舍	对一户人家进行自宅更新，通过功能重组、外形重组、结构重建改造为客舍，让地坑窑这一传统建筑形式发挥出更大潜质
郝姗	自宅更新	通过对窑洞进行生产生活空间相结合的改造，吸引家庭主要劳动力回归，并改善居住体验，方便生活
李川	客舍	发挥地坑窑原有优势，重塑空间形式，移植生态物理环境，唤起地坑窑活力，更新人们认知
李强	客舍	通过地下二层和采光廊以及绿化景观的置入，更好地利用空间并改善居住品质
梁仕秋	艺术家工作室	与艺术家作品结合，将场地开阔的视野引入到建筑空间中，调整空间功能，形成开阔明亮的系列功能空间，改造为艺术家之宅
刘觐魁	展览馆	对窑洞空间抽象提取，以光线的叙述串联起室内空间，增强当地居民的文化意识和自我认同感
卢凯	幼儿园	通过在闲置窑洞内置入儿童活动室、阅览室、音乐教室等功能，将其改造为幼儿园，解决当地上学不便的问题
齐尧	老年居住模块	将多个窑院以交通空间为核心进行连接，方便村内老人的日常交流与联系，化解养老压力
吴瑞	村民活动中心	将废弃的地上建筑和地下窑院联系起来，使其转型为村民活动中心便于村内老人的使用

续表

设计者	改造类型	设计介绍
杨眉	艺术家工作室	将一座原三户共用的大窑洞改造为画家工作室，利用大庭院植入二层公共空间连接各画室，促进交流
张冲	自宅更新	通过阳光房、可调百叶、太阳能集热板等多种生态技术的应用，改善室内微气候，提升住户的居住环境
甄泽华	幼儿园	从地上地下的连接出发，充分利用庭院空间，将废弃窑院改造为幼儿园

资料来源：徐子琪绘制

4.3.1 柏社新院——黄土高原地区村落旅社设计

1. 方案简介

该方案由西安建筑科技大学李强设计。方案选取柏社村某一窑院进行改造，将其功能置换为柏社驿站，充分发挥地坑窑院的优势，规避劣势，从空间及构造上对窑院进行一系列的设计与探索，并合理应用一些现代生态技术，在原始形态基础上置入采光廊和绿化景观，并进行横向层面调整，改善室内通风状况和微气候，如图 4.30 所示。

2. 设计特色

在结构上，本方案结合传统地坑窑结构技术，在此基础上进行创新，形成独特的建筑内部空间形态（图 4.31）。

在绿色技术上，本方案采用多种生态技术，利用坡地的高差布置雨水收集系统，雨水通过合院四周的排水沟收集，最终汇入低处的储水装置，经过处理后提供灌溉和部分生活用水。设计者在负二层庭院内房间前设置阳光房，顶部采用可调节百叶，利于建筑在夏季和冬季进行微气候调节。建筑设置的采光、通风廊的墙面均铺鹅卵石以利于建筑储热及阳光进入（图 4.32）。

4.3.2 嵌·聚——村民活动微中心设计

1. 方案简介

该方案由西安建筑科技大学本科生吴瑞设计。方案选取两者之间没有关系的地上建筑和地下窑院作为改造对象，采用独特的设计方式将两者联系起来，对废弃地坑窑进行合理的改造利用，使其功能转化为村民活动中心，便于村内老人的使用。建筑整体功能多样紧凑，空间充满趣味。方案通过两个过渡空间以及交通空间的置入将地上、地下建筑紧密联系起来，提升了空间的利用率。在建筑形式

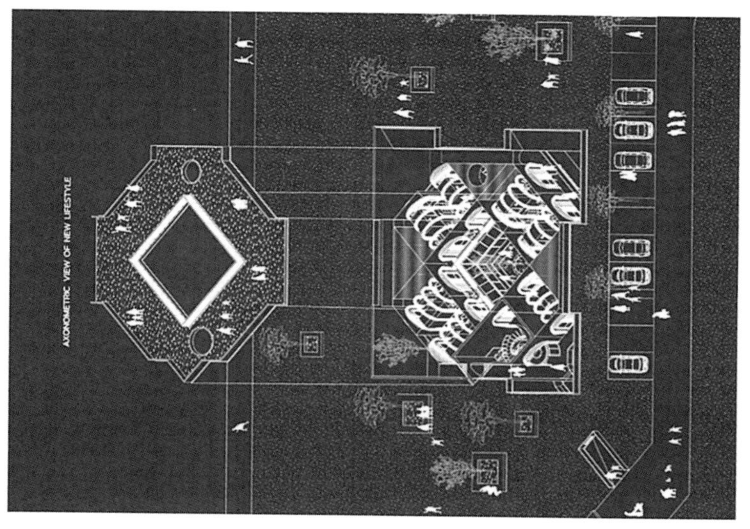

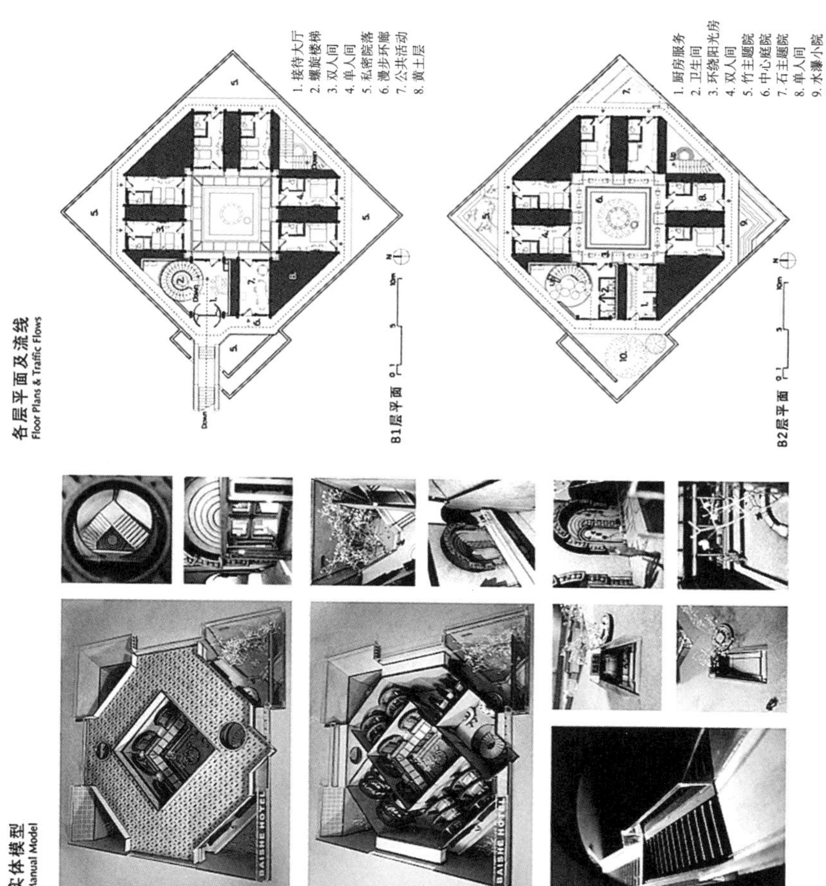

图 4.30 《柏社新院》方案图纸（1）

图片来源：李强 绘

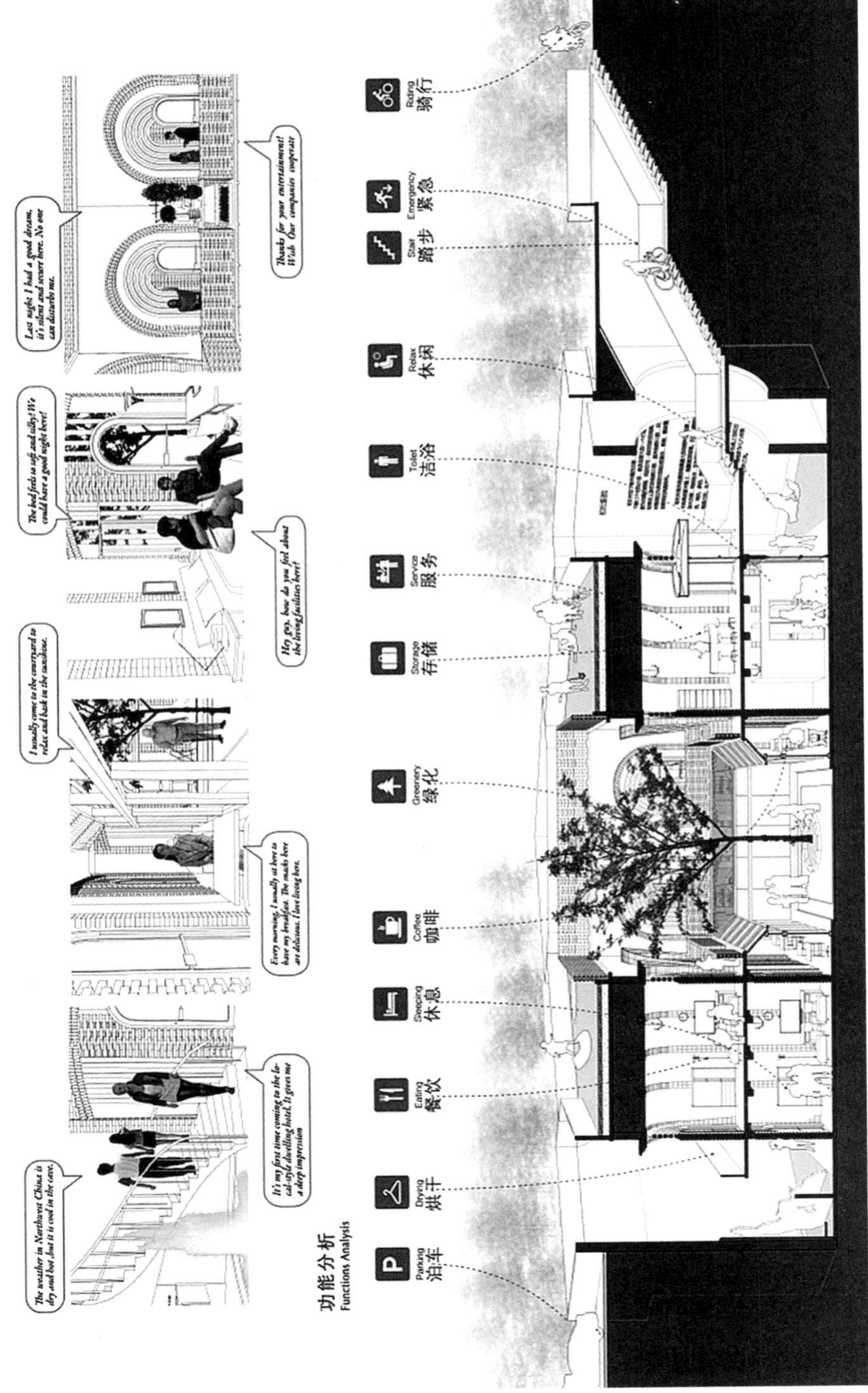

图 4.30 《柏社新院》方案图纸（2）

图片来源：李强 绘

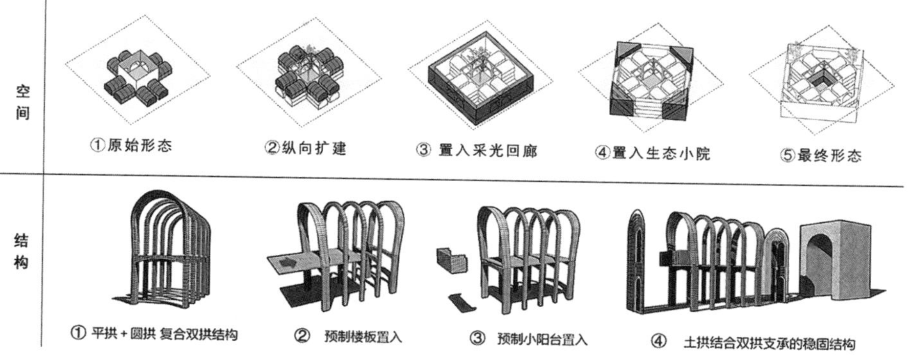

图 4.31 方案生成逻辑

图片来源：李强 绘制

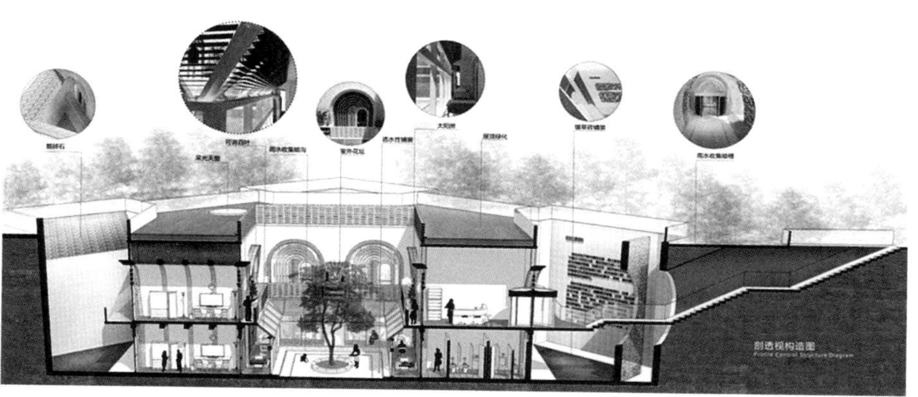

图 4.32 建筑生态技术应用

图片来源：李强 绘制

上通过借鉴当地民居的坡顶形式，使得过渡空间巧妙地与原有建筑联系在一起，并且改善了地下窑院内部采光、通风情况（图 4.33）。

2. 设计特色

改造后，入口方式增加，地上建筑被充分利用，并与窑洞产生关联。庭院内拥有阳光间，改善室内微气候的同时方便庭院的使用。平地增加公共活动空间，空间体验更加丰富。废弃窑洞被充分利用，使用感受也得到提升（图 4.34）。

4.3.3 柏社颐兴——三原县柏社村地坑窑更新改造设计

1. 方案简介

该方案由西安建筑科技大学齐尧设计。方案选取柏社村内数个现有地坑窑院为居住模块，针对不同养老需求调整居住形式，并将其以交通空间作为核心进行

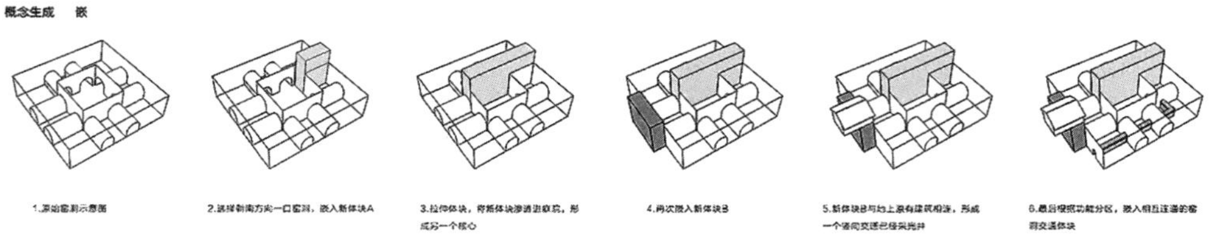

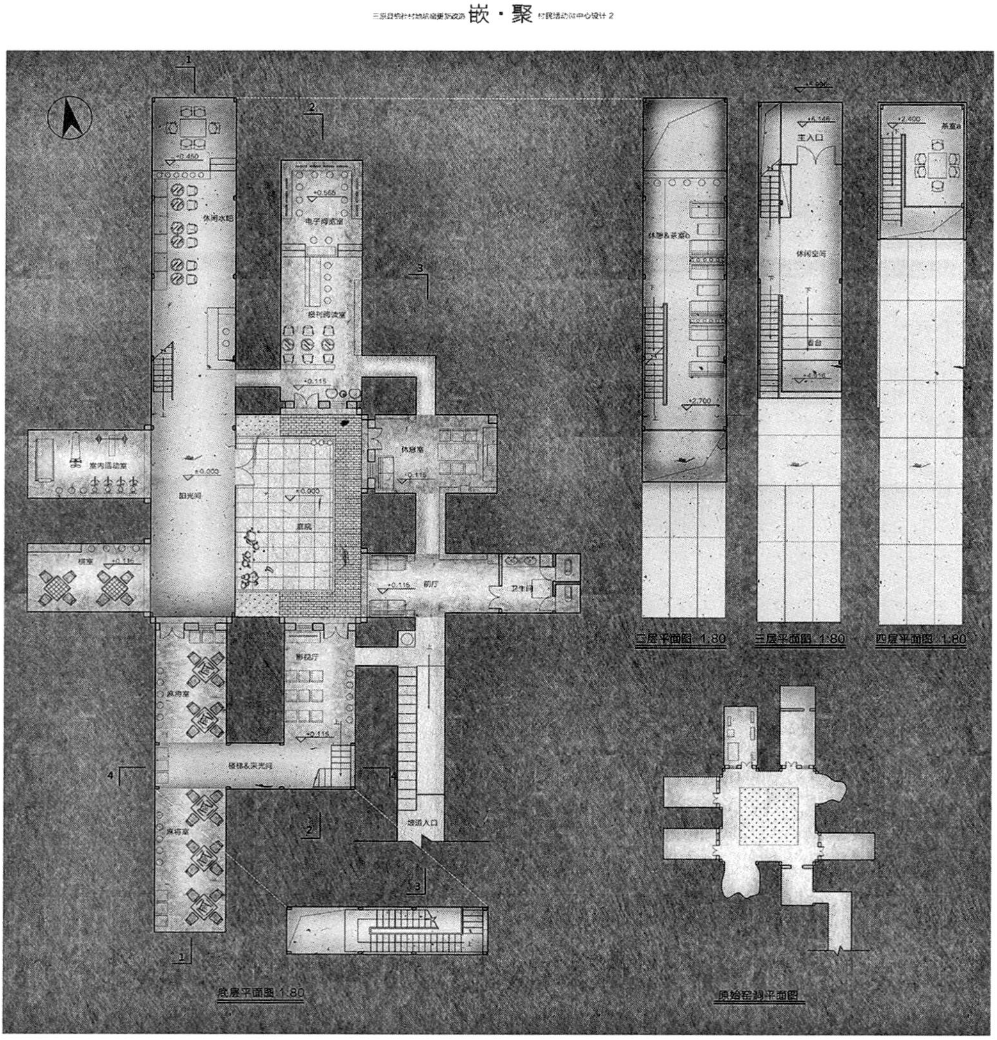

概念生成　嵌

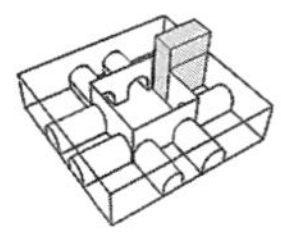

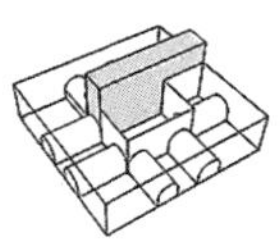

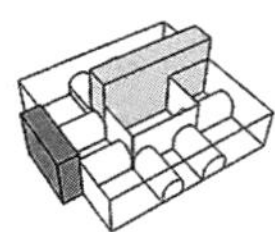

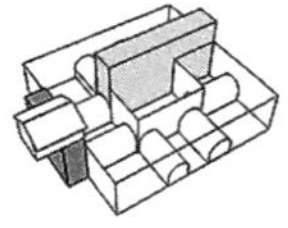

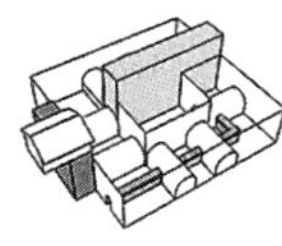

1.原始窑洞示意图

2.选择朝南方向一口窑洞，嵌入新体块A

3.拉伸体块，将新体块渗透进窑院，形成另一个核心

4.再次嵌入新体块B

5.新体块B与地上原有建筑相连，形成一个竖向交通已经采光井

6.最后根据功能分区，嵌入相互连通的窑洞交通体块

三原县柏社村地坑窑更新改造 嵌·聚 村民活动中心设计 2

二层平面图 1:80　三层平面图 1:80　四层平面图 1:80

底层平面图 1:80　原始窑洞平面图

图 4.33 《嵌·聚》方案图纸（1）

图片来源：吴瑞 绘

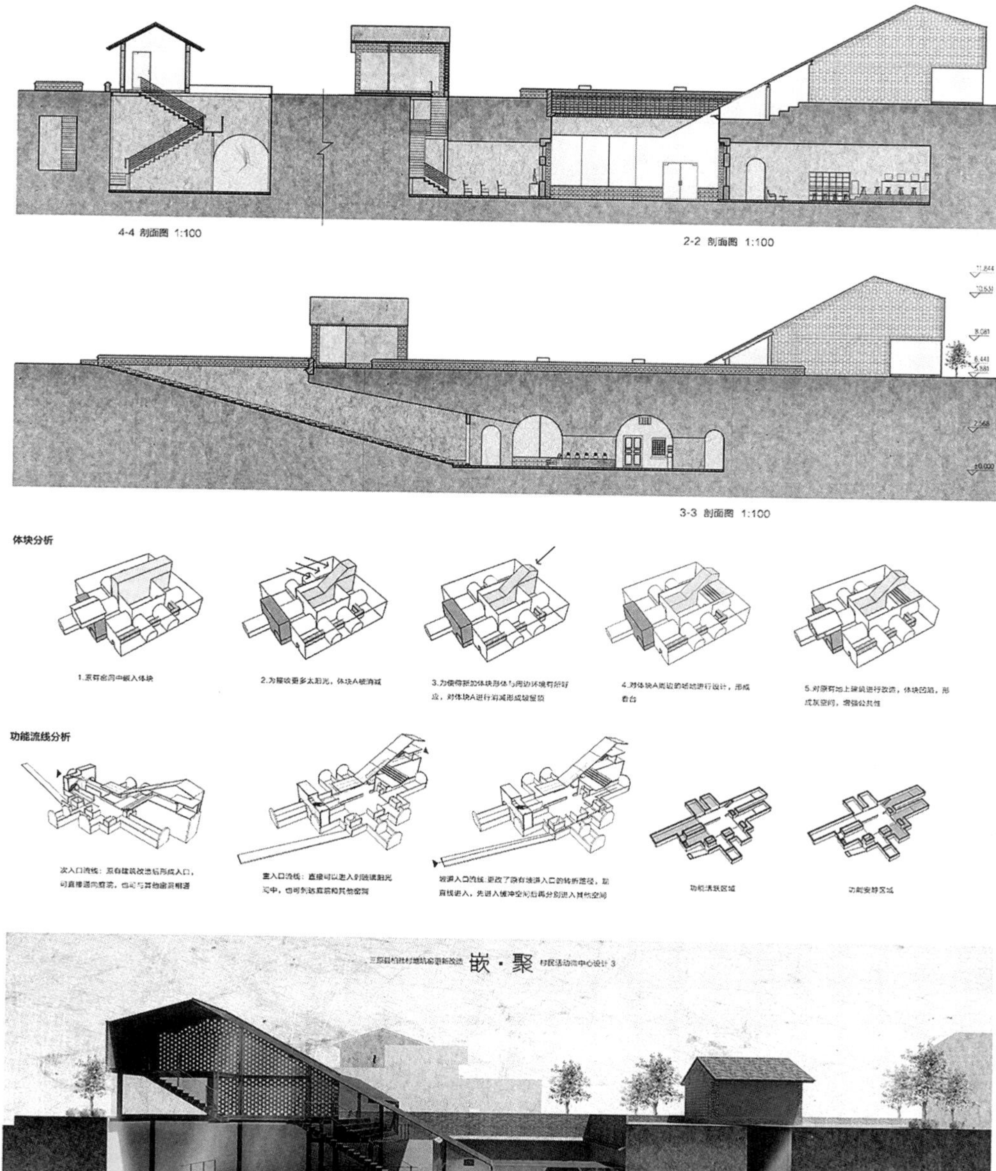

图 4.33 《嵌·聚》方案图纸（2）

图片来源：吴瑞 绘

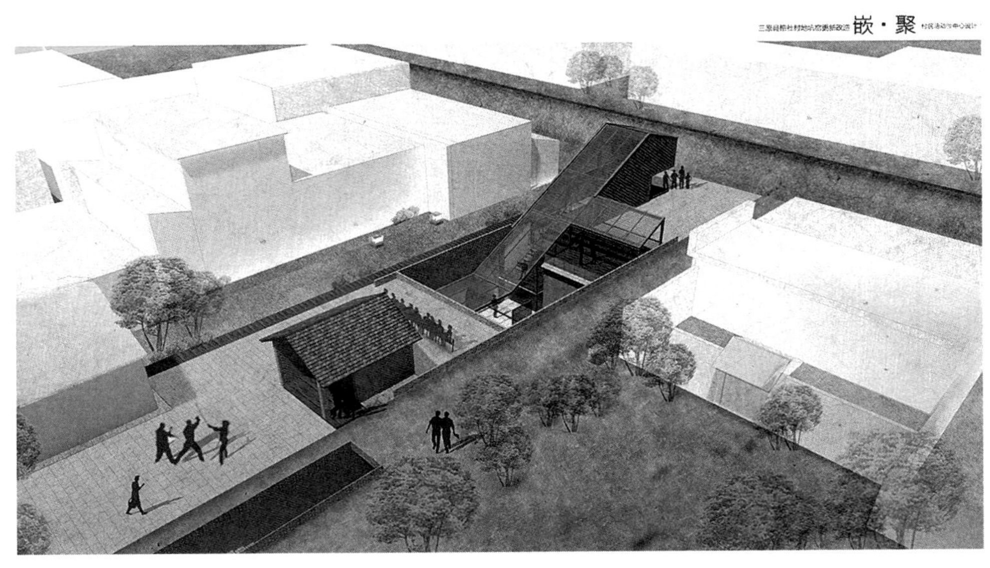

图 4.34 改造效果图

图片来源：吴瑞 绘

组织连接。设计着眼于结合现有的布局和区位优势，为村里的老年人设计提供了能够互相照顾并结合了一定公共服务功能的乡村老年社区居住模式。

本方案针对当下农村养老的尴尬现实结合当地情况，通过对现有窑院的改造实现互助和半社会性养老。通过在多个窑院间创造交流与共享的公共空间实现老年人之间的交流互助，从而减轻养老压力，同时对一些废弃窑院进行重新利用（图 4.35）。

2. 设计特色

在改造过程中，首先根据两座或多座窑院的相对位置关系设置核心空间。核心空间由电梯、坡道步行通道和公共卫生间组成，在串联其他功能空间的同时，起到促进人际间交流和互助的作用。在接下来的设计中用阳光间将常用的功能空间串联起来，并分别在两个窑院内预留公共空间，作为活动室（图 4.36、图 4.37）。

4.3.4 吾爱吾家——基于地坑窑院的新农村生活模式探讨

1. 方案简介

该方案由西安建筑科技大学本科生郝姗设计。方案选取柏社村南某一 8 孔窑院进行改造，通过对生产生活方式以及窑院空间的改造来吸引家庭人员回归，予老窑以新生。同时保留传统窑洞的优点，并结合生态技术手段达到节能减排的目的。

图 4.35 《柏社颐兴》方案图纸（1）

图片来源：齐尧 绘

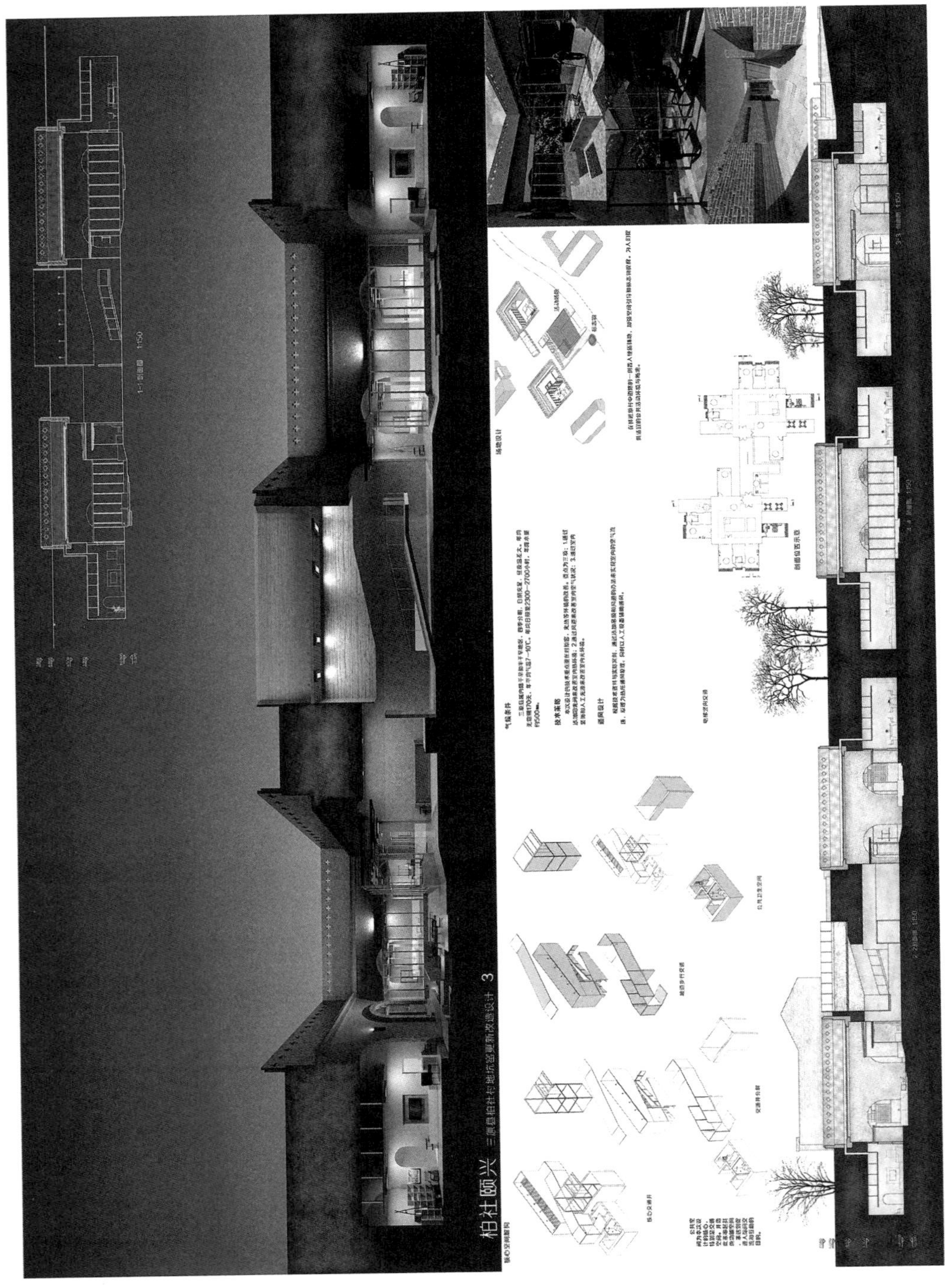

图 4.35 《柏社颐兴》方案图纸（2）

图片来源：齐尧 绘

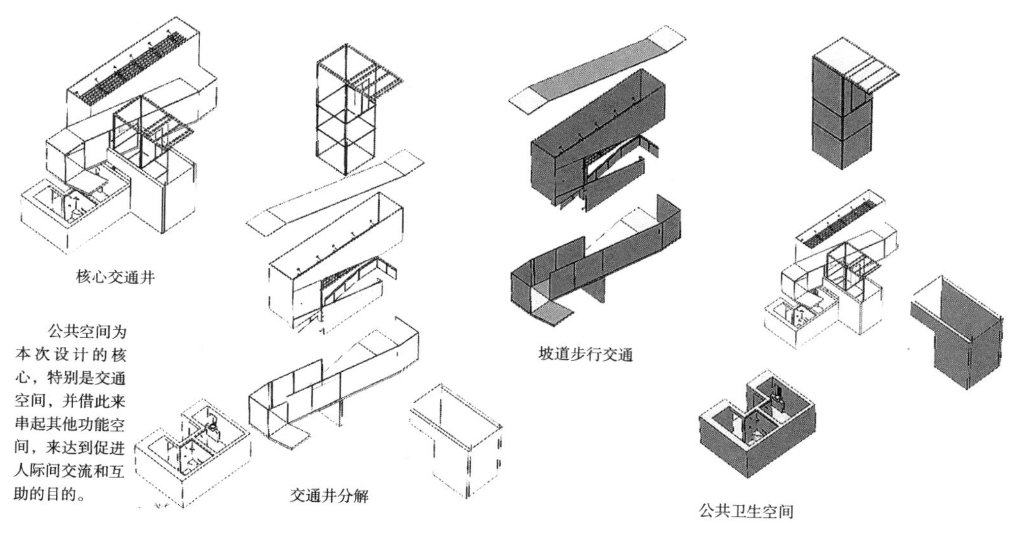

图 4.36　核心空间解构分析图

图片来源：齐尧 绘制

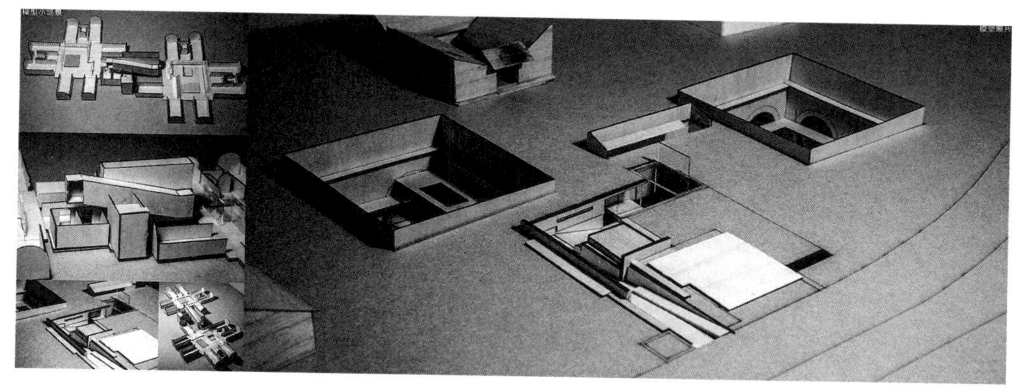

图 4.37　居住模块模型

图片来源：齐尧 绘制

首先结合窑院原有格局划分生产生活区域，在入口处就将生产和生活两支流线进行分流，使其既相互联系又不互相干扰。其次，打通生产窑洞之间的通道，并置入小天井和沼气池，使生产所产生的气味在生产区域流通而对院落和生活区域不会产生污染。最后向北深挖以扩大生活空间，并置入天井、太阳房和卫生间来优化生活质量（图 4.38）。

2. 设计特色

该方案结合生产生活设计了自给自足的生态循环系统。家庭养殖家禽家畜，并获得经济利益；家庭和家禽家畜产生的粪便进入沼气池，产生沼气和发酵剩余物，分别供给家庭能源需求和用于地面种植；地面种植的果蔬供给家庭。此外，

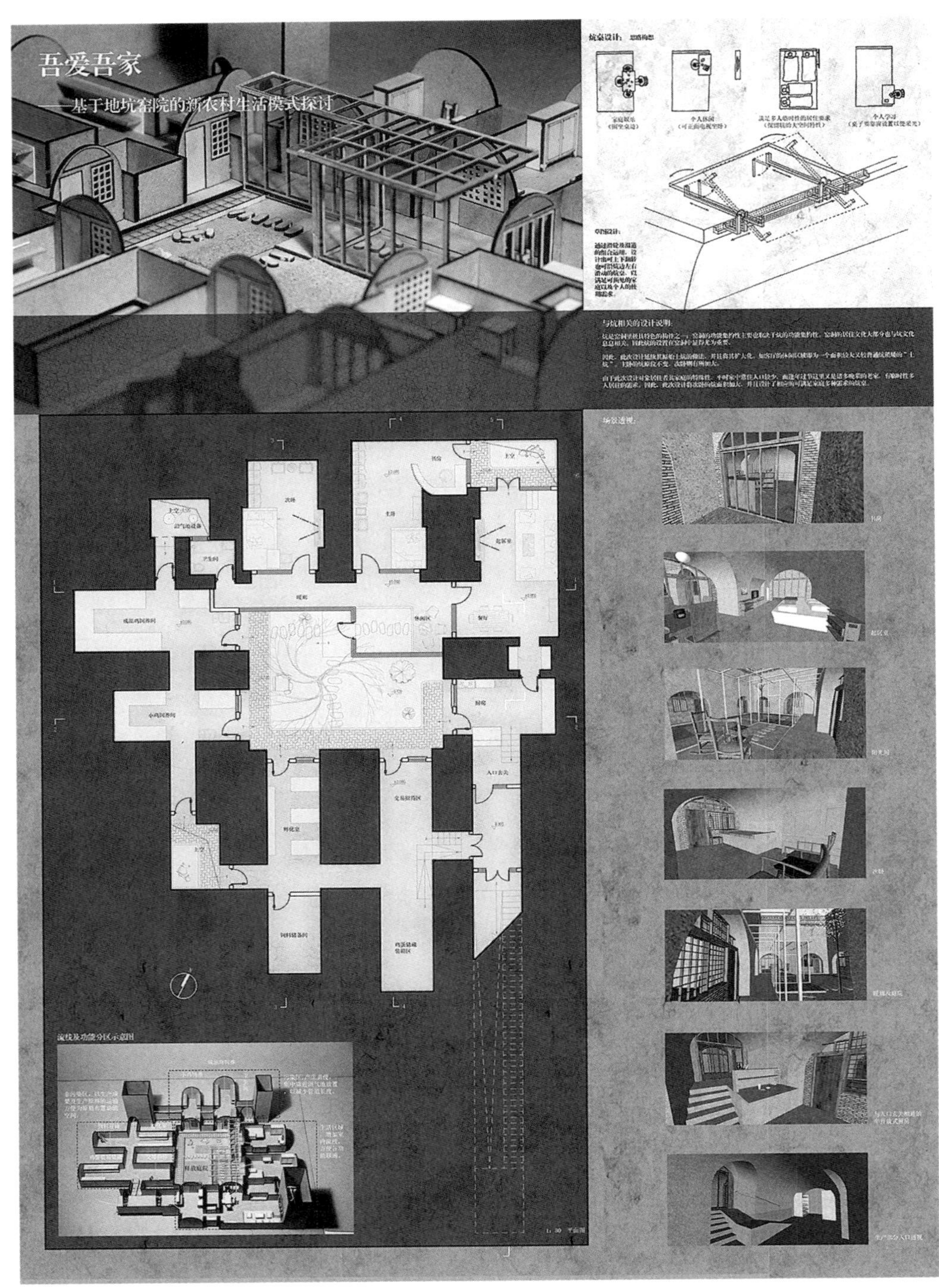

图 4.38 《吾爱吾家》方案图纸（1）

图片来源：郝姗 绘

图 4.38 《吾爱吾家》方案图纸（2）

图片来源：郝姗 绘

设计者结合使用者的生活起居将炕的功能进行扩大和延伸。通过设计滑道和可以上下翻转的炕桌来满足家庭的多种需求（图 4.39）。

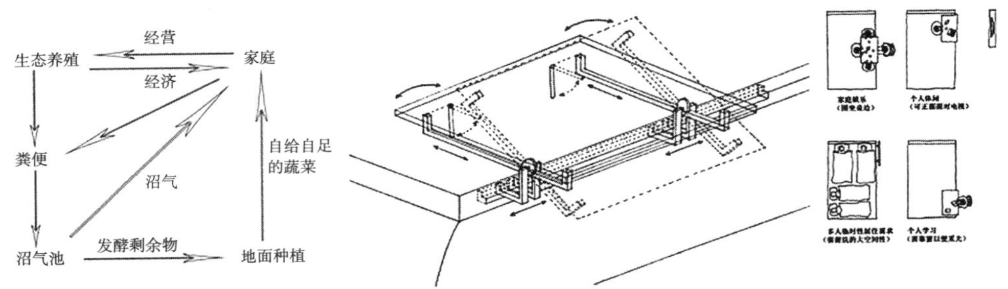

图 4.39　生态循环、炕桌设计

图片来源：郝姗 绘制

4.3.5 边宅——柏社村地坑窑改造·段正渠艺术家之宅

1. 方案简介

该方案由西安建筑科技大学本科生梁仕秋设计。方案选取柏社村某一位于土塬边缘的窑院进行改造，将其功能置换为段正渠艺术家之宅。该窑洞西侧眺望田野，地面视野开阔，为了规避劣势，在窑院从空间及使用流线上对其进行一系列的设计与重塑，以形成开阔明亮的系列功能空间（图 4.40）。

方案根据画室加展览的功能定位，结合场地条件，形成独特的建筑内部空间秩序。方案在原始形态基础上打开内部空间，形成贯通的大空间，并采用天窗将光线更好地引入室内，以改善室内采光状况和视野，形成丰富的空间尺度。

图 4.40 《边宅》方案图纸（1）

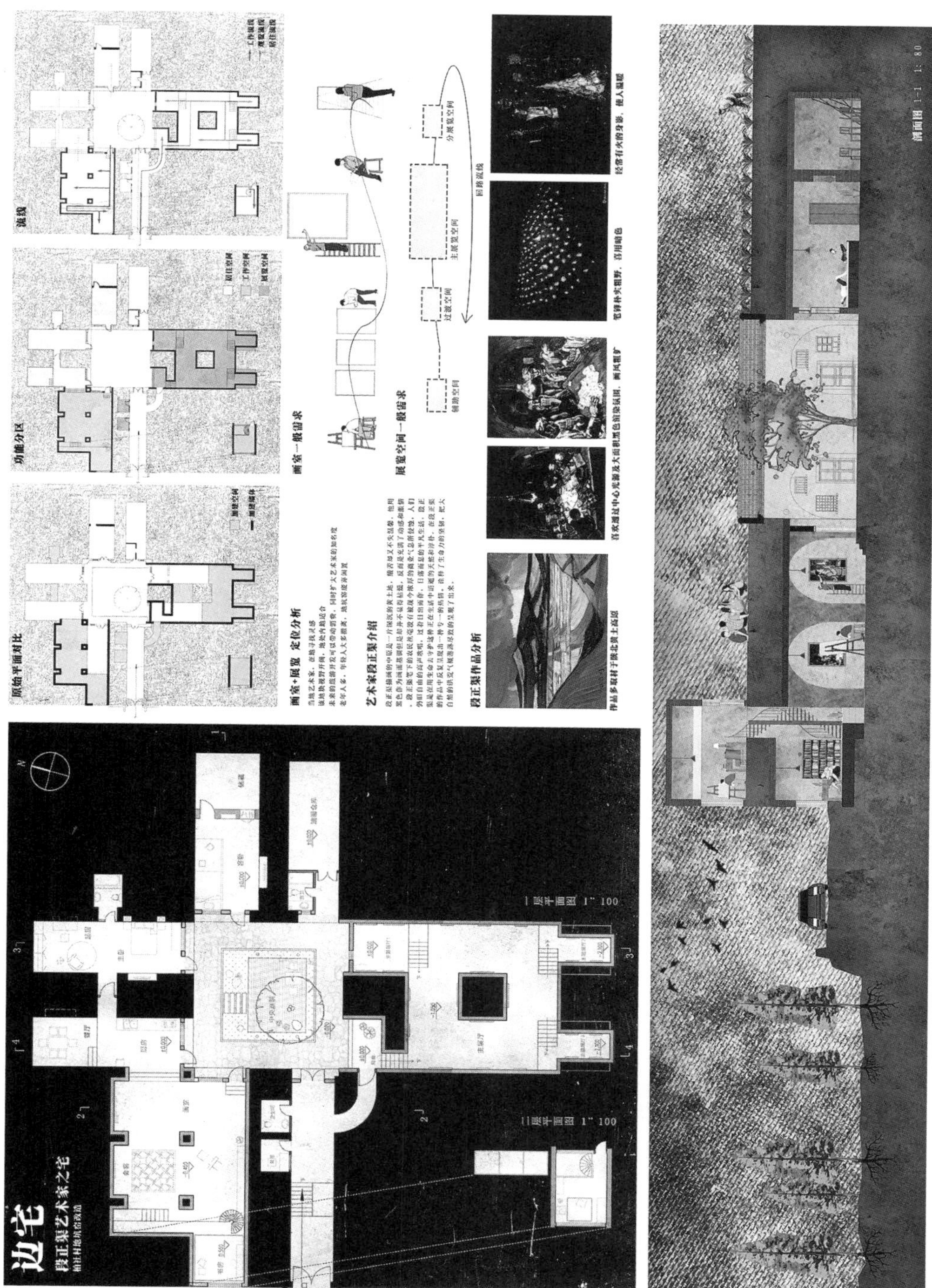

图 4.40 《边宅》方案图纸（2）

图片来源：梁仕秋 绘

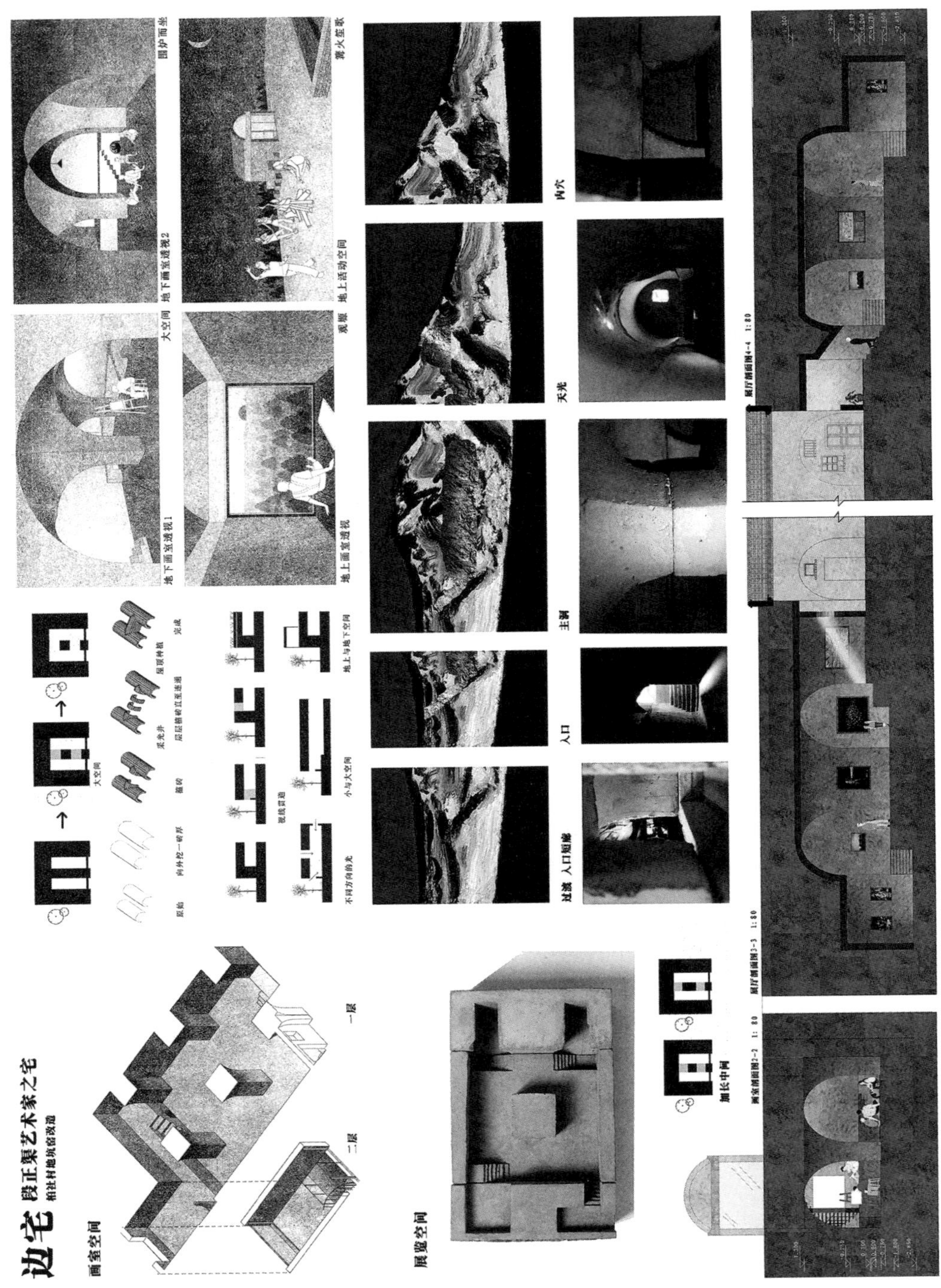

图 4.40 《边宅》方案图纸（3）

图片来源：梁仕秋 绘

2. 设计特色

本方案应用多种空间处理手法，将开阔的场地视野引入到建筑空间中，将局部空间扩展或联通以扩大内部空间，以便能更好地适应空间功能，将高差运用在流线上，以丰富观赏感受，最大限度引入自然光线让生活空间光环境更加舒适宜人。整个方案在画室加展览的定位基础上，通过梳理使用流线，最大程度上保留了原窑院的特征却又营造出了艰苦却不失温馨、简单却不枯燥的建筑氛围。正如艺术家段正渠的作品反复呈现出的那种热情，诠释了生命的坚韧，把大自然的洪荒气概淋漓尽致地表现出来（图 4.41、图 4.42）。

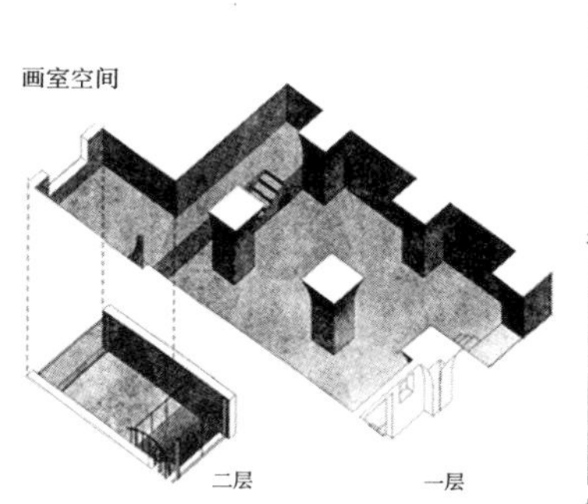

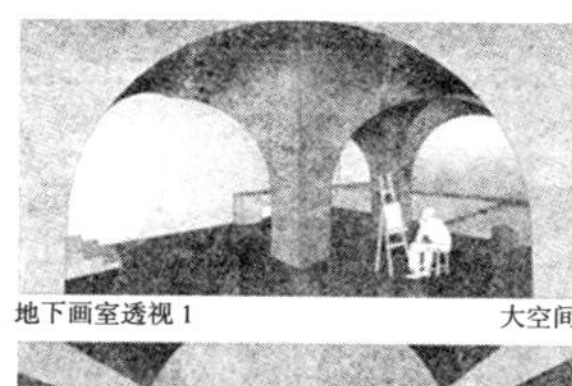

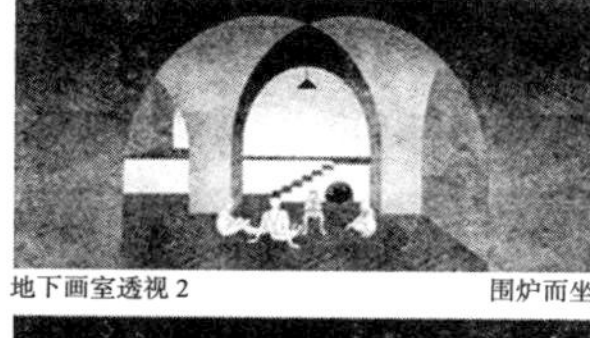

图 4.41 室内空间

图片来源：梁仕秋 绘制

图 4.42 建筑剖面图

图片来源：梁仕秋 绘制

4.3.6 品味窑居——寻味

1. 方案简介

该方案由西安建筑科技大学本科生樊先祺设计。方案设计针对一户地坑窑院进行更新改造，通过功能重组、外形重修、结构重建的方式，力求让地坑窑这一传统建筑形式发挥更大的潜质（图 4.43）。

图 4.43 《寻味》方案图纸（1）

图片来源：樊先祺 绘

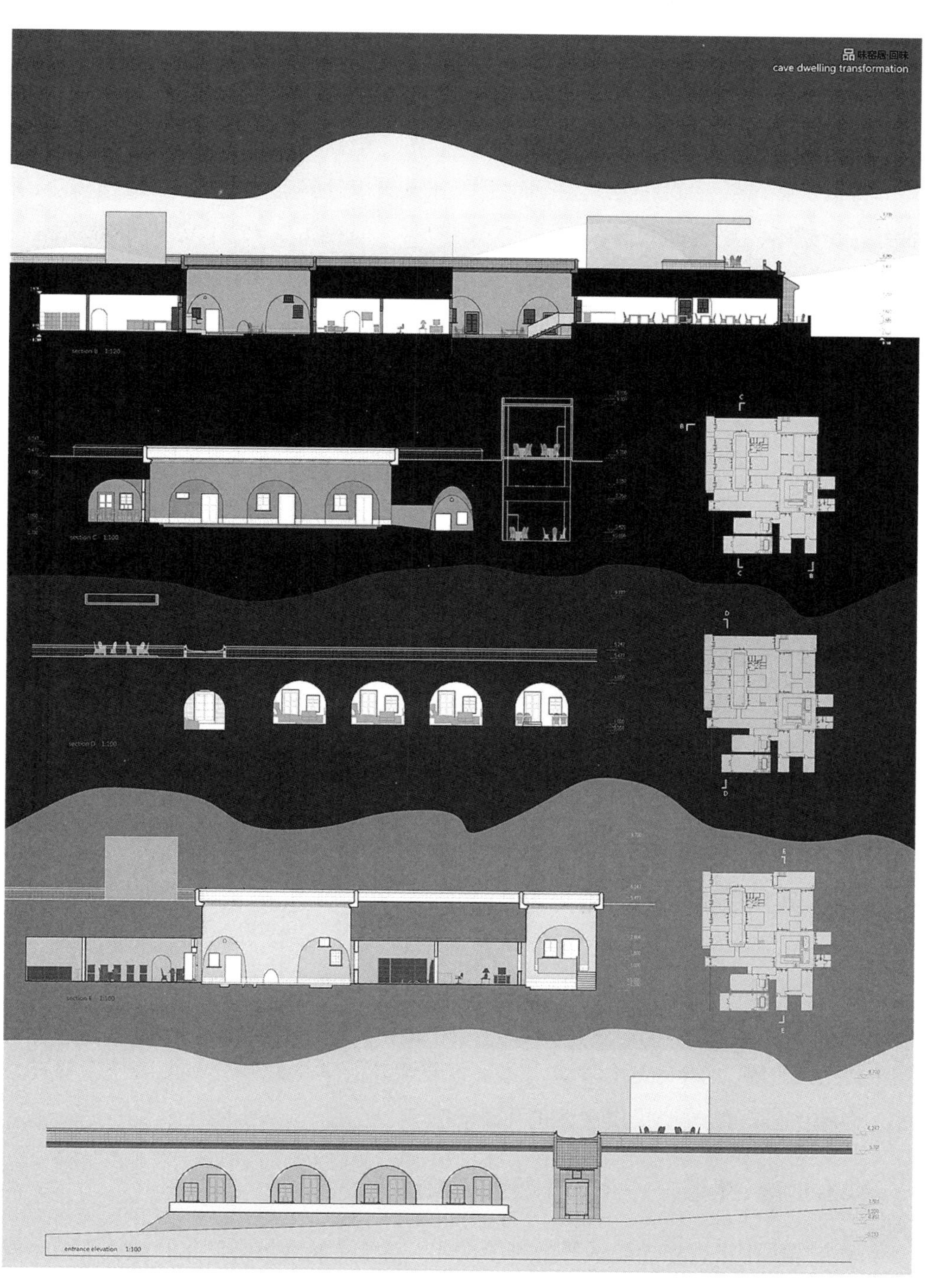

图 4.43 《寻味》方案图纸（2）

图片来源：樊先祺 绘

2. 设计特色

通过基地不同人群采访调研，发现不同人群的生活需求，再结合地坑窑建筑特色及发展的可能性，同时考虑到村落自身的特色，设计者进行了建筑空间的整合，并开辟庭院。

设计者先将入口的长通道中间打断，开拓一个新窑院，再沿着新院落的两侧开辟窑洞，最端头一间作为大餐厅使用，并在出口处打通，与北边的两个窑洞形成另一个院落。原窑的北部区域作为居住用房，南边用于果酒酿造和储藏。将两个窑洞挖深至等长，并将中间打通，再挖一个酒吧。在崖壁挖通的这端，结合地形坡度处理立面形式（图 4.44、图 4.45）。

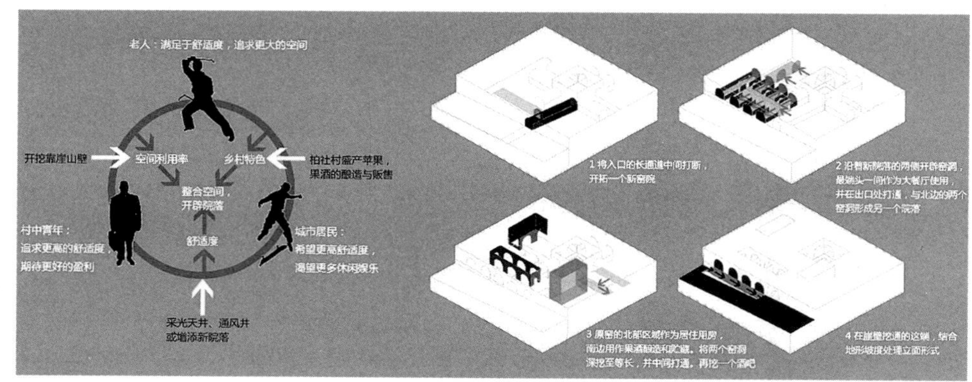

图 4.44　设计过程

图片来源：樊先祺 绘

4.4 其他高校的改造方案介绍

针对三原县柏社村地坑窑的改造，其他高校也做出了相应探索，本文从《为中国而设计　西北生土窑洞环境设计研究：四校联合改造设计及实录》一书中摘录中央美术学院、西安美术学院、北京服装学院的学生的部分方案以作为补充参考，为地坑窑居的改造提供更多的可能性。

4.4.1 慢·生活——生土体验酒店设计

该方案由中央美术学院本科生宋洋设计。对于传统地坑窑洞这种建筑形式，设计者认为其低排放、无污染的生活方式需要融合现代的设计手法，改善成为令更多人向往和体验的低碳生活。方案希望将地坑窑原有的单一居住空间改造成生土

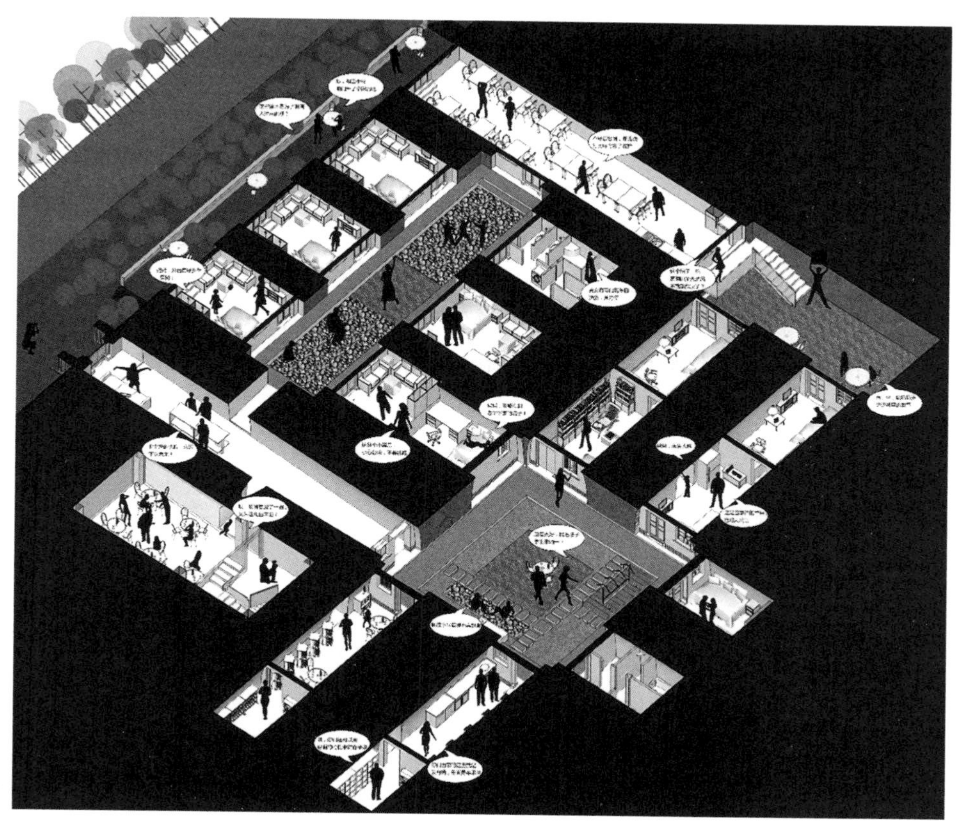

图 4.45　建筑轴侧

图片来源：樊先祺 绘

体验酒店的形式，让更多人了解这种生态建筑，从而达到保护的目的（图 4.46）。

由于窑洞每个单体的洞口都有尺寸限制，没有大空间，在餐厅的空间布局上全部采用包间的形式，为了增强在洞内就餐的体验，洞口处没有门窗，以半户外的形式出现（图 4.47）。

4.4.2 郝家地坑窑改造设计

该方案由西安美术学院研究生朱庚申、范晴、李熙、李晨设计。该设计从“民与政”的关系出发，将村主任由于搬到地上平房而废弃的地下窑居改造为“民与政”的交汇处。在一个具有百年历史的农村中，“领导”与农民要有一个交流与互动的场所，这样的场所以往都是在村主任家的地上平房内。而平房过于拥挤的室内空间、多样杂乱的场所属性和居家式的摆设不利于与村民的交往。而地坑窑居可以解决这些问题，改造后的窑居成为了专门的办公场所（图 4.48、图 4.49）。

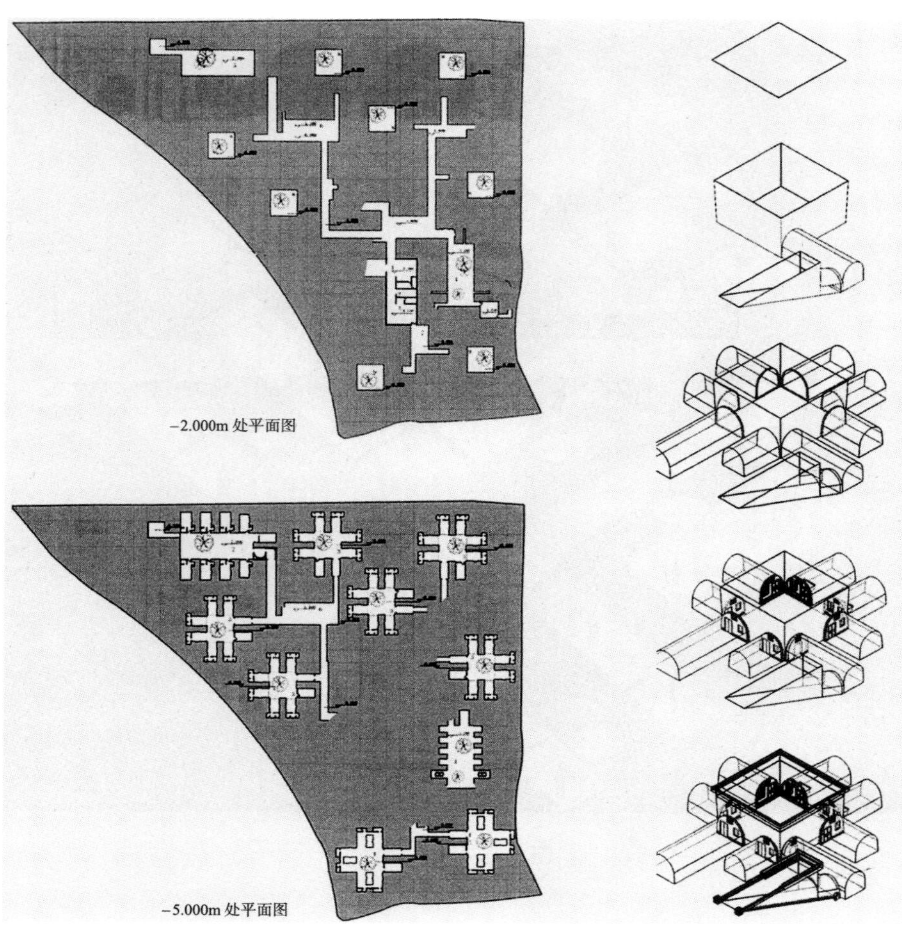

图 4.46 基础图样

图片来源:《为中国而设计 西北生土窑洞环境设计研究: 四校联合改造设计及实录》

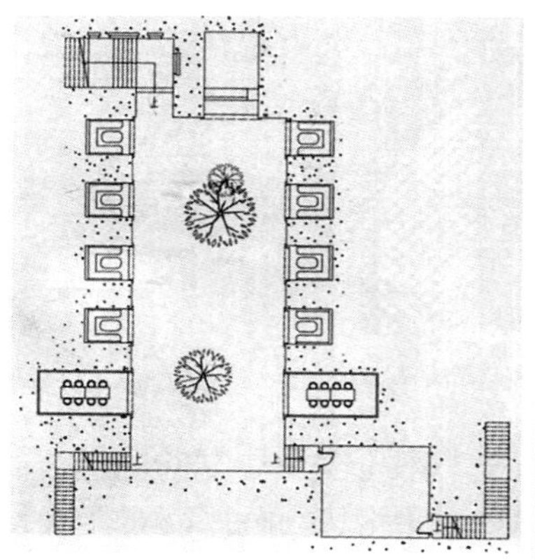

图 4.47 餐厅设计

图片来源:《为中国而设计 西北生土窑洞环境设计研究: 四校联合改造设计及实录》

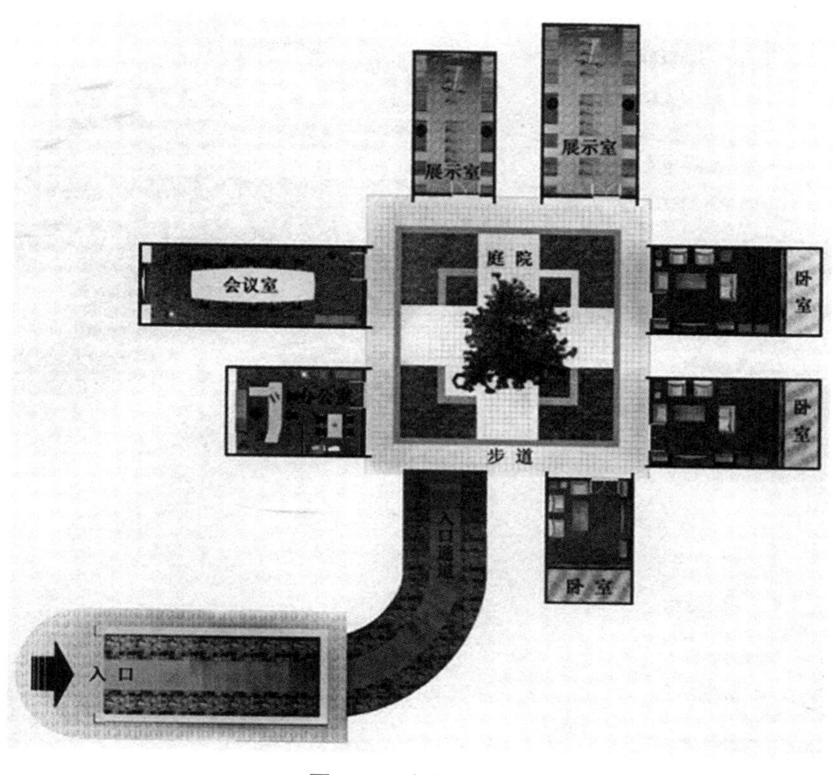

图 4.48　方案平面图

图片来源:《为中国而设计　西北生土窑洞环境设计研究：四校联合改造设计及实录》

图 4.49　室内效果图

图片来源:《为中国而设计　西北生土窑洞环境设计研究：四校联合改造设计及实录》

4.4.3 陕西省三原县柏社村五号地坑窑环境改造设计

该方案由北京服装学院研究生吴韦成设计。方案以革命家习仲勋曾住过的窑洞作为改造对象，其环境艺术改造总体设计定位为对地域的尊重和对历史的保护，有效地结合低碳设计改造，保留原有历史元素，将当地地域文化和革命文化融合，运用地域材料进行整体空间功能和环境上的改造，将居住功能、历史革命陈设功能结合起来（图 4.50）。

图 4.50　五号窑洞室内效果图

图片来源:《为中国而设计　西北生土窑洞环境设计研究：四校联合改造设计及实录》

5 结 语

本书旨在更有效地保护和传承这极具地域特色的传统民居——地坑窑居，同时对中国传统文化的保护与绿色建筑思想的发展进行了积极的探索。为此，李岳岩教授于 2015 年 11 月带领其学生及团队对咸阳市三原县柏社村的地坑窑院进行了全面而深入的测绘及调研，并于 2015 ～ 2019 年与陈静副教授等人一起对柏社村地坑窑院的更新改造进行课程设计与探讨，最终在 2019 年将之前对柏社村地坑窑院的研究进行梳理总结，形成本书初稿。

本研究通过调研及测绘，系统梳理了柏社村地坑窑质量分级等基础资料，对柏社村地坑窑再利用中的技术策略进行了深入研究，并从建筑设计的角度对地坑窑的改造进行探索，通过软件模拟等方式验证这些改造技术策略的可行性并客观地给出改造建议，以供后来的改造者作为参考。

本次的研究旨在将地坑窑院这种民居形式重新拉回人们的视野，为我国的美丽乡村建设铺砖加瓦。在建筑设计师、生态环境专家、学者和当地居民的共同努力下，未来会涌现更多的空间改造模式、更加先进的技术策略，这将对柏社村这些即将废弃的地坑窑的保护性改造大有裨益。通过从材料上提升地坑窑质量、从设计上提升地坑窑空间、从生态上树立绿色典范，使地坑窑更适宜现代人类的生活方式和生活需求，相信在不远的未来，柏社村地坑窑居定会焕发新颜！

附 录

柏社村村民窑院情况问卷调查表

一、家庭基本资料

序号	问题	请填写您的答案
1	您的姓氏	
2	您的性别	
3	您的年龄	
4	家庭基本情况	
5	是否居住窑洞	
6	是否居住窑洞的原因	

二、窑洞基本情况

序号	项目	调研结果
1	窑洞编号	
2	窑洞位置	
3	家庭人口数	
4	建筑面积	
5	房间数	
6	是否居住窑洞的原因	
7	建造年代	
8	通气孔数	
9	洗浴构造及设施	
10	厨房状况	
11	生活给水方式	
12	卫生间给排水方式	

续表

序号	项目	调研结果
13	供暖燃料方式	
14	评分	
15	等级	

三、问卷调研问题

1. 您认为窑洞建筑的优势有哪些？
2. 您觉得窑洞目前存在的问题有哪些？
3. 窑洞室内舒适度如何？温度 / 适度 / 光照等因素感受如何？
4. 如果为您的地坑院改建的话，您有什么建议呢？

资料来源：李强绘制 调研时间：2018.10

图目录

表目录

参考文献

[1] 侯继尧，王军 . 中国窑洞 [M]. 郑州：河南科学技术出版社，1999：4-5.

[2] 侯继尧，周培南，等 . 窑洞民居 [M]. 中国建筑工业出版社，2018.

[3] 王文权，王会青 . 高原民居：陕北窑洞文化考察 [M]. 西安：陕西师范大学出版社 . 2016：3.

[4] 王徽等 . 窑洞地坑院营造技艺 . 安徽科学技术出版社，2013：6.

[5] 三原县地方志编撰委员会 . 三原县志 [M]. 西安：陕西人民出版社 . 2000：54-55.

[6] 张睿婕，周庆华 . 黄土地下的聚落——陕西省柏社地坑窑院聚落调查报告 [J]. 小城镇建设 2014（10）：96-103.

[7] Xuanchen Chen. A Brief Analysis on the Redesign of Traditional Cave Dwellings[A]. 同济大学、南洋理工大学 .Proceedings of the 2018 2nd International Workshop on Renewable Energy and Development（IWRED 2018）[C]. 同济大学、南洋理工大学：香港环球科研协会，2018：5.

[8] Yuan Li ～（1，2，a），Wenchao Wu ～（2，b）1 School of Architecture，Xi'an University of Architecture & Technology，Xi'an 710055，China 2 The Department of Architectural and Environmental Art Design，Xi'an Academy of Fine Arts，Xi'an 710065，China. Energy-efficient Land-saving and Low-carbon Art of Dwelling Environment-Research from the Underneath Type Earth Cave Dwelling in Bai She Village，San Yuan County of Shaanxi Province[A]. 国际工程技术协会 .Green Building Technologies and Materials[C]. 国际工程技术协会：国际工程技术协会，2011：10.

[9] 孙大章 . 中国民居研究 [M]. 北京：中国建筑工业出版社，2006.

[10] 王军. 西北民居 [M]. 北京：中国建筑工业出版社，2009：10.

[11] 高元，吴左宾. 保护与发展双向视角下古村落空间转型研究——以三原县柏社村为例 [A]. 中国城市规划学会. 城市时代，协同规划——2013 中国城市规划年会论文集（11- 文化遗产保护与城市更新）[C]. 中国城市规划学会，2013：10.

[12] 张睿婕. 柏社村地坑窑传统聚落空间的保护与发展研究 [D]. 西安：西安建筑科技大学，2015.

[13] 刘彦杰. 生土艺术表现与陕西地坑窑空间设计实践研究 [D]. 北京：中央美术学院，2010.

[14] 陈力彤. 三原县柏社村地坑窑院民居村落传统风貌整体性调查与研究 [D]. 西安：西安建筑科技大学，2016.

[15] 张剑辉. 关中地区传统民居生土建造技术研究 [D]. 西安：长安大学，2017.

[16] 季永鑫. 渭北永寿县等驾坡传统下沉式窑洞聚落保护与更新研究 [D]. 西安：西安建筑科技大学，2011.

[17] 齐康，尹培彤，彭一刚，李先逵. 中国土木建筑百科辞典·建筑 [M]. 北京：中国建筑工业出版社，1999：45-46.

[18] 侯继尧. 国外生土建筑札记 [J]. 长安大学学报（建筑与环境科学版），1990（Z2）：153-160.

[19] Mohammad Sharif Zami. Drivers that help adopting stabilised earth construction to address urban low-cost housing crisis：an understanding by construction professionals[J]. Environment，Development and Sustainability，2011，13（6）.

[20] 吴瑞，张驰，王毛真. 国际生土建筑中心的生土建筑教育与推广 [J]. 建筑学报，2016（4）：14-17.

[21] 刘艳峰，刘亚，刘加平.An Experimental Study of the Thermal Behavior of the Courtyard Style Cave Dwelling[J].Journal of Southwest Jiaotong University，2002（02）：202-208.

[22]（日）日本建筑学会编. 地域环境的设计与继承 [M]. 崔正秀等译. 北京：中国建筑工业出版社，2016：273.

[23] 刘敦颐. 中国住宅概说 [M]. 天津：百花文艺出版社，2003：199.

[24]（日）日本建筑学会国际生土建筑学术会议·国内委员会.Report on the

International Symposium on Earth Architecture[M]. 东京：日本建筑学会 .1986：45.
[25] 李晨 . 在黄土地下生活与居住 [D]. 西安：西安美术学院，2011.
[26] QI Yan.Strategies of Inheriting Mosuo Culture Based on Folk Dwelling Culture of Mosuo People[J]. Journal of Landscape Research，2016，8（04）：82-84.
[27] 王珣 . 传统堡寨聚落研究——兼以秦晋地区为例 [M]. 南京：东南大学出版社，2010：15.
[28] 费孝通 . 乡土中国 [M]. 上海：三联书店，1985：1.
[29]（美）阿伦特著；叶齐茂，倪晓晖译 . 国外乡村设计 [M]. 北京：中国建筑工业出版社，2009：49.
[30] 李光 . 豫西塬上地区下沉式窑洞民居的保护与发展 [J]. 中外建筑，2012（05）：50-52.
[31] 童丽萍，韩翠萍 . 传统生土窑洞的土拱结构体系 [J]. 施工技术，2008（06）：113-115，118.
[32] QIN Yi，CHEN Xiaogang. Space Landscape Design Strategy of Cave Dwelling Settlement in Guanzhong Region[J].Journal of Landscape Research，2017，9（03）：30-32，36.
[33] Xuejing Zhao. Research on the ecological characteristics and transformation of traditional cave dwelling in central part of Shanxi province——Taking Hougou village，Yuci as an example[A]. Universiti Teknologi Malaysia（UTM）、Malaysia International Association of Engineering Technology（IAET）.Green Building Technologies and Materials Ⅱ [C]. Universiti Teknologi Malaysia（UTM）、Malaysia International Association of Engineering Technology（IAET）：国际工程技术协会，2012：5.
[34] 姚仰平，屈珊，冯兴，胡贺祥 . 下沉式窑洞结构的变形分析 [J]. 工业建筑，2011，41（09）：43-48.
[35] 杨晓林 . 豫西地坑窑院“填窑”技术工艺研究 [J]. 建筑学报，2012（S2）：116-118.
[36] 朱海声 . 建设与支撑：当代关中乡村发展力研究 [M]. 北京：中国建筑工业出版社，2017：71-88.
[37] 孟祥武 . 关天地区传统生土民居建筑的生态化演进研究 [M]. 上海：同

济大学出版社，2014：65.

[38] Li Xinxin，Lv Huanyu，Jin Hong. Sustainable development strategy of earth building[P]. Electric Technology and Civil Engineering（ICETCE），2011 International Conference on，2011.

[39] Mechanics and Engineering.The International Sysmposium on Rock Mechanics and Environmental Geotechnology——Proceedings of Rock Mechanics and Environmental Geotechnology[C]. Chongqing Jianzhu University、Chongqing Branch of the Chinese Society for Rock Mechanics and Engineering、Japan Branch of the Chinese Society for Rock Mechanics and Engineering：中国岩石力学与工程学会，1997：6.

[40] 王其钧 . 中国民间住宅建筑 [M]. 北京：机械工业出版社，2003：69.

[41] 吕向阳 . 老关中 [M]. 西安：西安出版社，2016：12.

[42] 肖建庄 . 农村住宅改造 [M]. 北京：中国建筑工业出版社，2010：166-167.

[43] TANG Guorong，ZHANG Jinhe，ZHU Shunshun，PENG Hongsong，HU Huan. Co-dwelling，Mix-dwelling and Dis-dwelling：The Diversity Among Three Human and Livestock Dwelling Forms in Rural China[J]. Chinese Geographical Science，2018，28（04）：555-570.

[44] 李钰 . 陕甘宁生态脆弱地区乡土建筑研究——乡村人居环境营建规律与建设模式 [M]. 上海：同济大学出版社，2012：175-176.

[45] 中国传统建筑的绿色技术与人文理念 / 中国城市科学研究会绿色建筑与节能专业委员会绿色人文学组 [M]. 北京：中国建筑工业出版社，2017.

[46] Yu Chun-long，Zhang Fu-hao. The Ecological Measures of the New Type of Cave Dwelling Design in Loess Plateau[P]. Information Management，Innovation Management and Industrial Engineering，2009 International Conference on，2009.

[47] 赵伟霞 . 基于自主营建模式的地坑窑居更新与保护 [D]. 郑州：郑州大学，2010：63.

[48] 任俊龙 . 豫西陕县地坑窑居的适宜性保护与更新 [D]. 郑州：郑州大学，2011：58.

[49] 黄瑜潇 . 柏社村地坑窑院建筑的现代应用设计及其生态低技术研究 [D]. 西安：西安建筑科技大学，2017：49.

[50] 李蔓，崔陇鹏，孙鸽，吕育慧 . 乡土聚落的重生——陕西省三原县柏社村地坑窑改造示范 [J]. 建筑与文化，2017(12)：13-17.

[51] 毕晓健，刘丛红 . 未来设计：基于 Ladybug+Honeybee 的参数化性能设计方法 [J]. 建筑师，2018(01)：131-136.

[52] 毕晓健，刘丛红 . 基于 Ladybug + Honeybee 的参数化节能设计研究——以寒冷地区办公综合体为例 [J]. 建筑学报，2018(02)：44-49.

[53] 中国建筑科学研究院 . GB 50033—2013 建筑采光设计标准 [S]. 北京：中国建筑工业出版社，2012.

[54] Study on constructive system of green cave dwelling in Loess Plateau—Interpretation with the "regional gene" theory[J]. Journal of Zhejiang University(Science A : An International Applied Physics & Engineering Journal)，2007(11)：1754-1761.

[55] 周若祁等 . 绿色建筑体系与黄土高原基本聚居模式 [M]. 北京：中国建筑工业出版社，2007：207-208.

后记

我们团队自2015年起持续跟踪研究柏社村地坑窑居，在这5年间柏社村村民大量迁出、移居地上，除了个别改造后作为农家乐的地坑院，大量地坑窑被废弃，导致地坑窑损毁严重。2015年调研时，一些地坑窑院由于长期无人居住和使用，杂草树木丛生，甚至已经倒塌。5年间柏社村的变化让我们深感将柏社村地坑窑居整理出版的紧迫。我们希望通过本书的出版，将地坑窑这一古老的传统民居形式系统地呈现给大家，通过本书的出版推进柏社村的保护和利用。

感谢对柏社村进行系统调研和测绘的西安建筑科技大学建筑学2012级、2013级的同学，他们花2周时间住在村中收集调研了大批珍贵的一手资料；感谢李强、徐子淇等同学对地坑窑进行的物理环境测量，得到了全年的典型数据，为后续研究提供了强有力的支撑。西安建筑科技大学建筑学院长期以来对窑洞民居、黄土高原绿色建筑的研究为我们提供了坚实的基础，特别是侯继尧、刘加平、王军等老师的严谨治学精神是我们学习的榜样。本书特别感谢祁嘉华老师给予本书的建议与指正，感谢西安建筑科技大学城市规划设计研究院提供的研究基础资料和柏社村历史文化名村保护规划。

希望广大同仁和读者对本书不吝提出宝贵意见。